塔河缝洞型油藏特征及开发技术对策

闫长辉　胡文革　周　文　陈　青
邓虎成　刘　伟　何思源　等　著

科 学 出 版 社
北　京

内 容 简 介

本书以塔河油田奥陶系缝洞型油藏为例，介绍了缝洞型油藏主要特征，包括缝洞单元的识别与划分，缝洞体连通性的分析方法，单井及缝洞体流体识别及分布模式，缝洞单元内流体分布特征及油水界面识别方法；在塔河缝洞型油藏十余年开发经验基础上，分析了该类油藏主要开发技术对策，包括油井出水机理及其对单井产量的影响，缝洞单元注水开发特征及调剖堵水生产对策。

本书适合油田科技工作者，高校石油类专业教师及研究生，油气田开发领域研究人员阅读参考。

图书在版编目（CIP）数据

塔河缝洞型油藏特征及开发技术对策/闫长辉等著. —北京：科学出版社，2016.10

ISBN 978-7-03-050274-2

Ⅰ.①塔… Ⅱ.①闫… Ⅲ.塔里木盆地-奥陶纪-碳酸盐岩油气藏-油田开发-研究 Ⅳ.①P618.130.2

中国版本图书馆 CIP 数据核字（2016）第 248388 号

责任编辑：杨岭 冯铂　责任校对：韩雨舟
责任印制：余少力/封面设计：墨创文化

科学出版社 出版
北京东黄城根北街 16 号
邮政编码：100717
http://www.sciencep.com
成都锦瑞印刷有限责任公司印刷
科学出版社发行 各地新华书店经销
*
2016 年 10 月第 一 版 开本：16（787×1092）
2016 年 10 月第一次印刷 印张：12
字数：300 千字
定价：98.00 元
（如有印装质量问题，我社负责调换）

序

塔河油田是我国最大的古生界海相碳酸盐岩油气田，从 2006 年到 2015 年，塔河油田连续 10 年跻身全国陆上十大油田之列，10 年累计生产原油 6000 万吨。塔河油田碳酸盐岩储层为多期次古构造—岩溶叠加改造产物，纵向及平面上多期相互叠置、改造，导致非均质性较强，油气藏性质复杂，流体性质变化大，由东南到西北，凝析气—轻质油—中质油—重质油依次分布。

塔河油田的主体是奥陶系灰岩岩溶缝洞形成的缝洞型碳酸盐岩油气藏，在塔河油田目前已探明储量中的 80.6％分布于奥陶系中。由于塔河油田奥陶系缝洞型碳酸盐岩油藏储层缝洞储集体或是独立存在的封闭体，或与周围储集体有着不同程度的连通，形成了组合形式多样及储层物性差异大的缝洞单元。因此，塔河奥陶系油藏具有严重非均质性，油井产量的变化规律与常规砂岩油气藏有很大的不同。十余年的开发实践表明，奥陶系碳酸盐岩油藏开发动态上表现为单井产能差异大，高产稳产油井旁会出现产水井或干井，稳产井与非稳产井交叉分布等；群井干扰试井证明较远的井也能相互连通，而相邻井却不一定连通；流体分布复杂，不同区块、不同井区、不同层段流体性质差异较大，油藏呈现多缝洞系统、多压力系统、多油水关系和多渗流单元的特征。

基于塔河油田缝洞型油藏十余年的开发经验，本书第 1 章主要介绍了塔河油田基本概况及碳酸盐岩缝洞型油藏的主要开发技术，由闫长辉编写；第 2 章缝洞单元识别与划分，详细介绍了利用单井资料及常规物探方法识别缝洞单元和缝洞体连通性的研究方法，由邓虎成、周文编写；第 3 章为缝洞体流体分布规律，主要介绍了井剖面的流体识别方法，不同类型缝洞体流体分布模式，缝洞单元内流体分布模式及特征，由闫长辉、胡文革编写；第 4 章为缝洞单元内油水界面评价，以实例为基础详细介绍了缝洞单元内油水界面的估算方法和水体大小的评价方法，由陈青、刘伟编写；第 5 章为缝洞单元开采技术对策，详细介绍了缝洞单元内油井出水机理，地层水对油井产量的影响及缝洞单元注水开发效果，并举例介绍了缝洞单元调剖堵水的潜力、实施方案及效果预测，由闫长辉、何思源编写。在本书的研究和撰写过程中，要衷心感谢中石化西北局的鲁新便、李子甲、杨敏、刘学利、荣元帅、刘培亮等人的无私帮助，同时也要感谢成都理工大学能源学院邓礼正、李国蓉、单钰铭、杨斌、李仲东、陆正元以及西南石油大学张哨楠的大力协助。本书主要介绍了碳酸盐岩缝洞型油藏的主要特征及开发技术对策，可为现场工作人员及相关学者研究此类油藏提供一定的借鉴。

目 录

第1章 前言 …… 1

1.1 塔河油田碳酸盐岩缝洞型油藏基本概况 …… 1

1.2 碳酸盐岩缝洞型油藏开发技术进展 …… 5

第2章 缝洞单元识别与划分 …… 9

2.1 井剖面缝洞层的识别 …… 9

2.1.1 缝洞体井剖面响应特征 …… 9

2.1.2 井剖面缝洞体识别 …… 21

2.2 缝洞体物探方法识别 …… 32

2.2.1 地震振幅变化率技术 …… 32

2.2.2 地震相干体技术和多尺度边缘检测技术 …… 33

2.2.3 地震剖面缝洞体波形特征分析方法 …… 33

2.2.4 地震—测井联合反演技术 …… 33

2.2.5 用地震波阻抗资料预测缝洞体技术 …… 34

2.2.6 缝洞体识别的相关技术方法实例 …… 36

2.3 缝洞体连通性分析 …… 42

2.3.1 水化学指示分析 …… 44

2.3.2 压力系统分析 …… 44

2.3.3 同位素示踪分析 …… 45

2.3.4 生产动态分析 …… 45

2.4 缝洞体划分与分布规律 …… 49

第3章 缝洞体流体分布规律 …… 57

3.1 井剖面流体识别 …… 57

3.1.1 泥浆侵入影响分析及流体识别原理 …… 57

3.1.2 不同充填类型的溶洞层内流体识别方法 …… 61

3.1.3 不同类型储层流体测井响应特征 …… 63

3.1.4 多元判别流体识别技术 …… 75

3.1.5 神经网络流体类型识别技术 …… 77

3.2 典型缝洞体流体分布模式 …… 83

3.2.1 单一缝洞单元油水共存形式 …… 83

3.2.2 复杂缝洞单元油水共存形式 …… 87

3.3 缝洞单元流体分布特征 …… 100
3.3.1 油气的物理化学特征 …… 100
3.3.2 水化学特征分析 …… 107
3.3.3 水源系统分析 …… 112
3.4 缝洞单元油水分布特征评价 …… 117
3.4.1 缝洞单元地层水分布模式 …… 117
3.4.2 影响地层水分布的地质因素分析 …… 118
3.4.3 缝洞单元油水分布特征评价 …… 119
第4章 缝洞单元内油水界面评价 …… 120
4.1 估算原始油水界面的方法 …… 120
4.2 估算塔河四区主力缝洞单元油水界面及变化趋势 …… 123
4.2.1 估算主力缝洞单元油水界面 …… 123
4.2.2 主力缝洞单元油水变化趋势 …… 130
4.3 缝洞体水体大小评价方法 …… 133
4.3.1 亏空体积曲线法 …… 133
4.3.2 生产指示曲线法 …… 135
4.3.3 物质平衡式 …… 136
4.3.4 压降法(储罐模型) …… 137
4.3.5 水油体积比法计算水体储量 …… 138
4.3.6 水体计算结果分析与评价 …… 141
第5章 缝洞单元开采技术对策 …… 143
5.1 不同部位油井出水机理 …… 143
5.1.1 单一缝洞单元不同部位油井出水机理 …… 143
5.1.2 复杂缝洞单元不同部位油井出水机理 …… 144
5.1.3 不同见水速度井的产水特征 …… 145
5.2 典型缝洞单元注水效果 …… 148
5.2.1 典型缝洞单元的注采井组开发特征及对比 …… 148
5.2.2 典型缝洞单元驱油效果评价 …… 155
5.3 地层产水对油井产量的影响分析 …… 162
5.3.1 见水井产量变化分析 …… 162
5.3.2 见水井产量递减率分析 …… 164
5.4 缝洞单元调剖堵水生产对策 …… 167
5.4.1 缝洞单元堵水调剖潜力分析 …… 167
5.4.2 调剖方案制定 …… 173
5.4.3 调剖效果预测 …… 176
参考文献 …… 180

第 1 章　前言

1.1　塔河油田碳酸盐岩缝洞型油藏基本概况

塔河油田位于新疆维吾尔自治区轮台县与库车县交界处，处于塔里木盆地东北坳陷区沙雅隆起阿克库勒凸起西南，西邻哈拉哈塘凹陷，东靠草湖凹陷，南接满加尔坳陷和顺托果勒隆起，北为雅克拉凸起。阿克库勒凸起是下古生界奥陶系碳酸盐岩大型褶皱—侵蚀型潜山，潜山四周倾伏呈背斜形态，闭合幅度达 800 m。

1999 年首次在塔河 6～7 区奥陶系部署 2 口探井(W66、W67)，同年获得高产油气流，从而发现了塔河油田 6～7 区奥陶系油藏。

截至 2013 年 6 月，塔河油田已在奥陶系、志留系、泥盆系、石炭系、三叠系、白垩系等 6 个年代地层获得油气突破，基本查明了油气富集规律。投入开发或试采有 13 个油气区块，即塔河油田的 1、2、9 区三叠系油气藏，3、4、6、7、8、10、11、12 区和托普台区块奥陶系油藏。其主力油藏为古生界奥陶系缝洞型碳酸盐岩油藏。已形成的年产 600 多万吨的大型油气田，显示出塔河油田所处的阿克库勒凸起南部、西南部及西侧斜坡带奥陶系呈大面积连片含油特征，大型油气田(藏)已初现规模。

根据钻井揭示，阿克库勒凸起为前震旦系变质岩基底上发育的一个长期发展的古凸起，发育震旦系至泥盆系海相沉积，石炭系至二叠系海陆交互相沉积，三叠系至第四系陆相沉积。目前，钻探揭示凸起主体部位及南部斜坡区发育奥陶系下统、中上统，志留系，石炭系下统，二叠系，三叠系，侏罗系下统，白垩系，第三系，第四系。受海西早期、海西晚期和燕山早期构造运动影响，大部分地区缺失志留系，泥盆系，石炭系上统，侏罗系上统，另外奥陶系中—上统与奥陶下统也遭受不同程度剥蚀(图 1-1)。

塔河油田是由前震旦系变质基底上发育起来的一个长期发展的、经历了多期构造运动、变形叠加的古凸起，先后经历了加里东期、海西期、印支—燕山期及喜马拉雅期等多次构造运动。

对阿克库勒凸起古应力场演化特征的研究表明，海西早期区域主应力为 NW-SE 向，形成了向南西倾覆的 NE-SW 走向的阿克库勒大型鼻凸的雏形；海西晚期区域主应力为 N-S 向挤压作用，在大型构造鼻凸上叠加形成的一系列近 E-W 走向的逆冲断层和局部褶曲，如阿克库木、阿克库勒近东西向断裂构造带。断层断开层位主要为奥陶系，向上断层基本消失于石炭系，只有个别大断层延伸到中生界(发育在北侧两断裂构造带)。奥陶系碳酸盐岩在海西晚期以后基本上处于稳定埋藏状态，对阿克库勒凸起南部地区奥陶系的构造特征及变形起主要控制作用的为海西早、晚期运动，尤以海西早期的古构造面貌对后期构造变形的控制作用较为明显(图 1-2)。

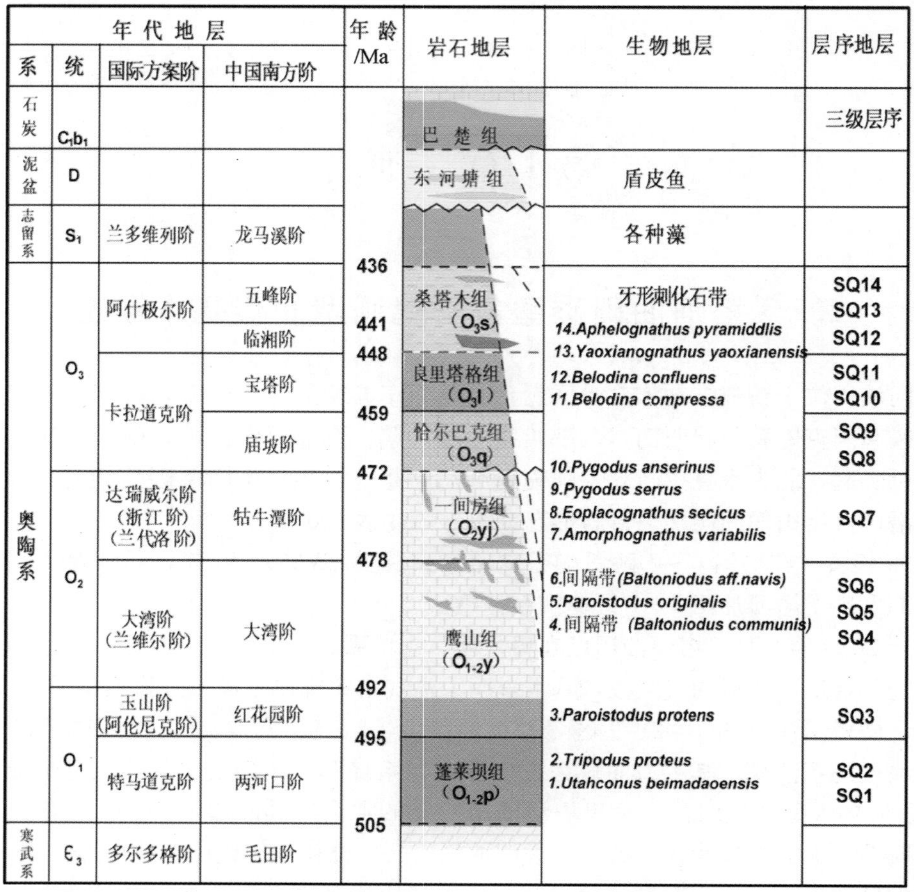

年代地层				年龄/Ma	岩石地层	生物地层	层序地层
系	统	国际方案阶	中国南方阶				
石炭	C_1b_1				巴楚组		三级层序
泥盆	D				东河塘组	盾皮鱼	
志留系	S_1	兰多维列阶	龙马溪阶			各种藻	
奥陶系	O_3	阿什极尔阶	五峰阶	436	桑塔木组（O_3s）	牙形刺化石带	SQ14 SQ13
			临湘阶	441		14.*Aphelognathus pyramiddlis* 13.*Yaoxianognathus yaoxianensis*	SQ12
		卡拉道克阶	宝塔阶	448	良里塔格组（O_3l）	12.*Belodina confluens* 11.*Belodina compressa*	SQ11 SQ10
			庙坡阶	459	恰尔巴克组（O_3q）		SQ9 SQ8
	O_2	达瑞威尔阶（浙江阶）（兰代洛阶）	牯牛潭阶	472	一间房组（O_2yj）	10.*Pygodus anserinus* 9.*Pygodus serrus* 8.*Eoplacognathus secicus* 7.*Amorphognathus variabilis*	SQ7
		大湾阶（兰维尔阶）	大湾阶	478	鹰山组（$O_{1-2}y$）	6.间隔带(*Baltoniodus aff.navis*) 5.*Paroistodus originalis* 4.间隔带（*Baltoniodus communis*）	SQ6 SQ5 SQ4
	O_1	玉山阶（阿伦尼克阶）	红花园阶	492		3.*Paroistodus protens*	SQ3
		特马道克阶	两河口阶	495	蓬莱坝组（$O_{1-2}p$）	2.*Tripodus proteus* 1.*Utahconus beimadaoensis*	SQ2 SQ1
寒武系	$Є_3$	多尔多格阶	毛田阶	505			

图 1-1 塔河地区地层柱状图

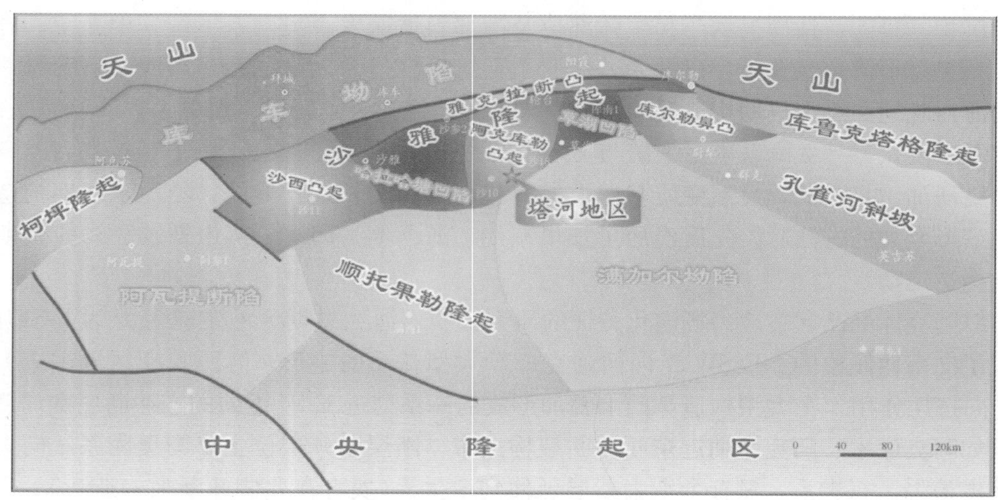

图 1-2 塔里木盆地塔河地区构造位置图

塔河油田奥陶系中下统灰岩储层储集体空间主要为溶洞、溶孔和裂缝，储渗空间形态多样、大小悬殊、分布不均，非均质性极强，而基质部分岩性致密，孔隙不发育，局部发育晶间孔(重结晶、白云化)。

(1)溶洞：塔河油田奥陶系中下统灰岩储层发育大型缝、洞型储层，在钻进过程中常发生放空、泥浆漏失、井涌等现象，却因岩芯破碎或取不到岩芯而缺乏实测物性数据，但是测井、测试动态资料反映出该类储层储集性能极好，在已完钻的 147 井次中，直接放空漏失投产的井高达 88 井次。钻遇最大的未充填溶洞视高度达 48.91 m(MK620 井 5655.39～5704.3 m)，根据测井资料识别的最大的全充填溶洞(MK604 井)的视高度也达 33 m(5581～5614 m)。

(2)溶蚀孔洞：是经溶蚀作用形成或改造的孔隙空间，按孔径大小可分为大孔、中孔、小孔和微孔。溶孔多以孤立分散状形态广泛分布于碳酸盐岩储集层中，如果这种储集空间连成一片，则可以成为优质储集空间。

(3)裂缝：本区的裂缝主要表现为两大类型：一是构造裂缝，二是非构造裂缝。非构造裂缝又可细分为三类：压溶缝(即缝合线)、溶蚀缝、风化破裂缝和成岩收缩微裂缝。

塔河奥陶系储集层由上述 3 种基本储集空间类型按不同的方式及规模组合成 3 种储集体类型：溶洞型、裂缝—孔洞型、裂缝型。

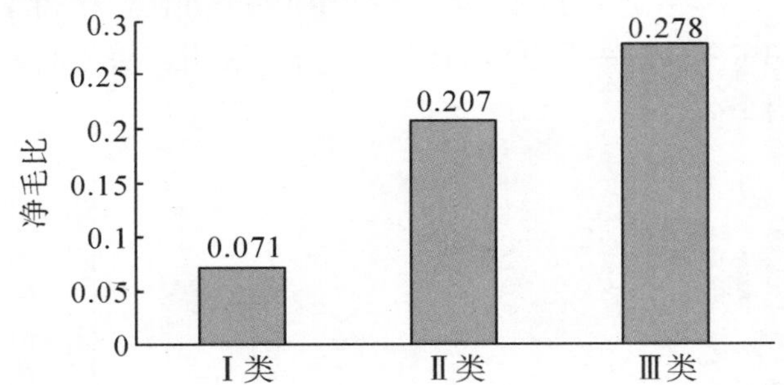

图 1-3　塔河油田 6～7 区储层净毛比分布图

从钻井揭示的有效储层(包括有效的裂缝型、裂缝—孔洞型和溶洞型储层)的净毛比分布图(图 1-3)看，Ⅰ类净毛比平均为 0.071，Ⅰ＋Ⅱ类净毛比平均为 0.278，反映储集体较发育(塔河 4 区Ⅰ类储层 0.075，Ⅰ＋Ⅱ类净毛比平均为 0.388)。

从钻遇溶洞情况分析，6～7 区(包括多井单元内的相邻区块的油井)完钻 157 井次，共有 97 井次井钻遇 139 个洞，钻遇率 61.8%。

6～7 区溶洞钻遇率较高，与塔河油田其他区块相比钻遇率仅低于 4 区，高于 2、10、12 区和托甫台地区。从钻遇溶洞高度来看，大于 5 m 的有 51 个，占 41.2%，平均洞高为 7.7 m，高于 2 区、托甫台区，与 4、10 及 12 区相比略低(表 1-1)。

表 1-1　塔河油田奥陶系油藏溶洞钻遇情况对比统计表

区块	溶洞钻遇率/%	平均洞高/m	溶洞充填情况
6～7 区	61.8	7.7	以未充填洞为主，西南部砂泥质充填较为严重
2 区	51.8	7.0	充填几率大，以砂泥质为主
4 区	69.7	10.0	以未充填洞为主，少量砂泥质充填
10 区	57.3	9.4	充填几率大，以砂泥质为主

续表

区块	溶洞钻遇率/%	平均洞高/m	溶洞充填情况
12 区	45.3	8.4	以未充填洞为主，少量砂泥质充填
托甫台区	39.6	5.2	基本未充填

4 个构造带的溶洞钻遇率为 45.7%～68.1%，平均 61.8%。构造中轴部溶洞发育程度最高，W74 和 W67 单元较为发育(表 1-2)。

表 1-2　6～7 区构造单元钻遇溶洞率统计表

构造单元	冲蚀沟谷	东轴部	西部斜坡	中轴部	合计
钻遇溶洞井数/口	16	16	16	49	97
总井数/口	35	26	24	72	157
溶洞钻遇率/%	45.7	61.5	66.7	68.1	61.8

1. 溶洞的纵向分布特征

从实钻溶洞情况来看，表层溶洞最为发育。4 个构造带共钻遇各类溶洞 139 个，其中 C1 段钻遇 74 个，占钻遇总溶洞的 53.2%；C2 段钻遇 49 个，占钻遇总溶洞的 35.3%；C3 段钻遇 16 个，占钻遇总溶洞的 11.5%。说明表层溶洞最为发育，越往下溶洞钻遇率降低，见图 1-4。

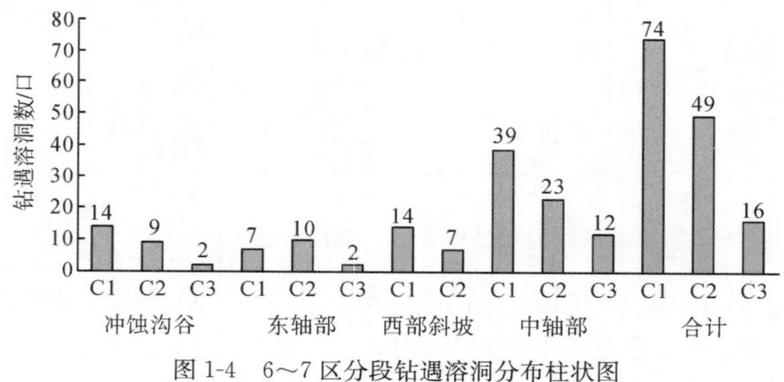

图 1-4　6～7 区分段钻遇溶洞分布柱状图

2. 溶洞的平面分布特征

从实钻溶洞来看，平面分布发育主要有以下特征：

1)溶洞主要分布在构造轴部

6～7 区溶洞整体比较发育，溶洞与古地貌和裂缝及断裂的发育程度密切相关，平面上洞穴多分布在构造轴部的断裂带、强构造变形区。同时，洞穴的横向延伸方向(走向)与断裂伴生张裂缝的走向关系密切；在多组断裂的交汇部位，也容易形成大型洞穴。

2)中—南部井区充填程度相对较高

6～7 区钻遇的溶洞中未充填洞 64 个、部分充填洞 20 个、充填洞 55 个，未充填、部分充填洞占总数的 60.4%，总体以未充填、半充填洞为主。冲蚀沟谷区则整体充填较严重，全充填洞占了 52%，在 4 个构造带中比例最高。

1.2　碳酸盐岩缝洞型油藏开发技术进展

20 世纪 80 年代国内对碳酸盐岩的研究开始起步，随着国内碳酸盐岩油藏的不断发现而兴起，塔河奥陶系碳酸盐岩油田的发现使缝洞型碳酸盐岩油藏在国内成为了研究的热点。

1985 年，王瑞和等运用近视力学，改进以往计算方法和模型，用数模方法计算了多重介质底水油藏的一些开发指标。1996 年柏松章对碳酸盐岩储层的驱油机理、底水运动和渗流特征等特点做了一定的研究。

2003 年，针对塔河油田奥陶系碳酸盐岩油藏的地质特征，结合目前塔河油田奥陶系油藏的开发经验和实践，鲁新便提出了缝洞型碳酸盐岩“缝洞单元”的概念，为之后缝洞型碳酸盐岩油藏有效开发指明了方向。

2005 年，陈志海等根据裂缝和溶洞在储集体内的组合关系，建立了 6 种渗流模式，从油井钻遇不同缝洞型储集体类型的角度分析了其开采特征。

荣元帅等(2011)针对大型复合酸压是塔河油田针对碳酸盐岩缝洞型油藏常规酸压未建产或产能低的油井提出的一项新型重复酸压改造技术。该技术提高或恢复了部分低产低效及未建产井产能，增油效果明显，但存在一定的差异。在系统分析大型复合酸压井前期油藏特征和酸压效果基础之上，提出了大型复合酸压的地质选井原则。分析认为，高效大型复合酸压井主要选择位于油气富集有利部位、地震属性特征较好(振幅变化率强、反射体规模较大)、前期酸压显示未有效沟通的储集体、生产能量不足且产能较低(累产低)、注水替油效果不佳的井，同时在具有前述地质特征条件下距储集体中心距离较大的井优先选择。

耿宇迪等(2011)提出为最大限度地提高长裸眼段水平井的改造效果，针对塔河油田缝洞型碳酸盐岩油藏特点，采用优选的酸液体系、优化的施工工艺等适于缝洞型碳酸盐岩油藏水平井酸压技术系列，使酸压措施尽可能多地沟通近井地带的缝洞体，较大幅度地提高水平井产量，取得了良好的应用效果。

刘学利等(2011)为了探索塔河油田注水替油开发后期提高采收率的技术手段，开展了注 CO_2驱油实验和数值模拟研究。选择典型碳酸盐岩缝洞单元 W86，采用物理模拟和理论模拟相结合的方法，评价了塔河油田稀油注 CO_2开发的可行性。利用高温高压 PVT 仪研究了 W86 地层流体注 CO_2气的增容膨胀性；利用细管实验测试了地层流体注 CO_2的最小混相压力。在实验分析和模拟的基础上，运用组分模型开展了塔河油田 W86 区块注气数值模拟研究，对比了衰竭式开发、注水开发、注烃类气和注 CO_2气开发的效果。研究结果认为，塔河油田 W86 区块稀油注 CO_2混相压力为 26.3 MPa，在地层条件下可实现混相驱；数值模拟结果显示注 CO_2驱在水驱基础上可提高采出程度 9.45%。

李生青等(2011)针对塔河油田奥陶系油藏储集空间主要以洞穴为主，其次为裂缝、溶蚀孔隙、溶蚀孔洞；储层相对较发育，但其发育状况受构造变形和岩溶作用共同控制，储集类型、储集空间的分布规律比较复杂，具有较强的非均质性。在前期缝洞单元的初步划分的基础上，我们对单元实施注水开发后，开发效果得到明显改善。本书通过对

W48 单元注水开发进行详细剖析，分析注水开发机理，注水受效机理，注水技术政策，指导下步缝洞型碳酸盐岩油藏的注水开发。

胡文革等(2012)针对塔河油田奥陶系碳酸盐岩缝洞型油藏储集体非均质性强，油水关系复杂，部分井水层在高返排水后出油。通过与四川盆地排水找气机理的对比分析，认为塔河油田奥陶系碳酸盐岩缝洞型油藏具有排水找油的基本条件，通过实践获得成功，并提出选择“排水找油”井的一些标志：一定储集空间、水体能量弱、有较好的录井显示、测试见油花或有硫化氢显示。排水找油的成功加深了对塔河油田碳酸盐岩油藏成藏规律的认识，探索了碳酸盐岩油藏新的开发途径。

刘中春(2012)综合分析了塔河油田缝洞型碳酸盐岩油藏的开发历程，确定油井过早出水、储量动用能力低、天然能量不足是天然能量开发阶段采收率低的主要原因；水驱效率低是注水开发阶段采收率低的主要原因。同时分析了目前缝洞型碳酸盐岩油藏提高采收率面临的主要问题，初步探索了缝洞型油蔵提高采收率的途径，提出了天然能量开发阶段以“整体控水压锥、提高油井平面和纵向上储量动用能力”，补充能量阶段以“优化、改善注水开发为主，注气、稠化水驱等扩大波及体积的方法为辅”的提高采收率技术思路，对塔河油田进一步提高采收率具有重要的意义。

荣元帅等(2013)针对塔河油田碳酸盐岩缝洞型油藏试注阶段出现见效井组少、有效期短和含水率上升快等问题，在系统分析前期现场注水试验并结合室内研究成果的基础上，提出了碳酸盐岩缝洞型油藏多井缝洞单元注水开发模式，即保压、多阶段、立体注水开发。保压开发是指保持地层压力开发，减缓由于能量衰减而造成的递减或抑制底水锥进；多阶段开发是指在不同注水开发阶段，采用不同的注水方式、注采参数及配套技术进行开发，注水受效前适当大排量试注验证连通性并建立注采关系，受效后至效果变差前期采用温和注水，后期则适当提高排量周期注水，并考虑换向注水及注水调剖；立体注水开发是指根据缝洞发育规律、剩余油分布以及连通状况，建立立体开发的注采井网，实行双向或多向注水、分段注水、低注高采、缝注洞采等注水开发方式及配套技术进行开发。

秦飞等(2013)针对碳酸盐岩缝洞型油藏的堵水现状，开展了堵剂漏失的预判和原因分析，分析研究了适合塔河油田特色的暂堵和堵漏工艺，主要包括中密度固化颗粒、颗粒形体膨堵剂、可溶性硅酸盐凝胶 3 项暂堵工艺；复合密度选择性堵水、瓜胶液前置多级复合段塞堵水 2 项堵漏工艺。经现场应用表明，针对不同漏失程度的井，3 项暂堵和 2 项堵漏工艺应用效果较好。

窦之林(2014)以塔里木盆地塔河油田为例，应用系统层次化的研究方法，将多种缝洞组合、多种油水关系、多套压力系统的复杂油藏，分解成缝洞成因相似、压力系统相同的若干缝洞单元，形成了动、静相结合的缝洞单元综合评价方法以及“平面分单元、分储集类型、纵向分段”的体积法储量计算和储量分类评价方法。目前该方法在塔河油田开发实践中应用效果较好，已推广应用到整个塔里木盆地的碳酸盐岩油气开发和缝洞型油藏描述中。该方法对非常规油藏也具有一定的指导意义，主要是依托高精度三维地震、钻井和动态资料，进一步提高非常规油藏的描述精度。

何星等(2014)针对缝洞型油藏漏失井堵水技术难题，运用室内实验和现场评价的方法，研发了适合塔河油田高温高盐地层的高温凝胶预堵漏体系和具有油水选择性的可固化颗粒主体堵剂体系，并提出了多级分段堵水工艺和配套的堵后控压酸化工艺。该堵水工艺在M801(K)井应用后，取得了较好的堵水增油效果，对今后塔河油田缝洞型碳酸盐岩油藏堵水有一定的借鉴意义。

谭聪等(2014)针对塔河油田奥陶系断控岩溶油藏为典型的缝洞型油藏，具有剩余油挖掘潜力较大、注水开发效果明显等特征，但该类储集体采用不合理的注水方式极易造成注入水沿储集体上部通道快速窜进，出现暴性水淹，致使水驱效率低，稳产时间短。利用油藏数值模拟技术结合矿场统计的方法，从断控岩溶的主控因素出发，给出该类型储集体合理的注水方式及注采参数，为今后提高该类型储集体的采收率提供借鉴。

于腾飞等(2015)塔河油田奥陶系碳酸盐岩油藏储集空间类型特殊，地层流体以“管流”形式为主，油井压降波及各连通水体时间段存在差异，导致利用水驱曲线法标定技术可采储量中存在开发阶段限制，同时测算单元可采储量也受开发政策、区块油水产量变化特征影响而存在偏差。通过对塔河油田碳酸盐岩油藏单井水驱曲线进行分析，发现其大体上可分为3种类型：单一直线段、两段式台阶状曲线及不规则水驱曲线。对于W65缝洞单元处于注水开发中期，区块生产井数较少，单井含水及产量变化影响区块整体油水生产变化趋势，区块综合含水波动较大，在尚未形成稳定的高含水开发，采用甲型水驱曲线计算结果不能代表单元当前可采储量现状。对于塔河B区注水后期开发效果变差是采收率下降的主要原因，采用甲型水驱曲线计算可采储量结果较为可靠。

李宗继等(2015)塔河9区奥陶系为碳酸盐岩缝洞型凝析气藏，具有一定的特殊性，如何研究落实碳酸盐岩有利储层分布状况是开发工作中的难点。通过断裂特征研究、趋势面分析技术、有利地震反射特征识别及振幅变化率分析，明确了塔河9区奥陶系碳酸盐岩有利储层分布特征，形成了适合塔河油田的碳酸盐岩缝洞型凝析气藏储层描述技术。采用断裂、褶曲正地形、有利地震反射特征及振幅变化率等分析技术，基本可确定碳酸盐岩凝析气藏有利储层分布情况。该技术在塔河9区奥陶系滚动产能建设中取得了积极应用效果，对相同或类似的气藏具有较大的推广前景。

鲁新便等(2015)塔河地区上奥陶统覆盖区的碳酸盐岩地层经多期构造变形和岩溶作用后，沿大型溶蚀断裂带形成了各种不规则的缝洞体。利用高精度三维地震的精细相干、振幅变化率、地震时间切片等技术，结合野外露头、大量钻井资料和生产动态数据进行综合研究，首次提出了断溶体圈闭的理论概念，阐述了塔河上奥陶统覆盖区断溶体油藏的形成机理及其特征，依据其空间展布形态和控制因素将其划分为条带状、夹心饼状和平板状等。实践证实，断溶体圈闭(油藏)是塔河外围斜坡区极为特殊的一种油气藏类型，不同类型断溶体油藏开发效果差异较大，其中条带状断溶体油藏开发效果最好，该类圈闭的研究成果对塔里木盆地同类油藏的勘探开发都具有重要的借鉴意义。

胡蓉蓉等(2015)研究了塔河油田缝洞型碳酸盐岩油藏注气替油提高采收率机理，开展了原油物性实验、相态分析和注气驱油数值模拟研究。为研究注气驱油机理，首先对区块原油的PVT进行参数拟合。结果表明：塔河油田注氮气驱油为非混相过程，注二氧化碳驱油为混相过程；注氮气驱油的作用机理为降低原油黏度、体积膨胀补充地层能量、驱替微小孔径中的原油及重力分异形成人工气顶置换顶部剩余油；注二氧化碳驱油的作用机理为降低原油黏度、体积膨胀补充地层能量及降低油气界面张力；非混相注气驱油比混相开发效果好。

郑松青等(2015)从油水相对渗透率比与含水饱和度的关系出发，对丁型水驱特征曲线(纳扎洛夫水驱特征曲线)进行了推导，从理论上证明了丁型水驱特征曲线直线段斜率的倒数同地质储量呈线性关系。通过对塔河油田 12 个单元区块的统计，验证了这一结论，同时确定了缝洞型油藏的线性比例系数为 6.4，建立了利用丁型水驱特征曲线计算地质储量的方法。利用这一方法，对塔河油田 M7-607 单元和 M7-615 单元的单井井控储量进行计算，计算结果同地质认识具有较好的一致性。说明利用该方法计算塔河油田碳酸盐岩缝洞型油藏单井井控储量是可行的。

赵建等(2016)塔河油田奥陶系碳酸盐岩油藏非均质性强，采用井控容积法计算地质储量时，含油面积的取值存着诸多不确定因素，导致计算结果与后期对油藏的认识出现偏差。结合塔河油田碳酸盐岩缝洞型油藏探明储量计算误差因素分析，重点剖析储量各参数对储量计算误差的影响程度，明确指出对于非均质性强的缝洞型碳酸盐岩油藏，含油面积和有效厚度的变化是影响地质储量计算精度的主要因素，并对此提出相应的解决办法：根据塔河油田碳酸盐岩缝洞型油藏特点，改进的容积法是以缝洞单元为储量计算单元，纵向上以缝洞单元内储集体相对致密段为分隔进行储集体分段，平面上以 3 种类型储集体发育范围结合井控圈定含油面积分别计算储量；根据振幅变化率、波阻抗和振幅梯度等地震属性门槛值可以确定溶洞型储集体分布的范围。计算方法改进后，储量计算结果减少到井控容积法的约 60%，大大提高了储量计算精度和探明储量的可开发动用程度。

第2章　缝洞单元识别与划分

2.1　井剖面缝洞层的识别

2.1.1 缝洞体井剖面响应特征

1. 洞穴型储层

溶洞是工区内碳酸盐岩中有效储集空间之一，洞孔隙度发育极不均匀，分布区间从0%～21%不等。未充填的巨洞岩芯上难以发现，主要根据钻井放空、严重漏失等现象判断，巨洞主要分布于地表岩溶带和潜流岩溶带。

1)未充填洞穴型储层(Ⅰ-A-1)

其电性特征具有相当低的电阻率值(主要为侵入的泥浆电阻率值)，以及异常高的声波时差、中子(泥浆影响)和较低的密度(近于泥浆密度)。这类储层与半—全充填洞穴型储层的主要区别是自然伽玛，两者由于所含泥质充填程度(堆积形式)的不同，具有砂泥炙充填的洞穴段在自然伽玛相对于未冲天洞高(一般为16～30 API)，再配合参考钻井录井特征(多出现泥浆漏失、放空等)、井径曲线多有扩径现象，这些特征可以对这类储层进行识别。

MK457井5620～5626 m(见图2-1)，是一段溶洞型储层。该段的自然伽玛曲线变化比较平缓，且值小于15 API，说明该段储集层是一段不具有泥质充填的溶洞型储层；井径有明显扩径，达到了8 in(原钻头尺寸为5 in)；深浅双侧向电阻率值较上下围岩有明显的降低，深侧向电阻率值降到了10 Ω·m左右，浅侧向则更低，且表现为明显正差异；声波时差孔隙度曲线值较上下围岩地层有异常增大，最高甚至可达250 μs/ft左右；中子孔隙度值较上下围岩也有比较明显增大，达13%左右，说明储层孔洞发育且有泥浆侵入。由于井况原因，该井段无密度测井资料，但密度测井值对应于未充填溶洞处应有异常降低。该段5622～5624 m的成像测井资料显示对应于常规测井曲线异常的地方，是一系列连续黑色块状的洞穴(见图2-1)。

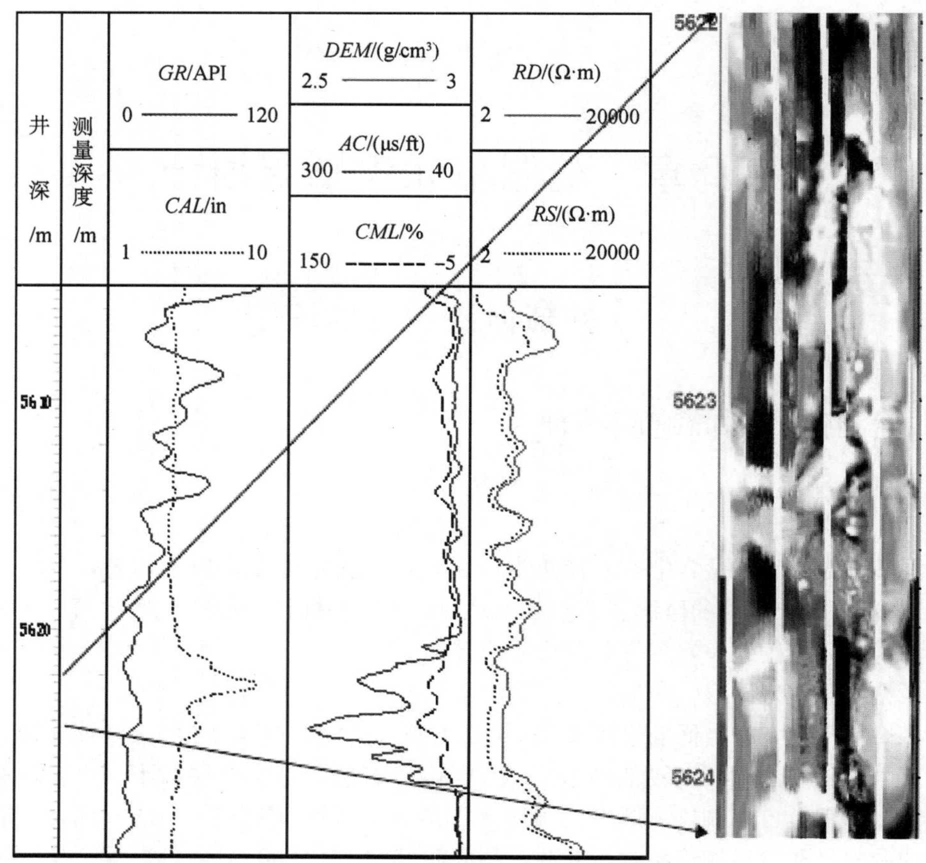

图 2-1　MK457 井 5620～5626 m 溶洞(未充填)发育段

M808(K)井就钻遇到下奥陶统鹰山组顶部的两个未充填溶洞段(如图 2-2)，其中的 5763.51～5793 m 井段(厚约 29.49 m)是目前塔河油田主体区所发现的最大的未充填溶洞。在 5690～5694.4 m、5763.5～5796.64 m 两个井段钻井中均出现放空和井漏，*GR* 值低(14.6API)，*CAL* 井径大(14″以上)，扩径严重，声波达到 137.4 μs/ft，密度降低到 1.0 g/cm³，中子达到 85.7%，三孔隙度测井基本上只反映了洞中泥浆滤液的电性，浅侧向 *RS* 为 0.3 Ω·m，深侧向 *RD* 为 5 Ω·m，显示出水层特征。*K*1 大于 1.2，*K*2 大于 2.0，*K*3 为 0.6～1.0，*K*4 大于 1.0 且为高跳值，*K*5 小于 0.5 且为低跳值，*K*4 与 *K*5 交会呈高值正差异，差异明显大，*K*6 为高值，大于 2.5，*K*7 为高值，一般大于 0.8，*K*8 为低值，接近于 0。后对 5519.64～5707.86 m 井段进行原钻具求产测试，地层实际累计产水 162.5 m³，通过测试定性认为该测试层为水层。

M808(K)井 5760～5793 m 井段由于钻遇了巨型溶洞，钻进至该井段时放空，漏失 1.03 g/cm³的油田水 550 m³，未获得可靠的测井数据资料，该井段进行原钻具求产测试，累计产水 256.2 m³，结论为水层。本井储集性能很好，却只产水。

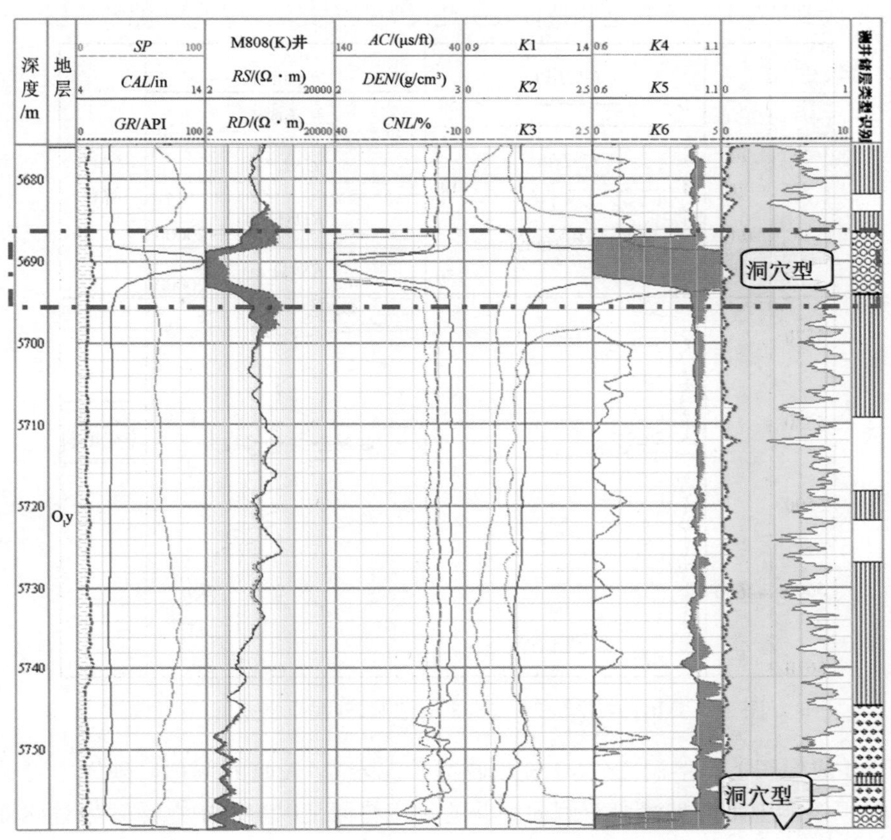

图 2-2　M808(K)井鹰山组储层测井特征图

2)砂泥质半充填(I-A-2)和全充填(I-A-3)洞穴型储层

在 4、6 区常见有砂泥质充填的洞穴型储层，8 区该类型相对较少，其测井响应特征相对于未充填洞穴型储层来说，在充填段自然伽玛(*GR*)测井值相对于上下围岩有明显增大，*GR* 值大概为 40～135 API，相当低的电阻率(小于 10 Ω·m)，比其他类型储层更高的声波时差、补偿中子和更低的密度，在综合测井曲线图上很容易加以识别。地质录井上也常伴有泥浆漏失、钻时加快等特征。在 FMI 图象上具有砂泥岩的结构显示特征。

MK634 井 5578～5583 m 段(见图 2-3)，是一段砂泥质半充填洞穴型储层。该段的自然伽玛测井曲线在洞的下部出现一个高峰，值达 47API，而在洞的上部自然伽玛曲线值小于 15API，和上下围岩的值相近，且变化平缓；说明该段储层是一段下部有砂泥质充填，而上部未充填的洞穴型储层。井径有明显的扩径；深浅双侧向电阻率值较上下围岩有明显的降低，最低降到了只有 12 Ω·m 左右；声波时差孔隙度测井曲线值较上覆、下伏地层有异常增大，最高可达 63 μs/ft；中子孔隙度测井值较上下围岩也有比较明显增大，达 7%左右；密度测井值在该段也降低明显，最低甚至小于 2 g/cm³。

M702 井 5697～5698 m 井段溶洞及溶洞上下井段自然伽马值较高，为 50 API；铀相对比值(*K*7)较高(0.63～0.81)，铀钍比值(*K*8)低(0.6～1.1)，反映充填的砂岩(取芯)岩性不纯；声波(*K*4)和密度(*K*5)相对比值呈同向异常高值；双侧向电阻率较低(40 Ω·m)，声波时差增大到 57.6 μs/ft。这些特征表明此段为洞穴充填砂岩的孔隙型储层。

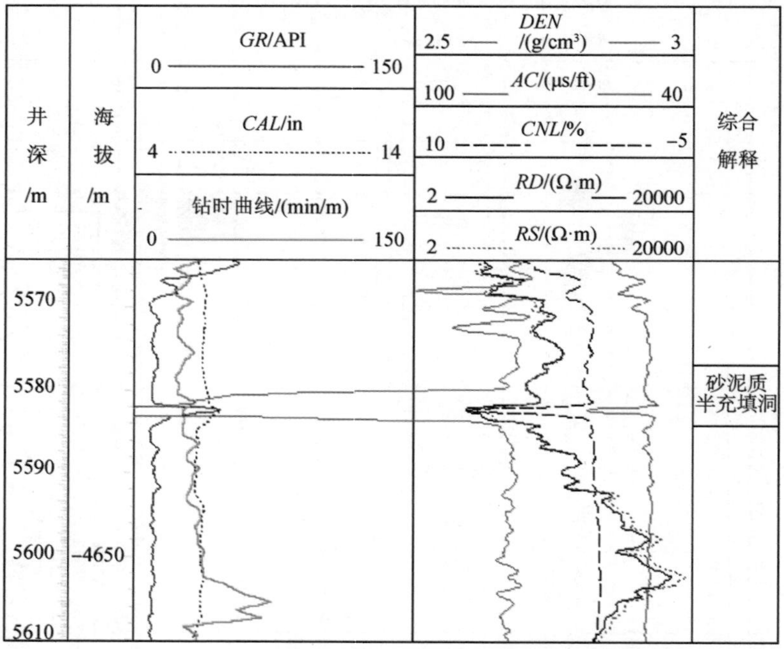

图 2-3　MK634 井 5578～5583 m 溶洞(砂泥质半充填)发育段

在 FMI 成像图上，溶洞段(其中充填物为砂泥岩)呈较暗的颜色，砂岩中可见层理发育(图 2-4)。溶洞上下方裂缝段双侧向测井的响应特征是以溶洞中点深度为对称轴的“尖峰状”。该段酸压测试后无油气产出。

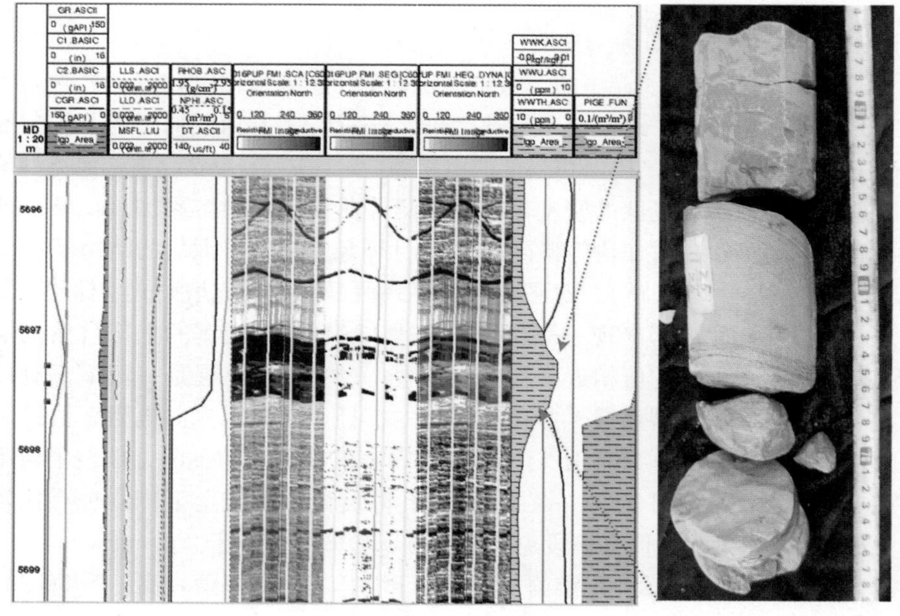

图 2-4　M702 井 5697～5698 m 井段灰绿色砂岩充填的小溶洞综合图

3)垮塌角砾岩半充填(I-A-4)和全充填(I-A-5)洞穴型储层

垮塌角砾岩半充填或全充填洞穴型储层在充填段的测井响应特征是：自然伽玛测井值相对于砂泥质充填的洞穴较低，大概在 40API 以下；其他的几条常规测井曲线依然表现出洞穴型储层测井响应的普遍特征。该类型储层在 4、6 区较常见。

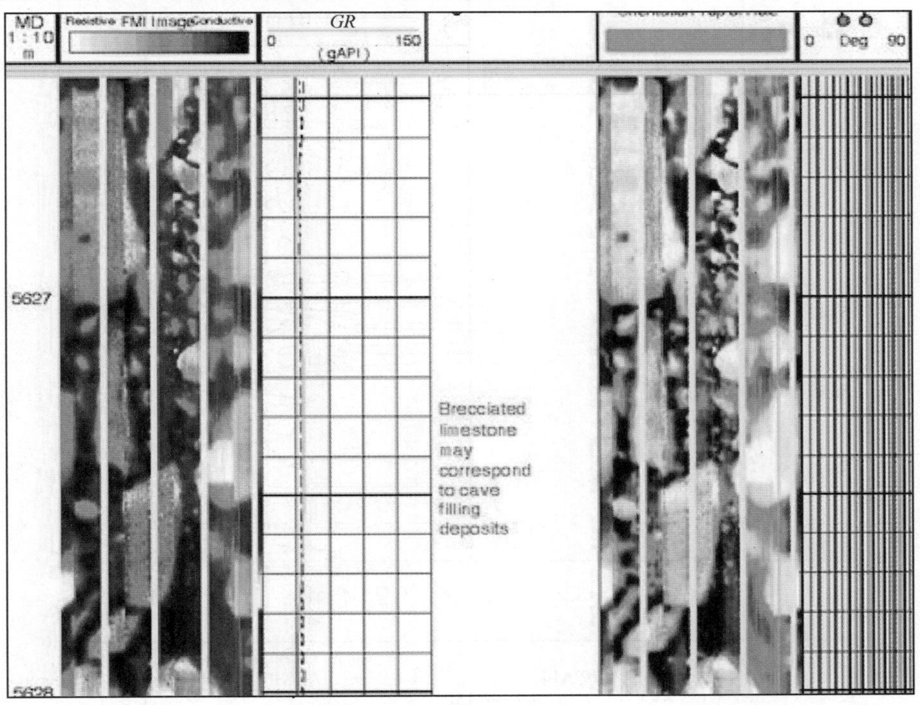

图 2-5　MK458H 井角砾岩充填溶洞的 FMI 图像特征

M403 井 5433～5448 m(见图 2-6)段，是一段角砾岩半充填的洞穴型储层。可以看出，从 5433～5439.5 m 自然伽玛测井值变化平缓，且值与上覆岩层的值相近，而在 5439.5 m 之下的一段洞穴，其自然伽玛值明显增大，最高可达 30API 左右，但小于 40API，说明在该段发育的这个洞穴在 5439.5 m 以下可能为垮塌角砾岩所充填，上部没有明显充填。深浅双侧向电阻率值在整个洞穴段都有明显降低，均降到 100 Ω · m 以下，且有明显深浅电阻率正差异；声波时差孔隙度测井曲线有明显增大，最高可达 80 μs/ft 左右，中子孔隙度测井值较上下围岩也有增大，但增大幅度较声波时差而言较小，密度测井值在该段降低明显，最低甚至降到 2.42 g/cm^3。

从 W64 井洞穴型储层段(图 2-7)可以看出，在上部 5471～5490 m 自然伽玛值最高可达 80 API，说明该段为一段砂泥质充填的洞穴；而下部 5491～5501 m 井段自然伽玛值相对较低，最大并没有超过 40 API，说明该段充填洞穴为垮塌角砾岩全充填洞穴。深浅双侧向电阻率值在整个洞穴段都有明显降低，最低降到了只有十几个 Ω · m，且存在有明显的深浅电阻率正差异；声波时差孔隙度测井曲线有明显增大，最高可达 80 μs/ft 左右；中子孔隙度测井值较基质围岩有非常明显增大，最高甚至达到了 10%；密度测井值在该段降低也很明显，最低降到 2.4 g/cm^3。

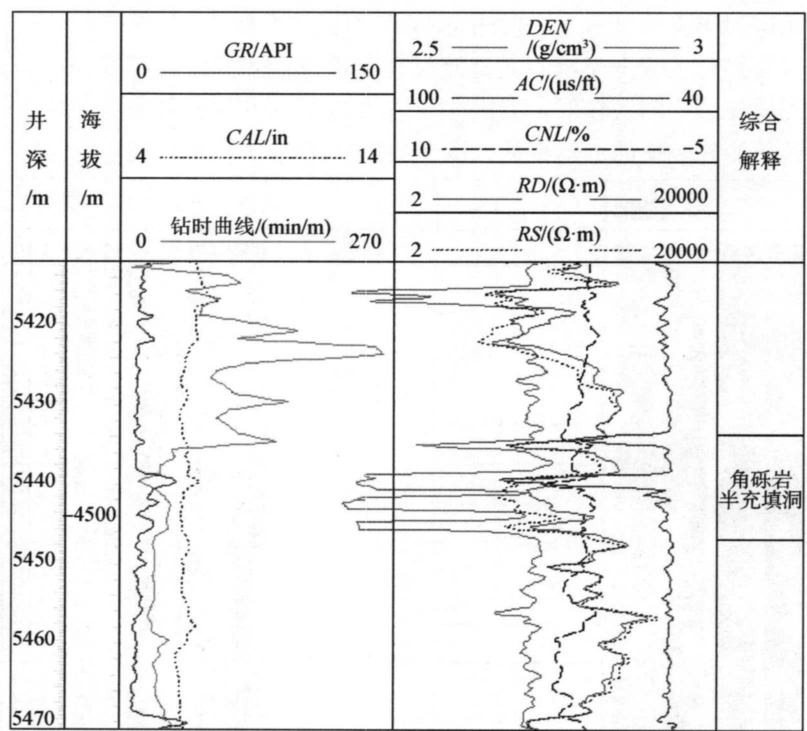

图 2-6　M403 井 5433～5448 m 溶洞(垮塌角砾岩半充填)发育段

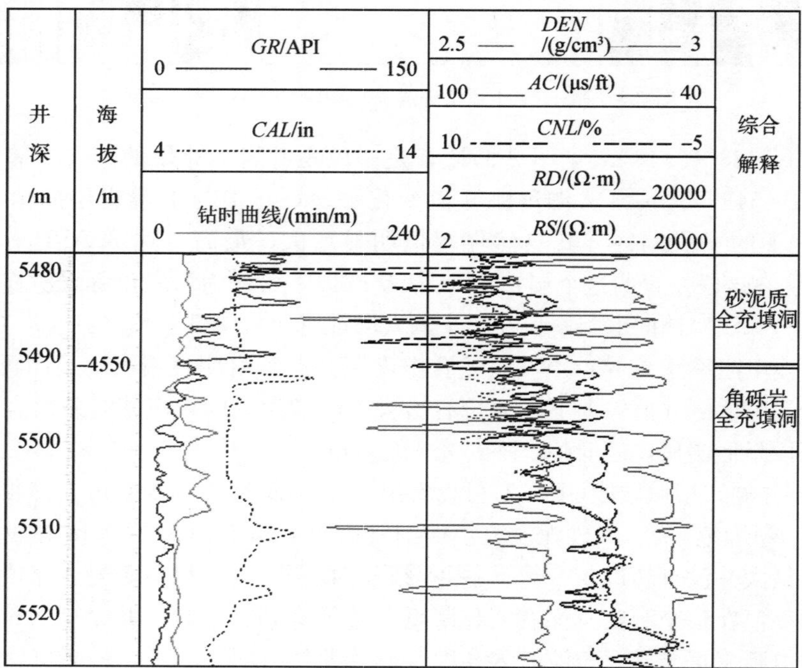

图 2-7　W64 井 5491～5501 m 溶洞(角砾岩全充填)发育段

4)方解石半充填(I-A-6)和全充填(I-A-7)洞穴型储层

因为方解石的化学成分是 $CaCO_3$，是碳酸盐的一种，所以在碳酸岩盐地层中发育的洞穴如果被方解石所充填，则该洞穴被方解石所充填的部位的常规测井所表现出的响应特征将和上下围岩的常规测井响应特征基本一致，且被充填后已基本没有储集流体的能力；而没有被方解石所充填的部位将表现为一个未充填的独立洞穴，可以直接归为未充填洞穴进行处理。因此，只通过测井一种方法基本无法识别出碳酸岩盐地层中的方解石半充填或全充填洞穴。

W88 井是一口岩芯分析资料相对比较完整的井，所以通过对该井取芯资料的分析，可知在该井的几个不同取芯井段均发育有一些大小不一、均匀分布或沿缝分布的方解石部分充填的小孔洞。但对应测井曲线分析，我们却不能分析得到任何明显的方解石充填洞测井响应特有的特征，只是一个洞，上下为基岩地层或其他类型储层发育段；如果是被方解石充填致密的洞穴，则在测井曲线上根本看不出任何洞的特征，就表现为基岩的测井响应特征(图 2-8)。

从图 2-8 可以看出，6153.20～6162.23 m 这段取芯段的测井电响应特征值很大，最大的地方深浅双侧向电阻率的值达两万多 Ω · m，为致密碳酸岩盐的测井响应特征。被方解石充填的孔洞在电测井响应值上与基岩地层一致，也很大。因此，通过测井分析无法识别方解石充填或半充填的洞穴。

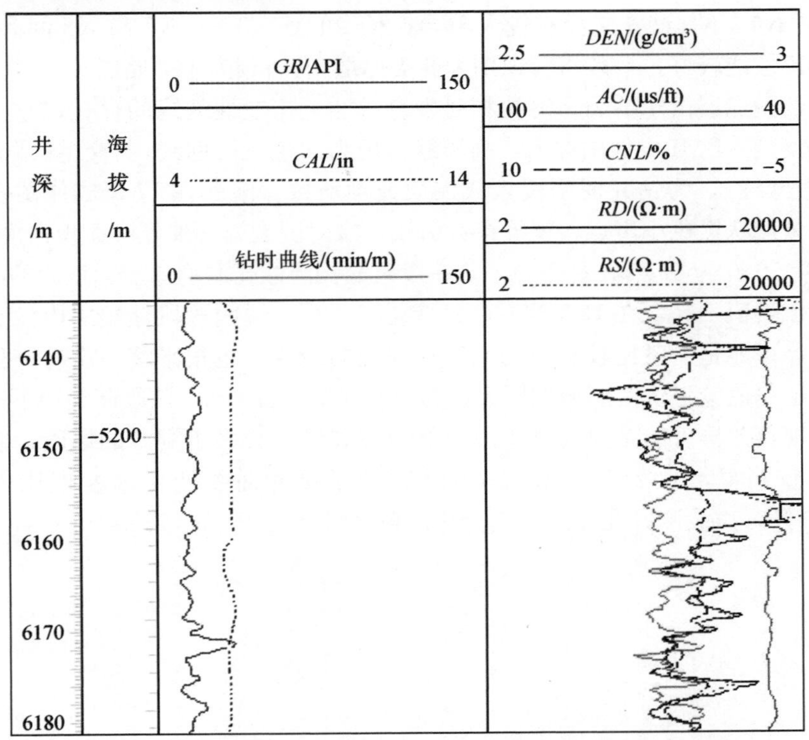

图 2-8　W88 井 6153.20～6162.23 m 取芯段(方解石充填孔洞)测井特征

2. 裂缝—溶蚀孔洞(小)型储层

这类储层的孔隙空间主要是溶蚀孔洞，也发育有一定的不规则裂隙(多为风化裂隙)，形成网络状，但其孔洞发育的程度及规模都不如洞穴型储层。该类储层的储集空间以次生的溶孔、孔洞为主，裂缝次之，或孔洞、裂缝并重，它的分布与裂缝及古岩溶发育带密切相关，此类储层储集性能较好，产能较高且较稳定。

此类储层的测井曲线特征为：自然伽马除部分地层为高伽马(15～30API)且变化较大外，一般较低(5～15API)，变化平缓；自然伽马能谱铀含量高值，显示裂缝及古岩溶发育；电阻率值低，从几十到上百 Ω · m，有明显正幅度差，即深侧向电阻率值大于浅侧向电阻率值，且多出现剧烈的高低幅度变化；声波时差可出现较明显的增大或跳跃现象；岩石密度值有明显降低；中子孔隙度异常增大；井径明显扩径。当孔洞较发育时，其电性特征与部分充填洞穴型储层有相似之处，即电阻率明显降低，声波时差增大，以及低密度值和高中子值，会出现小的“尖峰”，但变化幅度不如洞穴型储层大，且与洞穴型储层的明显区别是较低的自然伽马读数、井径未扩径。在 FMI 图像上高导缝表现为深色正弦曲线(斜交缝)或对称出现的黑色直线(直劈缝)，为钻井泥浆侵入或泥质充填所致。溶孔在 FMI 图像上表现为黑色的、不规则分散状黑色小斑点。

测井特征参数表现为：$K1$ 数值为 1.02～1.06，反映扩径不明显；$K2$ 一般大于 1.0 或小于 1.0；$K4$、$K5$ 重叠交会有较大差异；$K6$ 可大于 3%；$K7$ 与 $K8$ 间有正幅度差。此类储层储集性能较好，一般将其识别为Ⅱ类储层(有时判为Ⅰ类储层)。

溶蚀孔洞型储层由于溶洞、溶孔相对发育，加上构造性裂缝的存在，它在岩芯上不能完整地观察到。FMI 成像图像上，高导缝表现为深色正弦曲线(斜交缝)或对称出现的黑色直线(直劈缝)，为钻井泥浆侵入或泥质充填所致。溶孔在 FMI 成像图表现为黑色的、不规则分散状黑色小斑点，裂缝穿针引线，有时因裂缝含油外渗而现白模式。

M402 井 5540～5555 m(图 2-9)，是一段裂缝—溶蚀孔洞型储层。该段的测井响应特征为：自然伽玛值不高，在 10API 左右且变化很平缓，说明该段储集层内没有影响较大的泥质充填，可能是一段比较有效的储层；井径曲线变化也很平缓，没有扩径现象；深浅双侧向电阻率值较下伏溶洞型地层大，为 100～2000 Ω · m，该段储集层下部存在正差异，上部呈现负差异可能是因为该小段内低角度裂缝发育多于洞穴的原因；密度测井孔隙度值变化较明显，为 2.58～2.72 g/cm^3，中子测井曲线变化幅度也比较明显，为 1.45%～3.3%，声波测井孔隙度曲线变化比较平缓，为 46.5～52 μs/ft。

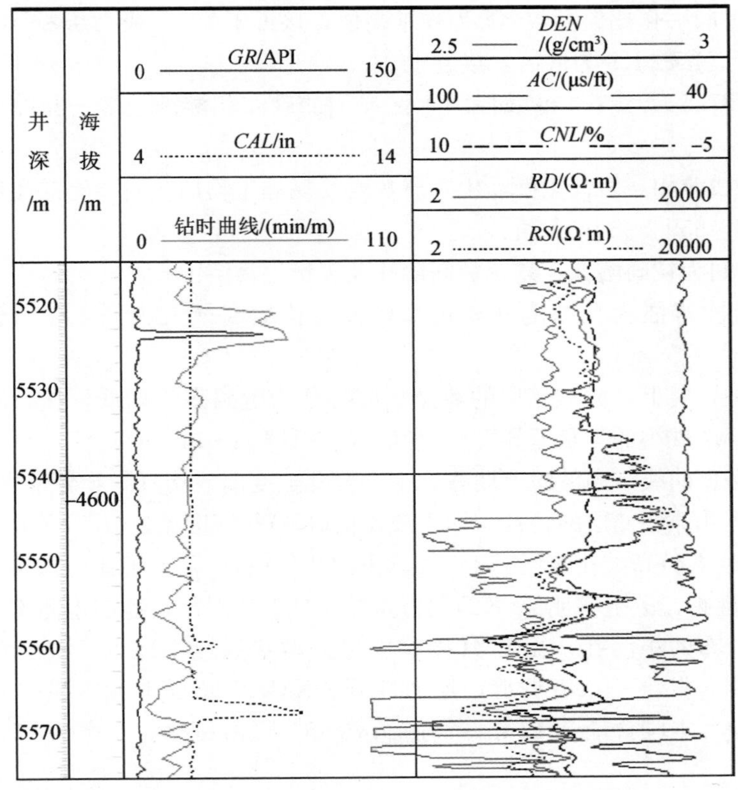

图 2-9　M402 井 5540～5555 m 裂缝—孔洞发育段

3. 溶蚀裂缝—孔隙型储层

礁滩相裂缝—孔隙型储层储集空间既有孔隙又有裂缝，两者对储集性能均有相当大的贡献，其中孔隙主要有溶孔洞组成，裂缝有构造缝或风化溶蚀缝，具有双重孔隙的典型特征，储集性能好，产能较高且较稳定，目前已成为塔河油田主产层之一。该类储层成层性较好，通常呈条带状，在 8 区主要发育于一间房组中上部，距中下奥陶风化面深度以下 1.5～38 m，即处于浅滩相沉积区。

该类储层的电性特征介于溶蚀孔洞型储层与裂缝型储层之间，即具有比溶蚀孔洞型储层更低的自然伽马读数和更高的电阻率值(100～400 Ω · m)，并有一定的正幅度差，井径稍扩大，自然伽马能谱铀含量高值，声波、中子测井响应值增大及密度测井响应值降低变化具有同步效应，但幅度不如溶蚀孔洞型。但相对于裂缝型储层和致密层，裂缝—孔隙型储层电阻率值有明显降低，三孔隙度测井响应值有明显同步变化。

生物礁滩相灰岩储层在 FMI 成像图像上与岩芯描述有很多相似之处，显示溶蚀孔、洞发育，而裂缝亦有发育，溶洞、溶孔是由溶解淋滤作用形成的。反映在测井特征值上为井径归一化比值参数 $K1\geqslant1$；深浅电阻率归一化比值参数 $K2$ 明显大于 1；自然电位相对值归一化参数 $K3$ 高异常，在 1.5 左右，有的接近于 2；声波时差归一化比值参数 $K4\geqslant1$，多为高跳值；密度归一化比值参数 $K5\leqslant1$，多为低跳值；$K4$ 与 $K5$ 交会呈高值正差异，差异较大；中子孔隙度泥质校正参数 $K6$ 为高值及异常高值，一般接近于 5；自然伽马能谱铀含量归一化比值参数 $K7$ 为异常高值，接近于 1，一般为 0.8～0.9；自然伽马能谱的钍/铀比值参数 $K8$ 为低值，接近于 0。

W76 井 5587.5～5593.3 m 井段为本区典型的礁滩相溶蚀裂缝—孔隙型储层，具有如下特征。

(1)发育于浅滩相，岩性以微晶生物屑灰岩、亮晶生物屑灰岩、亮晶生物礁滩相灰岩为主，5590.25～5595.38 m 含油；

(2)储集空间为粒间溶孔、残余粒间溶孔及少量生物溶蚀孔洞；

(3)储层物性特征为孔隙度和渗透率较高，孔隙度最大为 6.4%，渗透率最大为 $5.48\times10^{-3}\ \mu m^2$。

在常规测井资料上，此类储层的典型响应特征为电阻率值降低，深、浅电阻率曲线几乎重叠，顶部出现小的“负差异”(平均值 RS=164 Ω·m，RD=134 Ω·m)，底部为小的正差异；密度曲线、声波时差曲线、中子等孔隙度曲线均有同步异常变化。

因为它具有孔隙型储层的特点，即声波比值($K4$)和密度比值($K5$)呈有规律的高跳正异常，中子比值($K6$)高，孔隙度大于 3%。声波比值($K4$)和中子比值($K6$)同方向增大，井径比值($K1$)规则，电阻率比值($K2$)稍有正差异(或无差异)，地层电阻率为中高值。

对不均匀分布的小溶孔，在 FMI 图像上呈分散状黑色小斑点，次生孔隙以溶孔为主，局部见溶洞，发育一条直劈缝，连通性好。XMAC 图像上无明显的衰减与反射异常，渗透性较差。本段含油 5.13 m，油迹 2.79 m，经酸压测试，产油 259 m^3/d，产气 $2.3\times10^4 m^3/d$。

4. 孔隙—裂缝型储层

孔隙—裂缝型储层在本区一间房组和鹰山组均有发育，该类地层储集空间具有一定的有效孔隙和裂缝，并且以裂缝发育为主，分布与裂缝及古岩溶发育带密切相关，此类储层储集性能较差，多为Ⅱ类或Ⅲ类储层。

总体上，此类储层的测井响应特征介于裂缝型和裂缝—孔隙型储层之间，曲线特征为：自然伽马值在一间房组稍高，鹰山组则低，接近纯灰岩基线。自然伽马能谱铀含量为高值。电阻率值在一间房组不太高，有几百 Ω·m 且多出现明显正幅度差，且深浅侧向电阻率均有尖跳变化；电阻率值在鹰山组较高，从几百到上千 Ω·m，且多出现正幅度差，尖跳变化趋缓，幅度明显变小。声波时差在一间房组有较大的增高，岩石密度值有明显降低的变化，中子孔隙度则有较大幅度的增大，井径规则或稍扩径；在鹰山组声波时差可出现一定幅度的增大现象，岩石密度值有所降低，中子孔隙度则也一定幅度的增大，井径扩径但不大。$K4$、$K5$ 重叠交会差异明显；$K4$ 变化大，明显裂缝时其值大于 0.8～1.1，甚至更大；$K5$ 值随裂缝宽度增加而减小，最小可到 0.7；$K6$ 值可达 2%以上；深电阻率值可达几百至上千 Ω·m；$K2$ 值一般大于 1，并且有时 $K2$ 值为 2.5(高角缝)，有时 $K2$ 值为 0.75 左右(低角缝)。

孔隙—裂缝型储层在成像图像上与岩芯描述相似，显示溶蚀孔、洞和裂缝都发育，两者相辅相成。

沙 91 井 5713.4～5740 m 井段具有孔隙—裂缝型储层的特征，测井响应特征是：①

自然伽马为 8.5API，与致密灰岩接近，反映岩性较纯；②井径表现为略扩径，数值为 6.2～6.6″；③深侧向电阻率为 1100～2550 Ω·m，且具有明显的正差异；④三孔隙度曲线中声波和中子有所增大，密度下降，声波时差为 50～51 μs/ft，密度为 2.65～2.68 g/cm^3，中子为 1.5%左右；⑤FMI 图像显示：发育垂直溶蚀裂缝，溶孔形似小圆孔，未被充填；⑥DSI 评价：斯通利波显示较强的衰减，反映地层渗流能力较好，指示裂缝发育。

5. 裂缝型储层

裂缝型储层主要是指发育有裂缝、没有明显溶蚀孔洞的碳酸盐岩储层。裂缝是奥陶统灰岩中最发育、油气显示十分活跃的储渗空间之一。裂缝的主要类型包括构造裂缝、构造溶缝、风化裂隙和压溶缝合线。

储层的测井响应特征：自然伽玛曲线值较低，一般在 15API 以下，变化平缓，但当裂缝充填泥质时，自然伽玛值会有所增大，无铀伽玛值也有增大。井径曲线上一般没有明显显示，只有当裂缝开度比较大，而测井时井径仪又正好达到裂缝的开口处时，井径曲线才会有扩径的现象出现。对于常规测井来说，深浅双侧向电阻率测井对地层中裂缝的发育响应较大，一般呈中高值($RT<1000$ Ω·m)，且深浅侧向两个测井值会出现“差异”。在一般情况下，高倾角裂缝(大于 60°)会引起“正差异”(深侧向电阻率大于浅侧向电阻率)；而低倾角裂缝段则引起“负差异或零差异”(深侧向电阻率小于或等于浅侧向电阻率)。密度、声波和中子三孔隙度测井在遇到裂缝型地层时测井值一般没有明显的变化，只是呈小幅一致性增大，而当裂缝中充填有泥质时，密度和中子测井值都会随着有所降低，但声波测井值一般没什么变化。由于裂缝处的导电性较微晶灰岩好，加之成像测井仪的分辨率高(5 mm)，在成像测井资料上，裂缝表示为高阻亮背景下黑色的正弦线(斜交缝)或对称出现的黑色直线(直劈缝)，曲面一般不平整。

MK643 井 5622～5690 m，为裂缝型储层。在这个井段，裂缝存在的地方，自然伽玛值均小于 15API，且变化很平缓，说明该井段基本无泥质充填，是相对比较有效的裂缝储集层；井径没有出现扩径现象；深浅双侧向电阻率相对于上覆地层有较明显的降低，表现出有正差异，所以在该井段主要存在是高倾角裂缝；密度测井值有轻微降低，大约为 2.69～2.75 g/cm^3，均值大约在 2.72 g/cm^{3}左右；中子孔隙度值无明显变化，大概在 1%左右；声波时差测井值有轻微起伏，为 48.5～53 μs/ft。

W74 井 5694～5719 m(图 2-10)，裂缝型储层。在该井段，自然伽玛值在 10API 左右，且变化很平缓，说明该裂缝井段不存在泥质充填，为典型裂缝储集层段；井径曲线基本无变化；深浅双侧向电阻率测井值较上覆地层有明显的降低，而且还存在明显的正差异，说明该井段为高倾角裂缝；密度测井值有轻微降低，为 2.68～2.74 g/cm^3，均值大概为 2.71 g/cm^3；中子孔隙度测井值为 0.45%～0.95%，声波孔隙度测井值为 47～51 μs/ft，该两种孔隙度测井曲线都无明显起伏，变化很平缓。在 5698～5700 m 和 5704.5～5706.5 m 两个井段有 FMI 成像测井资料，根据图像显示，裂缝为高亮阻背景下的高倾角裂缝和黑色的正弦线，这一点与深浅双侧向电阻率的“正差异”解释一致；FMI 显示基本不存在溶洞，但沿裂缝局部存在溶蚀现象，使裂缝宽度增大。

总结以上分析，归纳上面对五类储层的测井响应特征的分析见表 2-1。

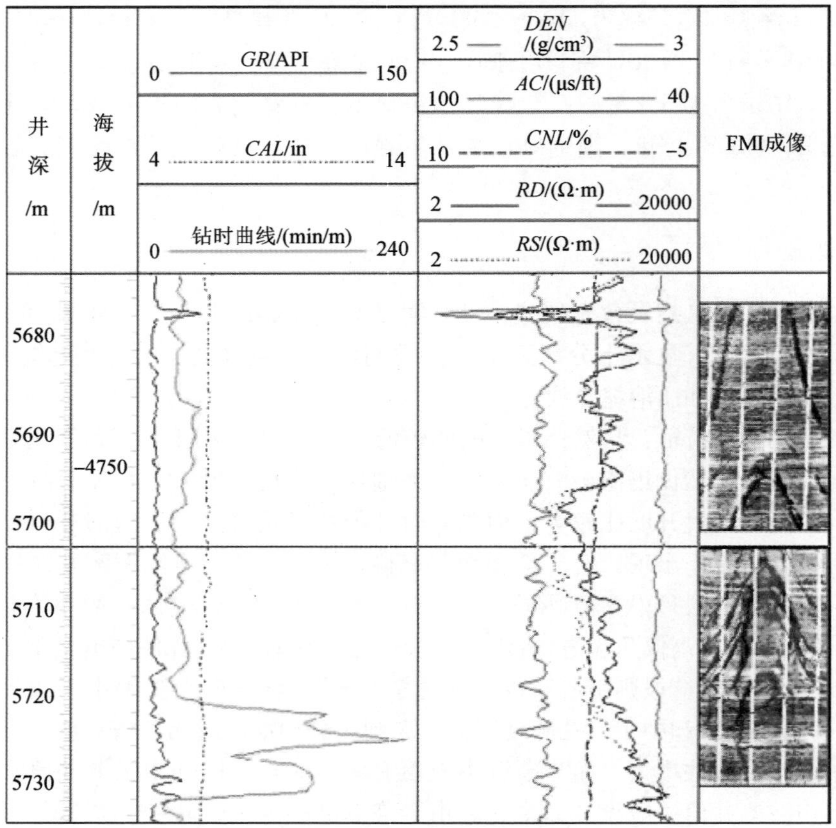

图 2-10　W74 井 5694～5719 m 裂缝发育段

表 2-1　塔河油田 8 区 5 类储层的测井响应特征表

测井参数	裂缝型储层	孔隙—裂缝型储层	裂缝—孔隙型储层	溶蚀孔洞型储层	洞穴型储层
深浅侧向 (*RD*、*RS*)/(Ω·m)	中高阻，大部分在 100～2000 Ω·m	在 O_2yj 内几百 Ω·m 且多出现明显正幅度差，在 O_1y 从 200 到 2000，且多出现正幅度差，尖跳变化趋缓，幅度明显变小	呈中阻，均大于 100 以上，但基本小于 1000，大部分为正幅度差	深、浅双侧向通常具有明显正差异，电阻率较低，一般小于 400	明显低值，一般小于 400，有的小于 20，*RD*>*RS*
声波时差 *AC*/(μs/ft)	*AC* 曲线平直，接近骨架值，49～52	*AC* 曲线平直，集中在 52μs/ft 左右，在 O_2yj 组内有增高	*AC* 曲线出现增大，三孔隙度曲线明显呈同步变化效应	*AC* 明显增大，有时会出现跳波异常，在 51～65	*AC* 值明显变大，基本上是跳波异常，大于 55
中子孔隙度 Φ_N/%	曲线平直，有时微增	曲线较平直，集中在 1.5%左右	中子孔隙度出现增大，为 1.5%～5%	中子孔隙度异常增大，为 1%～10%	明显增大，部分出现数据失真

续表

测井参数	裂缝型储层	孔隙—裂缝型储层	裂缝—孔隙型储层	溶蚀孔洞型储层	洞穴型储层
地层密度 $DEN/(g/cm^3)$	接近灰岩骨架值，约为 2.7	密度稍有降低，为 2.66～2.69	密度曲线有一定幅度降低，2.62～2.7	有较明显降低，但幅度比洞穴型小，为 2.5～2.71	显示明显低值小于 2，常呈现低谷
自然伽马 GR/API	一般小于 15	一般小于 11API，部分大于 20	一般小于 15API，部分大于 20	较低值，一般小于 10API	部分呈中高值，未充填处较低，基本小于 15 API
井径	井径接近钻头直径	井径规则或稍扩径	部分有扩径现象	扩径有时较明显，曲线稍呈锯齿状变化	扩径现象明显，钻井有放空和泥浆漏失
各项 K 值	$K1\geqslant1$，但不明显；$K2\geqslant1$，但多为量变不明显或接近于 1；$K3$ 为 1 上下或小于 1；$K4\geqslant1$，无尖跳变化；$K5\leqslant1$，多数接近于 1；$K6$ 为相对低值，一般不大于 1.0 或在 1 附近变化；$K7$ 相对低值，但一般大于 0.5；$K8$ 为相对高值，但一般都小于 1.0	$K1$ 接近 1，为 1～1.2；$K2$ 为 0.5～2.5；$K4$、$K5$ 重叠交会差异明显；$K4$ 为 0.95～1.1；$K5$ 值随裂缝宽度增加而减小，为 0.93～1；$K6$ 值为 0.5～2.5；$K7$ 为 0.3～1，变化较大；$K8$ 一般都小于 1.0	$K1\geqslant1$，主要在 1.1 左右；$K2$ 明显大于 1，为 1～2；$K3$ 高异常，在 1.5 左右，有的接近 2；$K4\geqslant1$，多为高跳值；$K5\leqslant1$，多为低跳值；$K6$ 为高值及异常高值，一般接近于 5；$K7$ 为异常高值，接近于 1；$K8$ 为低值，接近于 0	$K1$ 数值为 1.02～1.06；$K2$ 一般大于 1.0 或小于 1.0；$K4$、$K5$ 重叠交会有较大差异；$K6$ 可大于 3%；K7 与 K8 间有正幅度差	K1 因孔洞发育而增大；K2 明显增大(大于 1)，或明显变小(小于 1)，但有时接近于 1；K4、K5 分别有高、低跳变，二者重叠交会具有极为明显的差值，并且该差值呈不规则变化；K6 为异常高值；K7 与 K8 间有较大正幅度差

2.1.2　井剖面缝洞体识别

1. 不同类型储层识别的可行性分析

对于砂泥质全充填洞穴，由于其原有储集空间已被非常致密地充填，所以已基本不具有储集流体的能力，从而对该类储层的识别也就失去了现实意义。因此，只把此类储层作为一种储集类型进行介绍，但不进行具体的识别。

对于垮塌角砾岩充填的洞穴，不管是半充填还是全充填，被充填的部分除了为角砾岩外，必定还有一定数量的泥质胶结；此种类型的充填相对于砂泥质充填而言没那么致密，大块的角砾岩之间虽有泥质胶结但还是有不同程度的孔洞或裂缝空间存在(图 2-11)。

根据图 2-11 可以看出，角砾岩充填的洞穴在储集模式上和裂缝孔洞型储层非常相似，孔、洞、缝均发育，因此，角砾岩充填洞穴被角砾岩充填的部分，在常规测井响应特征上与裂缝—孔洞型储层也是非常接近，在进行测井识别时可以近似地处理成裂缝—孔洞型储层。

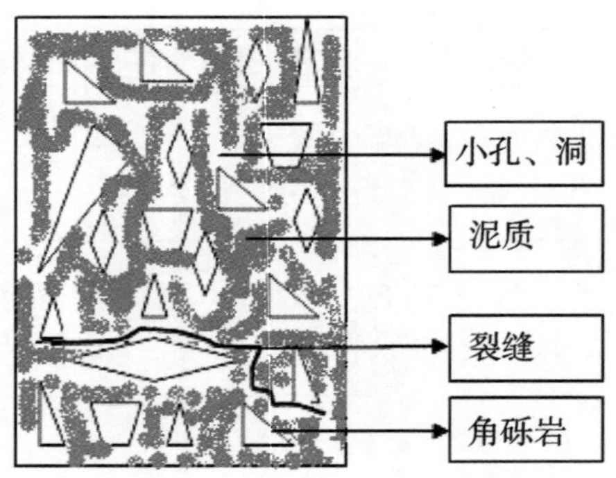

图 2-11　角砾岩充填模式图

通过对 MK426 井 5513～5535 m 裂缝—孔洞发育段和 MK626 井 5510～5532 m 角砾岩全充填段常规测井曲线特征的对比(图 2-12)可以看出，两种类型的储层的 *GR* 值均比较低，在 30API 以下；井径无明显的变化；声波、中子孔隙度测井值均有增大，密度测井值较上下围岩均有降低；深浅双侧向电阻率值也都较低，一般小于 200 Ω · m。这也进一步说明裂缝—孔洞型储层和角砾岩充填洞穴型储层对常规测井有非常相似的响应特征，在进行常规测井交会图识别和多组逐步识别时可以视为一种类型的储层进行处理。

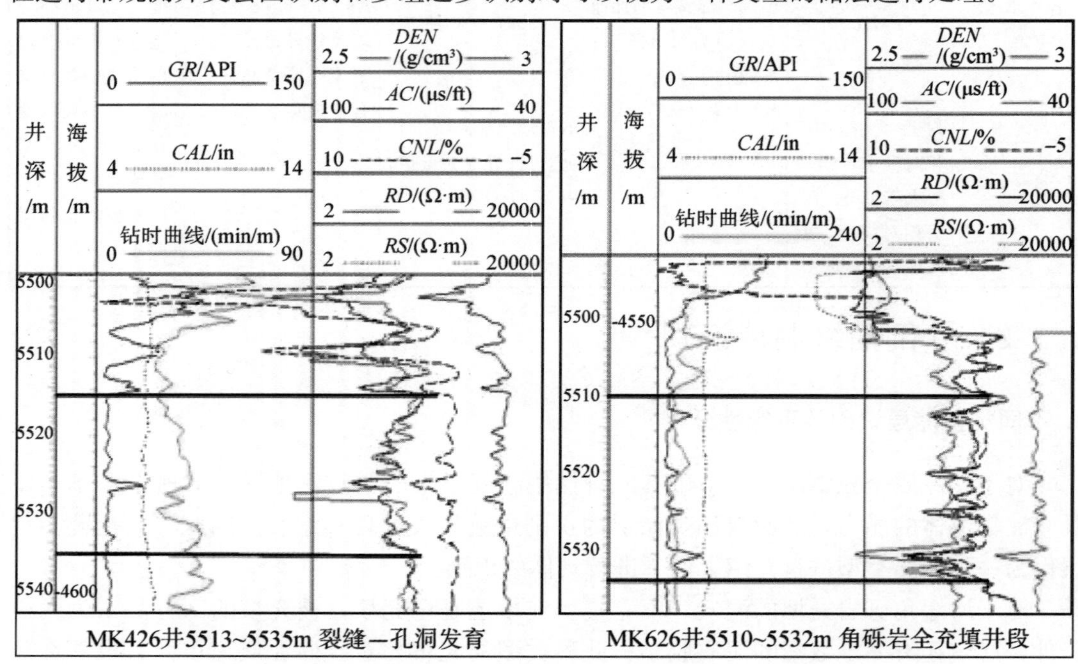

图 2-12　裂缝—孔洞型储层与角砾岩充填型储层测井响应特征对比图

2. 典型样本层段的挑选

从 4、6 区已经确定类型的储层中，各选取 20 个左右的样本层段，判别变量为常规测井 *GR*、*AC*、*CAL*、*DEN*、*CNL*、*RD*、*RS* 以及它们的线性组合变量，利用多组逐步判别方法，建立储层的识别模型。

样本挑选时要尽量做到有限的样本点能代表整个区块该类型储层的特征，也就是样本要非常具有典型性，这样才能使建立的判别模型准确，从而最后得到的判别结果符合实际情况。

通过常规测井曲线分析，成像测井分析，地震、钻井、录井等资料分析，选取的 4、6 区典型样本储集层段如表 2-2 所示。

表 2-2　判别分析典型样本层段

井名	典型井段	储层类别
MK476	5430.3～5434	Ⅰ-A-1
W64	5495～5499	Ⅰ-A-1
MK455	5536～5539	Ⅰ-A-1
M402	5373～5376	Ⅰ-A-1
M402	5558～5561	Ⅰ-A-1
MK464	5426.5～5435	Ⅰ-A-2
MK465	5657～5666	Ⅰ-A-2
MK405	5428～5433	Ⅰ-A-2
M403	5495～5505	Ⅰ-A-2
MK404	5429～5434	Ⅰ-A-2
MK472	5557～5560	Ⅰ-A-2
M401	5395～5397	Ⅰ-B
MK439	5530～5537	Ⅰ-B
M402	5540～5555	Ⅰ-B
MK423	5571～5578	Ⅰ-B
MK434	5490～5506	Ⅱ
MK434	5473～5483	Ⅱ
MK476	5486～5489	Ⅱ
MK411	5463～5466	Ⅱ
MK465	5652～5654	Ⅱ
M403	5449～5451	Ⅱ
M416	5468～5481	Ⅱ
MK610	5580～5618	Ⅱ
MK643	5662～5690	Ⅱ
W74	5694～5719	Ⅱ
MK621	5526～5537	Ⅱ
MK621	5637～5665	Ⅱ
MK621	5560～5574	Ⅰ-A-1
MK629	5582～5584	Ⅰ-A-1
MK618	5560～5564.5	Ⅰ-A-1

续表

井名	典型井段	储层类别
MK612	5484～5485	Ⅰ-A-1
MK629	5586～5594	Ⅰ-A-1
MK602	5555～5559	Ⅰ-A-2
W74	5651.9～5657.775	Ⅰ-A-2
MK633	5611～5618.5	Ⅰ-A-2
MK610	5535～5548	Ⅰ-B
MK626	5598～5606	Ⅰ-B
MK626	5549～5552	Ⅰ-B

3. 交会图分析

二维交会图法是主要利用两种变量信息通过一定的交会图形式来表示出所研究对象的特征差异，它具有简单、直观、易于理解等优点，得到广泛应用，它是揭示研究对象类型线性关系时的一种有效方法。为检验样本挑选是否具有典型性，我们把所挑选的样本储集层段的原始测井数据挑两种或两种以上测井信息做交会图，根据各种储集层类型在测井响应值上的差别，看在交会图上各种储集类型是否能有图形位置差异。

1)4 区各类储层的交会图分析

根据电阻率和密度、声波测井值的差别，交会图(图 2-13)上Ⅰ-A-1 类、Ⅰ-A-2 类与Ⅰ-B 和Ⅱ类能区分出来，但裂缝型Ⅱ和裂缝—孔洞型Ⅰ-B 不能明显区分。

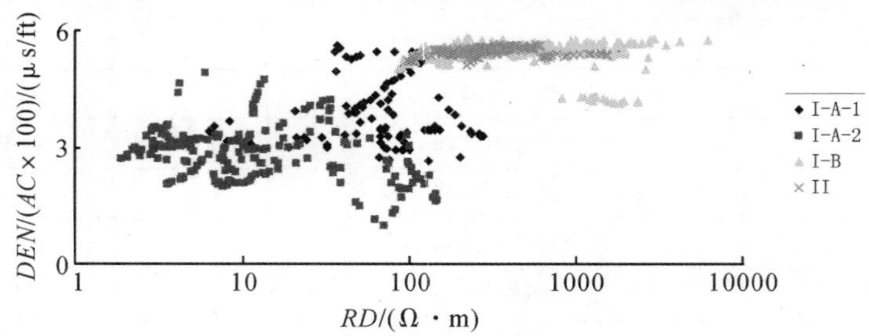

图 2-13　4 区 *RD* 与 *DEN*/(*AC* * 100)交会图

根据电阻率的相对高低的差别和是否有泥质充填的差别，利用自然伽马(*GR*)和反映地层电阻率的深侧向电阻率(*RD*)交会，从图中找出它们之间的区别，建立判别标准。从交会图中(图 2-14)可以看出洞穴型储层有无泥质充填可以使Ⅰ-A-1 和Ⅰ-A-2 两种亚类有很好的分别；但Ⅰ-A-1 类与Ⅰ-B 类储层，Ⅰ-B 类和Ⅱ类储层不能很好的区别。

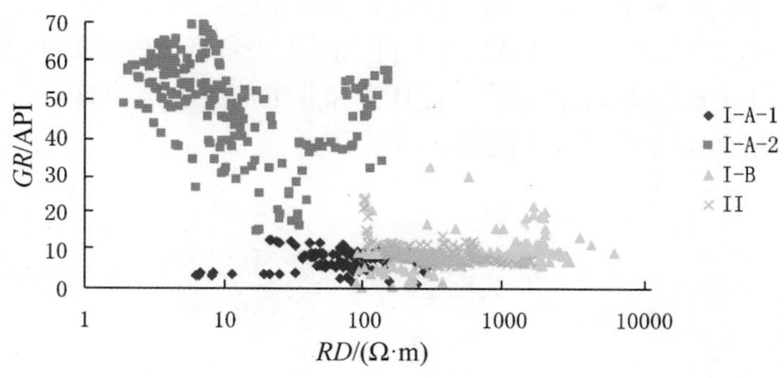

图 2-14　4 区 *RD* 与 *GR* 交会图

根据自然伽马 *GR* 值和声波时差 *AC* 值的差别，在交会图(图 2-15)上Ⅰ-A-1 类、Ⅰ-A-2类与Ⅰ-B 类和Ⅱ类能明显的区分出来，但Ⅰ-B 类裂缝—孔洞和Ⅱ类裂缝不能很好区别。

根据电阻率和密度、中子测井值的差别，在交会图(如图 2-16)上Ⅰ-A-1 类、Ⅰ-A-2 类、Ⅰ-B 类和Ⅱ类都能很好地区分出来。

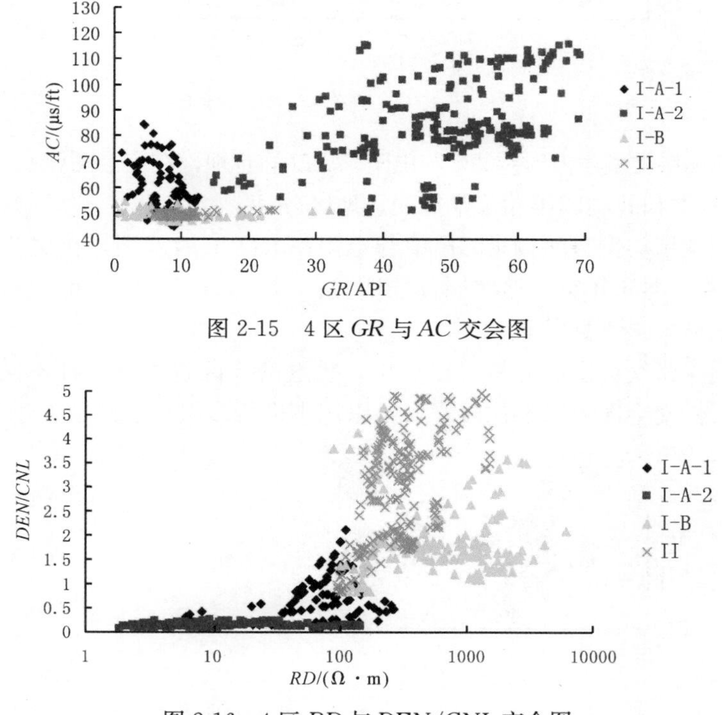

图 2-15　4 区 *GR* 与 *AC* 交会图

图 2-16　4 区 *RD* 与 *DEN*/*CNL* 交会图

通过对以上 4 张 4 区测井交会图的分析，可以看出挑选的 4 区样本储集层数据是比较典型的，所做交会图效果都比较好，可以用来进行多组逐步判别，建立判别模型。

2)6 区各类储层的交会图分析

根据各种储集层类型密度、声波时差与电阻率的差别，在交会图上(图 2-17)Ⅰ-A-1

类、Ⅰ-A-2类、Ⅰ-B类和Ⅱ类四类储层都能明显的区分，效果较好。

根据各种储集层类型中子、声波时差与电阻率的差别，在交会图(图2-18)上Ⅰ-A-1类、Ⅰ-A-2类和Ⅱ类储层都区分较好，Ⅰ-B类和Ⅱ类储层也能明显的区分，但Ⅰ-A-1类和Ⅰ-B类储层在图上重叠较多，不能很好地区分。

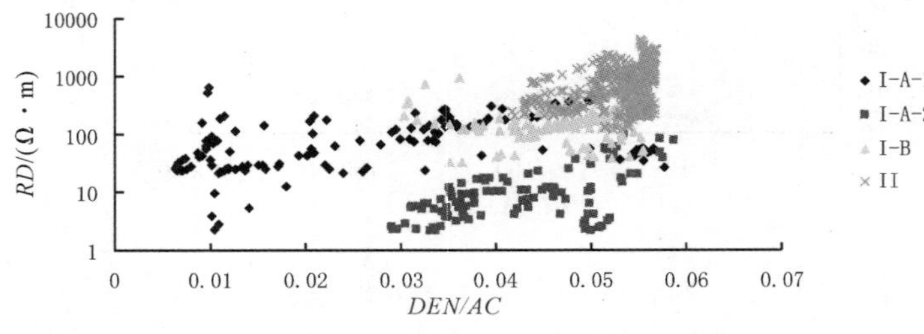

图2-17　6区 *DEN/AC* 与 *RD* 交会图

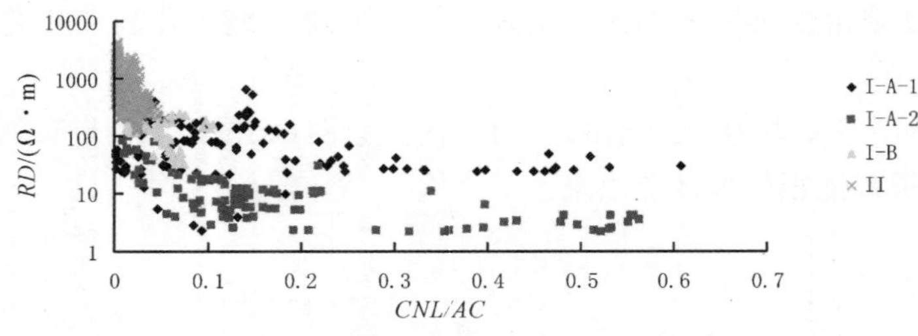

图2-18　6区 *CNL/AC* 与 *RD* 交会图

根据各种储集层类型声波时差 *AC* 与电阻率 *RD* 的差别，在交会图(图2-19)上Ⅰ-A-1类、Ⅰ-A-2类、Ⅰ-B类和Ⅱ类四类储层都能明显地区分。

根据各种储集层类型自然伽马 *GR* 值与电阻率 *RD* 值的差别，在交会图(图2-20)上Ⅰ-A-1类、Ⅰ-A-2类和Ⅱ类三类储层都能明显的区分，但Ⅰ-B类和Ⅰ-A-1类储层在图上重叠较多，区分效果不好。

通过对以上4张交会图的分析可以看出，挑选的6区各类典型样本储集层测井数据比较典型，使所做交会图效果都比较好，可以用来进行多组逐步判别，建立判别模型。

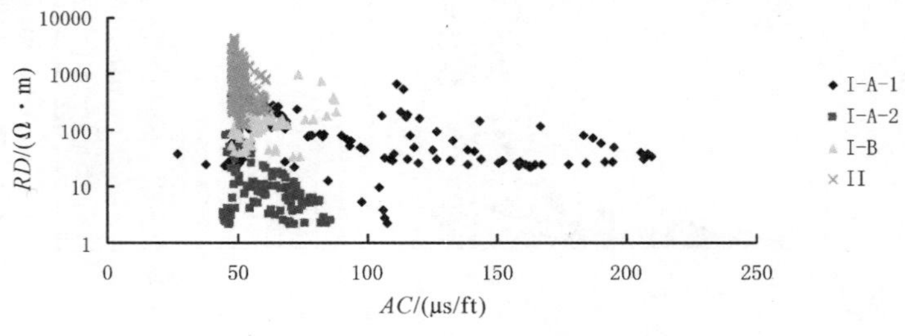

图2-19　6区 *AC* 与 *RD* 交会图

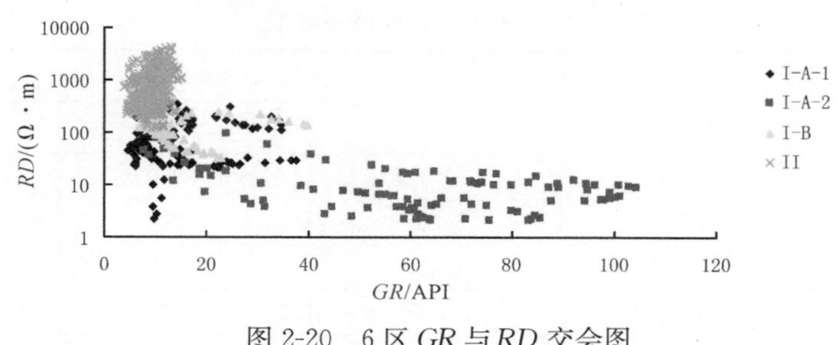

图 2-20　6 区 GR 与 RD 交会图

4. 储层识别结果分析

1)4、6 区典型储层判别方程的建立及识别

通过运用 SPSS 统计计算软件对上述挑选的 4、6 区的各典型储集层井段进行多元逐步判别，判别的回判率见表 2-3(4 区)和表 2-5(6 区)。

(1)4 区判别结果分析。

表 2-3　4 区典型样本层段多元判别回判表

		类别	储层类型预测结果				总计
			Ⅰ-A-1	Ⅰ-A-2	Ⅰ-B	Ⅱ	
原始判别	数目	Ⅰ-A-1	83	0	0	20	103
		Ⅰ-A-2	11	214	0	0	225
		Ⅰ-B	6	0	111	84	201
		Ⅱ	0	0	3	263	266
	百分比/%	Ⅰ-A-1	80.6	0	0	19.4	100
		Ⅰ-A-2	4.9	95.1	0	0	100
		Ⅰ-B	3	0	55.2	41.8	100
		Ⅱ	0	0	1.1	98.9	100

判别符合率为 84.4%

据表可见，该区挑选的储层典型样本的总体回判率是 84.4%，回判效果较好；分别分析每种储层类型的判别结果，只有Ⅰ-B 裂缝—孔洞型储层的判别效果不好，有 41.8% 被判成了裂缝型储层，这主要是因为在挑选该两类储层的典型样本段时，从常规测井曲线上很难区分，配合一些其他资料如钻井、录井等进行挑选分析，还是存在很多不确定性，因此，在该两类储集类型上出现判别回判率较低也是可以接受的，这一点在以上交会图的分析中已有所体现。

建立判别方程所依据的判别变量根据 SPSS 软件给定的软件自身筛选的对判别起作用的有效参数系数表，表中详细给出了每一项用到的参数对不同的储集类型的系数，包括常数项(见表 2-4)。

表 2-4　4 区判别变量系数表

变量	类别			
	Ⅰ-A-1	Ⅰ-A-2	Ⅰ-B	Ⅱ
GR	−1.729	−1.128	−1.663	−1.749
AC	0.749	0.800	0.667	0.687
CNL	0.634	1.029	0.242	0.200
DEN	59.123	57.597	66.783	68.511
RD	0.000	−0.003	0.004	0.000
RS	0.002	0.004	0.002	0.003
RD/RS	−0.842	−0.561	−0.839	−1.038
常数项	−117.545	−155.206	−135.186	−142.643

判别方程：

Ⅰ-A-1 类(未充填洞穴)：

$$Y1=-1.729GR+0.749AC+0.634CNL+59.123DEN+0.002RS-0.842(RD/RS)-117.545$$

Ⅰ-A-2 类(部分充填洞穴)：

$$Y2=-1.128GR+0.800AC+1.029CNL+57.597DEN-0.003RD+0.004RS-0.561(RD/RS)-155.206$$

Ⅰ-B 类(裂缝—孔洞型)：

$$Y3=-1.663GR+0.667AC+0.242CNL+66.783DEN+0.004RD+0.002RS-0.839(RD/RS)-135.186$$

Ⅱ类(裂缝型)：

$$Y4=-1.749GR+0.687AC+0.200CNL+68.511DEN+0.003RS-1.038(RD/RS)-142.643$$

式中，*GR* 为自然伽马测井；*AC* 为声波时差测井；*CNL* 是中子测井；*DEN* 为密度测井；*RD* 和 *RS* 分别为深浅双侧向电阻率测井；*RD/RS* 是深浅侧向电阻率的比值。

(2)6 区判别结果分析。

表 2-5　6 区典型样本层段多元判别回判表

		类别	储层类型预测结果				总计
			Ⅰ-A-1	Ⅰ-A-2	Ⅰ-B	Ⅱ	
原始判别	数目	Ⅰ-A-1	89	0	32	12	133
		Ⅰ-A-2	0	85	17	6	108
		Ⅰ-B	0	2	146	4	152
		Ⅱ	0	0	78	649	727
	百分比/%	Ⅰ-A-1	66.9	0	24.1	9	100
		Ⅰ-A-2	0	78.7	15.7	5.6	100
		Ⅰ-B	0	1.3	96.1	2.6	100
		Ⅱ	0	0	10.7	89.3	100

判别符合率为 86.5%

据表可见，该区挑选的储层典型样本的总体回判率是 86.5%，回判效果较好；分析单一一种储层类型的判别结果，Ⅰ-A-1 类未充填洞穴型储层的判别效果相对不是很好，有 24.1%被判成了裂缝—孔洞型储层，9%被判成裂缝型储层，这主要是因为挑选的洞穴型样本层段，其上下围岩及该段本身都会有裂缝发育，连通洞穴，洞穴和裂缝本身就是相伴而生，所以出现有Ⅰ-A-1 类储层被判成Ⅰ-B 类储层是可以接受的；同样对于挑选的该区的Ⅰ-A-2 类储层有 15.7%被判成Ⅰ-B 类储层也是相同的道理。

建立判别方程所依据的判别变量依然是根据 SPSS 软件给定的有效变量系数表，见表 2-6。

表 2-6　6 区判别变量系数表

变量	类别			
	Ⅰ-A-1	Ⅰ-A-2	Ⅰ-B	Ⅱ
GR	0.132	0.729	0.151	0.180
AC	2.071	2.098	2.040	2.111
DEN	46.280	54.491	59.130	55.441
CNL	−2.907	−3.110	−2.903	−2.818
RD	−0.003	−0.004	−0.003	−0.003
RS	0.005	0.008	0.006	0.012
DEN/AC	3123.003	3525.112	3228.294	3607.270
CNL/AC	262.318	289.086	260.337	249.627
常数项	−182.836	−240.831	−213.725	−228.398

判别方程：

Ⅰ-A-1 类(未充填洞穴)：

$$Y1 = 0.132GR + 2.071AC + 46.280DEN - 2.907CNL - 0.003RD + 0.005RS + 3123.003(DEN/AC) + 262.318(CNL/AC) - 182.836$$

Ⅰ-A-2 类(部分充填洞穴)：

$$Y2 = 0.729GR + 2.098AC + 54.491DEN - 3.110CNL - 0.004RD + 0.008RS + 3525.112(DEN/AC) + 289.086(CNL/AC) - 240.831$$

Ⅰ-B 类(裂缝—孔洞型)：

$$Y3 = 0.151GR + 2.040AC + 59.130DEN - 2.903CNL - 0.003RD + 0.006RS + 3228.294(DEN/AC) + 260.337(CNL/AC) - 213.725$$

Ⅱ类(裂缝型)：

$$Y4 = 0.180GR + 2.111AC + 55.441DEN - 2.818CNL - 0.003RD + 0.012RS + 3607.270(DEN/AC) + 249.627(CNL/AC) - 228.398$$

式中，*GR* 为自然伽马测井；*AC* 为声波时差测井；*DEN* 为密度测井；*CNL* 是中子测井；*RD* 和 *RS* 分别为深浅双侧向电阻率测井；*DEN/AC* 是密度与声波测井的比值；*CNL/AC* 是中子与声波测井的比值。

2)8 区储层识别神经网络模型的建立和单井识别处理

(1)储层类型识别神经网络模型的结构设置。

本研究地区的常规测井资料，主要由 *GR*(自然伽马)、*SP*(自然电位)、*CAL*(井径)、*RD*(深侧向电阻率)、*RS*(浅侧向电阻率)、*AC*、*DEN*、*CNL*、*TH*(钍)、*U*(铀)、*K*(钾)、*KTH*(钾钍和)、*GRSL*(自然伽马总和)等 13 类曲线组成，由章节 2.1.1 的分析，提取了能从不同侧面不同程度地反映储层特征类型的 8 个测井特征参数：*K*1、*K*2、*K*3、*K*4、*K*5、*K*6、*K*7、*K*8，外加深浅电阻率 *RD*、*RS*，共 10 个测井信息作为储层类型识别神经网络模型的输入特征，输入网络前每个样本的输入向量均需要进行归一化预处理(图 2-21)。

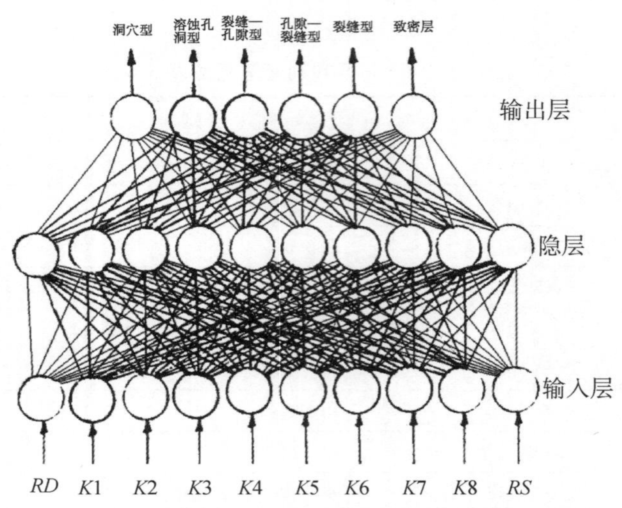

图 2-21　塔河油田 8 区测井储层识别神经网络模型结构图

作为神经网络识别模型的输出单元，依据章节 2.1.1 的分析，设定为 6 个，即 1 个致密层(非储层)和 5 种储层类型，分别用数字表示，0 代表致密层，1 代表裂缝型，2 代表溶蚀孔洞型，3 代表裂缝—孔隙型，4 代表孔隙—裂缝型，5 代表洞穴型。

依据章节 2.1.1 总结的各类储层综合电性响应特征，从较为典型的 21 口井中挑选出了 1159 个学习样本，各种类型储层的样本分布见表 2-7。

表 2-7　8 区各类型储层学习样本分布表

储层类型	样本个数	取自井井名
致密层	378	W76、W86、W91、M702、M704、M705、M808(K)、MK718、M810X(K)
裂缝型	255	W76、W86、M702、M704、M706、M808(K)、MK721、MK718、M810X(K)、MK832、MK719、M819(K)、M820(K)、MK841、MK846
溶蚀孔洞型	92	W86、M705、M808(K)、M807(K)
裂缝—孔隙型	168	W76、W86、W91、M704、M705、MK832、MK725、M808(K)、MK718、M819(K)、MK846
孔隙—裂缝型	115	W76、W91、M702、MK718、M808(K)
洞穴型	151	M702、M705、M706、M808(K)、MK838

(2)储层类型识别神经网络模型的建立。

在确定了网络输入、输出信息之后，即可确定出输入单元数为 10，输出单元数为 6 的多层前馈神经网络，网络的隐层数一般用 1 层，即典型的三层网络。中间隐层内神经元个数选择没有严格的理论规定，应用了自适应神经网络建模算法，在网络训练学习过程中自动确定隐层神经元个数。经过训练，发现当添加 12 个隐层神经元时，能够获得较小的网络训练误差，神经网络储层分类识别的模型结构就为 10-12-6。

确定了网络结构、算法、学习样本集等工作后，将学习样本送入网络中加以训练，通过对样本的多次调整与修正，训练结果的误差表明，正确识别样本个数是 1104，储层类型神经网络识别模型的正确识别率是 95.25%，从而达到储层类型识别处理的学习精度要求，就建立了该区储层分类识别的神经网络模型，可用于对该区未知井的储层类型识别。

(3)神经网络储层类型识别处理和结果分析。

利用章节 2.1.1 建立的测井储层识别模型，对 8 区 53 口井的下奥陶统碳酸岩盐储层进行了测井识别处理，并绘制了统一格式的储层识别成果图。

为了对识别成果加以评价，我们将预测结果与通过取芯、FMI 电成像等资料已知储层类型的层段进行了对比，神经网络方法获得的储层类别及其范围，在这些层段上吻合性较好。

单井储层分类识别成果不仅在于它对少数已知井层段的高符合率，更重要的是在于能够把每口井目的层段上各未知储层位置、类别划分出来，为 8 区储层发育的纵横向分析、单井剖面流体性质识别和流体平面展布打下了坚实的基础。

(4)储层参数分类及解释。

岩性标准：除泥质充填层段的其他岩性。泥质充填段：自然伽玛显著升高，电阻在几十至几百 Ω · m；指示泥质充填洞，大段充填洞无有效储集空间，不能作为储集层。

高阻致密段：电阻一般大于 2000 Ω · m；裂缝不发育。

物性标准：基质孔隙度>0.8%，裂缝孔隙度>0.05%。

含油性标准：具有荧光级别以上显示。

从裂缝孔隙度和采油强度关系图(图 2-22)上我们可以看出，只有当裂缝孔隙度大于 0.05%时，才会有一定的采油强度，这也再次说明对于有效储层，物性标准裂缝孔隙度是需大于 0.05%的。

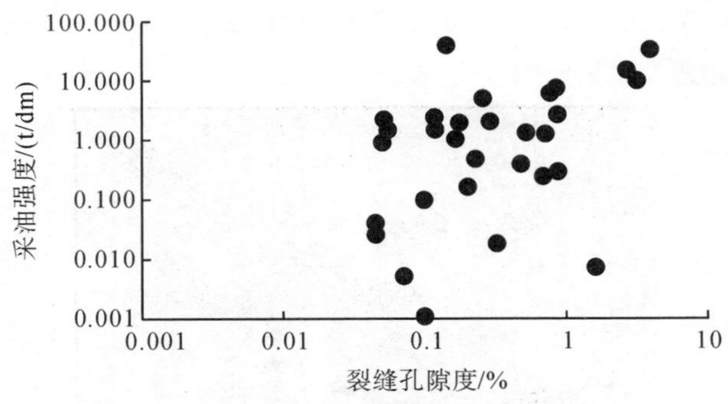

图 2-22　灰岩裂缝孔隙度与采油强度交会图

基块孔洞孔隙度的下限：从孔隙度 Φ 与中值压力(Pc50)的关系图(图 2-23)中得出 $\Phi = 1.6\ \%$，从小样品和全直径的关系，可知小样品孔隙度比全直径低约 66%，综合考虑将基块孔洞孔隙度的下限标准定为 2.0%。

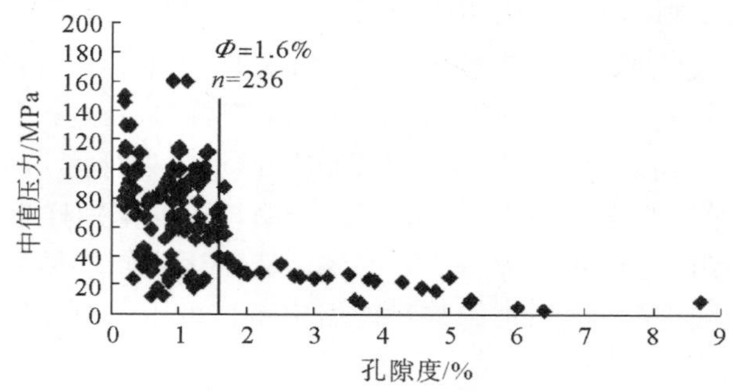

图 2-23　中值压力与孔隙度关系图

2.2　缝洞体物探方法识别

在塔河油田，针对奥陶系缝洞储层的研究已经采用了多种地震方法和技术进行研究，确立了用地震资料识别缝洞体的“三合一”原则，即以振幅属性(振幅变化率、分频振幅等)为主，相干分析等(相干—高斯检测，多尺度边缘检测、不连续性检测等)为辅，结合地震剖面的波形特征(反射振幅强度、反射形态等)进行分析。此外，还参考了地震波阻抗反演资料，对缝洞储层进行了预测。下面对这些方法和技术进行介绍，对缝洞体的物探识别特征进行分析。

2.2.1　地震振幅变化率技术

振幅变化率的定义为：

$$VAR\ (x,\ y,\ t)\ =\sqrt{\left(\frac{\mathrm{d}A\ (x,\ y,\ t)}{\mathrm{d}x}\right)^2+\left(\frac{\mathrm{d}A\ (x,\ y,\ t)}{\mathrm{d}y}\right)^2} \tag{2-1}$$

用式（2-1）可计算振幅在 x，y 方向变化的矢量模，表示振幅变化的强度，沿层求取平均值。它只与振幅的纵横向变化有关，而与振幅绝对值无关。在振幅变化率大的地方很可能是缝洞体发育的地方，图 2-24 是塔河油田 M74 下 40～60 ms 层段内平均振幅变化率图，橘红色区反映了缝洞体的发育区。

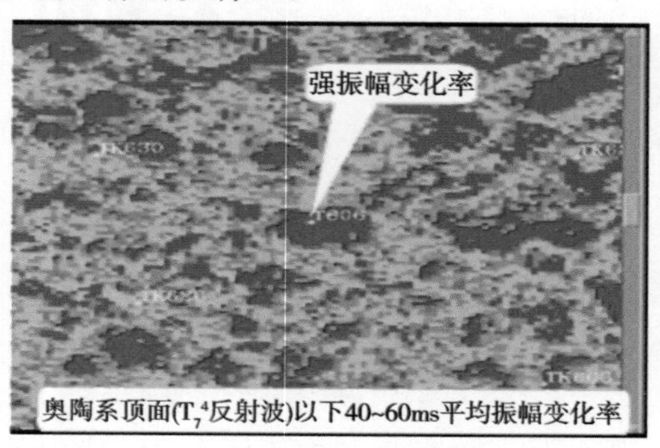

图 2-24　振幅变化率平面图

在图 2-24 中，振幅变化率的大小是一个相对值，多大的变化率代表缝洞体的存在有很大的随意性，橘红色区的范围也具有不确定性。因振幅变化率是层段的平均值，只能用平面图展示，所以不能反映缝洞体的空间形态、体积和厚度。

2.2.2　地震相干体技术和多尺度边缘检测技术

地震相干体技术是沿层段(或时窗段)提取地震波形的相干值，相干值大小反映了相似程度，当遇到缝洞体时相干值下降。

地震多尺度边缘检测技术是用广义希尔伯特变换检测的地震时频域属性，反映了缝洞体的边界变化。

应用表明，以上两种技术对研究古地貌、古水流和断裂发育带会有所帮助，但对预测缝洞体的形态和厚度方面则达不到要求的细度和尺度。

2.2.3　地震剖面缝洞体波形特征分析方法

将地震偏移剖面和钻井、测井资料对比，可对钻井发现的缝洞体的地震响应特征进行标定，在地震偏移剖面上缝洞体的特征为：在奥陶系风化面附近(0～25 m)，缝洞体反射结构杂乱，振幅能量弱；在碳酸盐内幕，缝洞体反射为强振幅，具有“串珠状”地震反射结构(图 2-25)。有些文献指出：串珠状反射的形成是受大洞穴、缝洞储层及储层之间较厚的致密隔层综合控制形成，并非是洞穴反射的多次波。

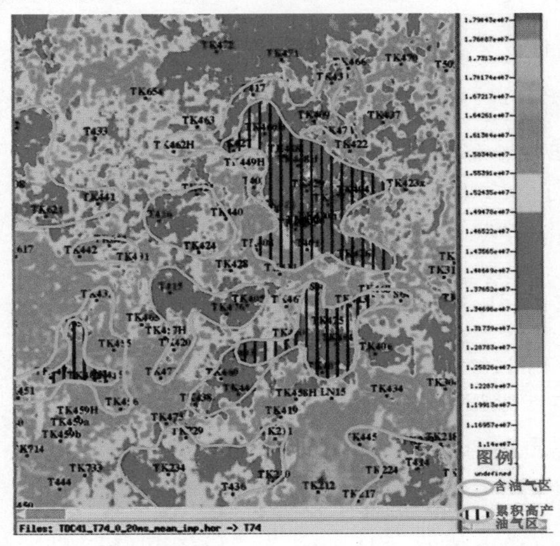

图 2-25　塔河油田 4 区 M74 下 0～20 ms 平均波阻抗平面图

用以上地震响应特征在地震偏移剖面上识别缝洞体是定性的，只能用于判别缝洞体的存在部位，难以确定缝洞体的范围大小和厚度，偏移剖面的地震分辨率是受 λ/4(本区约 60 m 左右)限制的。

2.2.4　地震—测井联合反演技术

在塔河油田联片区已完成了奥陶系层位的地震—测井联合反演，取得了波阻抗反演三维数据体，反演采用的是 Jason 软件的 InverMod 技术。西北分公司对联片区 106 口井的过井波阻抗剖面统计表明，在储层发育段的波阻抗值变低，一般都小于 1.55×10^4 mg/(s·cm^3)，吻合程度可达 86%。在图示方法上采用按层段(或时段)求取平均波阻抗，制作平面图，如图 2-26 所示。

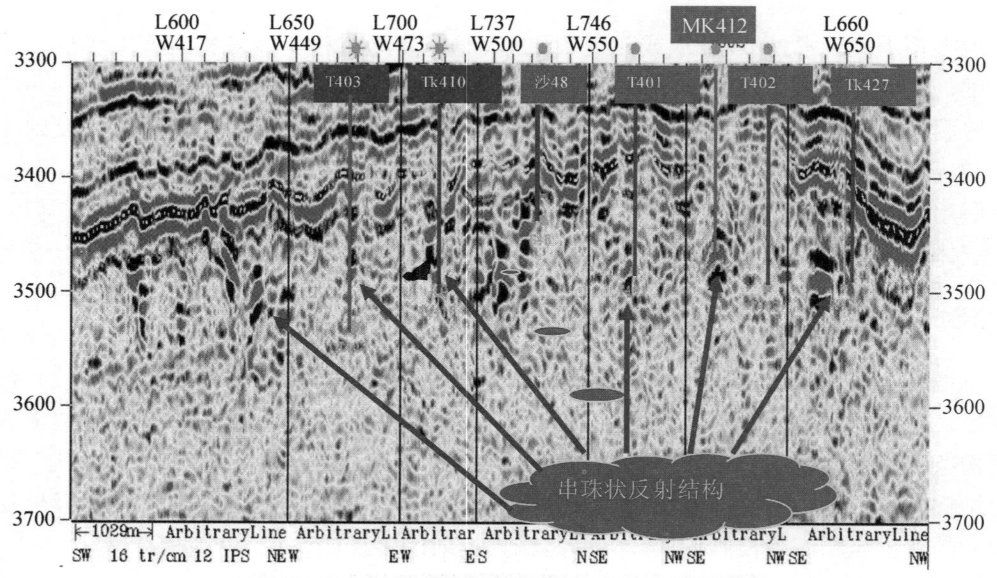

图 2-26 塔河油田 4 区缝洞体串珠状反射结构

从图 2-26 中可以看到红色区域为低波阻抗区，此区与已知井含油气的缝洞体有很大程度的符合，反映了缝洞体存在的大致区域。但由于采用了层段内的平均波阻抗制图，这使实际缝洞单元的波阻抗和围岩的差异变小，造成缝洞单元边界的扩大和模糊，难以准确识别缝洞体的实际边界，这种图更无法反映缝洞体的厚度和体积。

2.2.5 用地震波阻抗资料预测缝洞体技术

当缝洞充填了流体(油、气和水)时，由于流体的密度一般可达到或小于 1g/cm^3，地震波在流体里的传播速度比围岩(碳酸盐岩)小得多，因此，必然会有相对较低的波阻抗值；当缝洞充填的是泥质也会有相对较低的波阻抗值。

针对塔河油田 4 区和 6～8 区的 52 口钻井的录井、测井和测试资料，对已知的缝洞层位和围岩(非缝洞层位)，分别拟合了速度、密度和波阻抗随深度的变化关系曲线(图 2-27～图 2-29)。

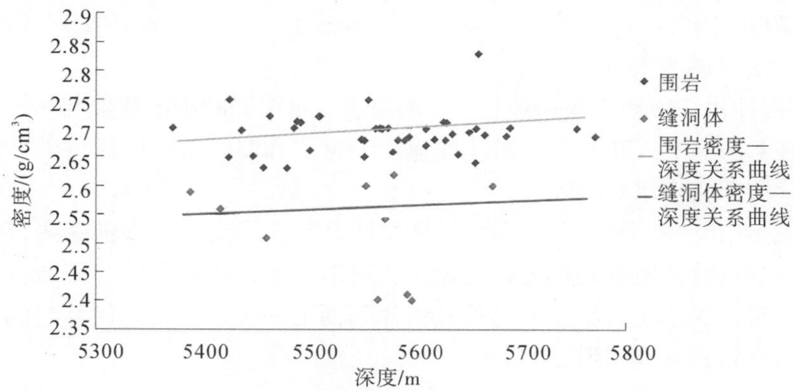

图 2-27　塔河 4、6 区奥陶系速度与深度关系图

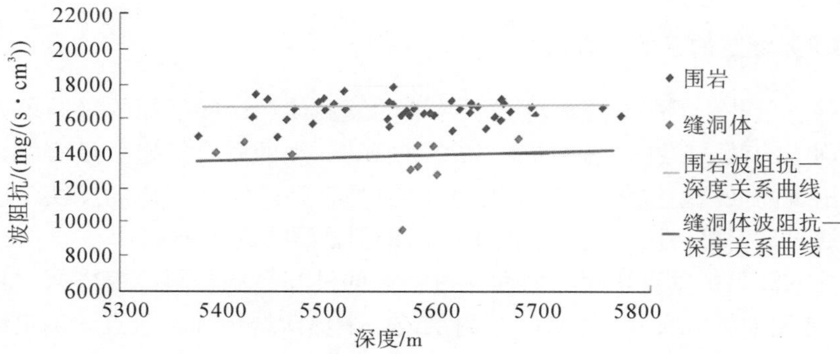

图 2-28　塔河 4、6 区奥陶系密度与深度关系图

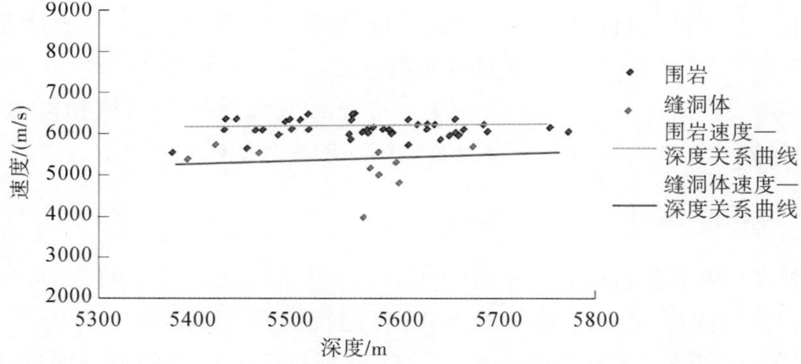

图 2-29　塔河 4、6 区奥陶系波阻抗与深度关系图

从图中可看出具有以下特征：

(1)在塔河油田 4 区和 6 区，缝洞体的速度为 4000～5000 m/s，随深度的增加速度略有增加，表明有一定压实影响；而围岩的速度为 5800～6500 m/s，随深度增加变化很小，表明压实影响很小，前者比后者低 900 m/s 左右(图 2-27)。

(2)在塔河油田 4 区和 6 区，缝洞层位密度为 2.4～2.6 g/cm³，而围岩的密度为 2.66～2.75 g/cm³，两者总体相差 0.15 g/cm³。密度随深度增加略有增加(图 2-28)。

(3)在塔河油田 4 区和 6 区，缝洞层位波阻抗值为 1.0×10^4～1.5×10^4 mg/(s·cm³)，

而围岩的波阻抗值为 $1.5\times10^4\sim1.8\times10^4$ mg/(s·cm^3)，前者比后者低达 0.3×10^4 mg/(s·cm^3)(图 2-29)。

(4)在塔河油田 7 区和 8 区，缝洞层位的速度、密度和波阻抗数值与塔河 4 区和 6 区相似，区别在于塔河 7 区和 8 区缝洞体的速度、密度和波阻抗值随深度的增加而明显增大，说明受地层压实作用影响较大。

通过以上多口钻井、测井资料表明，缝洞体具有比围岩低得多的波阻抗，通过地震—测井联合反演可获得地震波阻抗数据体，利用以上统计的缝洞体与围岩分界处的波阻抗数值，可确定缝洞体在地震波阻抗垂直切片剖面上的显示色标，使其与围岩有反差很大的色彩，从而将其突现和识别出来。

2.2.6 缝洞体识别的相关技术方法实例

1. 已知缝洞单元标定的目的和方法

通过钻井、录井、测井等资料可查明井下的缝洞体，这些已知的缝洞单元是否与地震波阻抗剖面上的低波阻抗体相对应，需要进行井—震的联合标定。换言之，在地震波阻抗剖面上出现的低波阻抗体色标(本书为红色)是否是已知缝洞体的反映，也需要通过标定给出，通过标定可检验用地震低波阻抗体识别缝洞体的效果。

利用联井的波阻抗垂直切片剖面和穿过钻井的已知缝洞资料，用塔河联片区的时—深转换关系(速度 6000m/s)，以 M74 反射层或中下奥陶统顶面为起点，确定缝洞体顶界深度所对应的反射时间。缝洞体底界的反射时间应由缝洞体内部的地震波传播速度来确定，这一速度可通过地震正演模拟或实验室测定获得，本书主要是通过已知井缝洞体的实际厚度与其在地震波阻抗剖面上对应低波阻抗体的“时间厚度”，经统计求取。塔河 4 区缝洞体的速度约为 2600m/s，比正演模拟的速度(1500m/s)略高一些，塔河 6 区和 8 区缝洞体的速度接近 4000m/s。以上也表明，塔河 4 区缝洞体的充填物以流体(油、气、水)为主，而塔河 6 区和 8 区缝洞体除充填流体外还有其他矿物质。

2. 已知缝洞体标定的实例

1)大型洞穴与低波阻抗体完全符合的例子

图 2-30 是塔河 4 区过 MK409 井的 M681 波阻抗剖面，MK409 井 5602.85～5658.2 m 为厚度达 55.35 m 的大型洞穴层段，经深—时转换标定其顶界的反射时间为 M74 之下 64 ms，底界的反射时间为 M74 之下 107 ms，这与波阻抗剖面上红色(包括中间白色)色标区域完全符合。低波阻抗体的“时间厚度”为 43 ms，则洞穴内的速度为 2636 m/s，也与本区标定采用的洞穴速度基本符合。

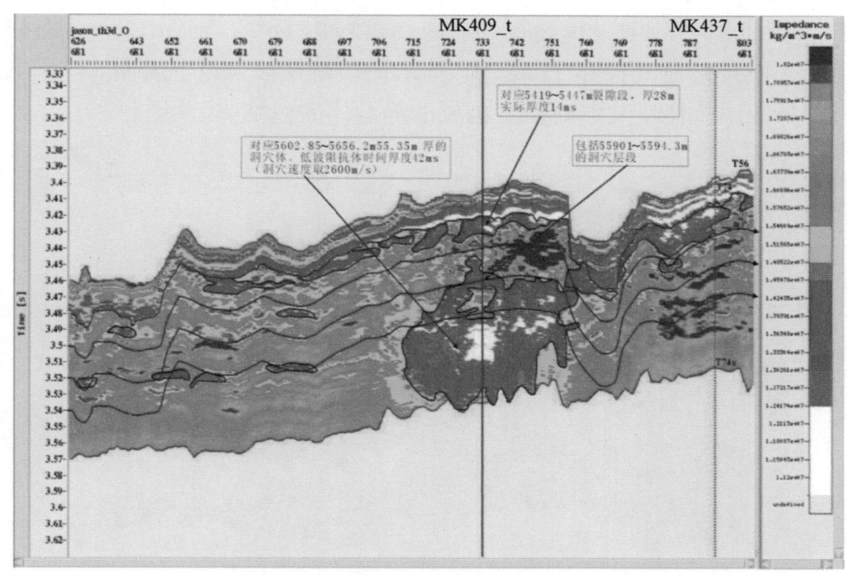

图 2-30　低波阻抗体与大型洞穴符合的实例

2）中等洞穴与低波阻抗体符合的例子

图 2-31 为塔河 4 区过 MK412 的 M599 波阻抗剖面，MK412 井 5381～5396 m 为洞穴层段，洞穴厚度达 15 m。在 M599 波阻抗剖面上，M74 之下 11 ms 为低波阻抗体，经标定其顶界为 5380 m，其底界为 5396 m，该低波阻抗体与洞穴层段基本吻合，洞穴速度为 2727 m/s，与本区缝洞体标定速度基本符合。

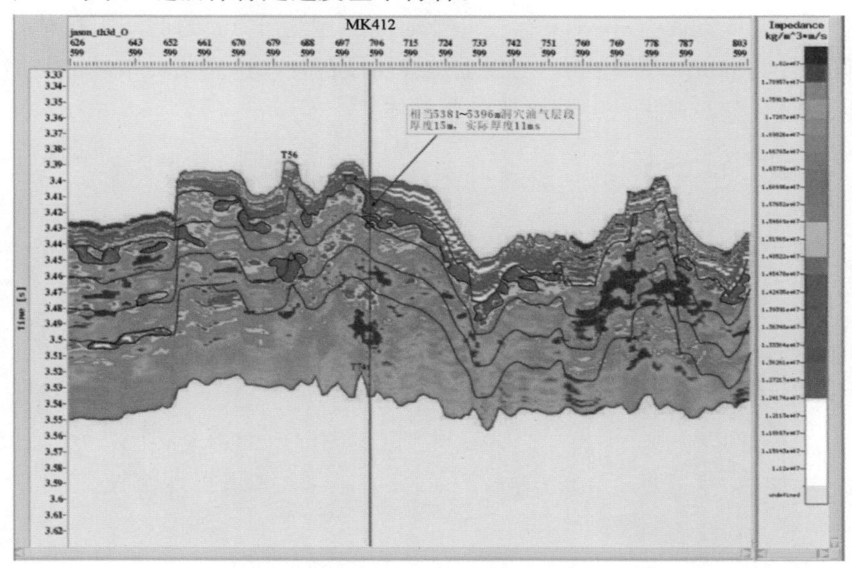

图 2-31　低波阻抗体与中等洞穴符合的实例

3）洞穴层段和裂缝层段联合体与低波阻抗体符合的实例

图 2-32 是塔河 4 区过 MK429M 井的 L730 波阻抗剖面，在 5424.55～5426.15 m 为洞穴层段，在 5420～5427 m 为裂缝层段。在 MK429 剖面上，从 M74 往下存在时间厚度

为 7 ms 的低波阻抗体，经时—深转换其对应深度段为 5418.5～5427 m，在这个层段中包含了以上 1.6 m 厚的洞穴段和 5420～5427 m 的裂缝层段。以上表明，当洞穴与裂缝呈连体存在时，低波阻抗体反映的时两者构成的缝洞体的包络体。

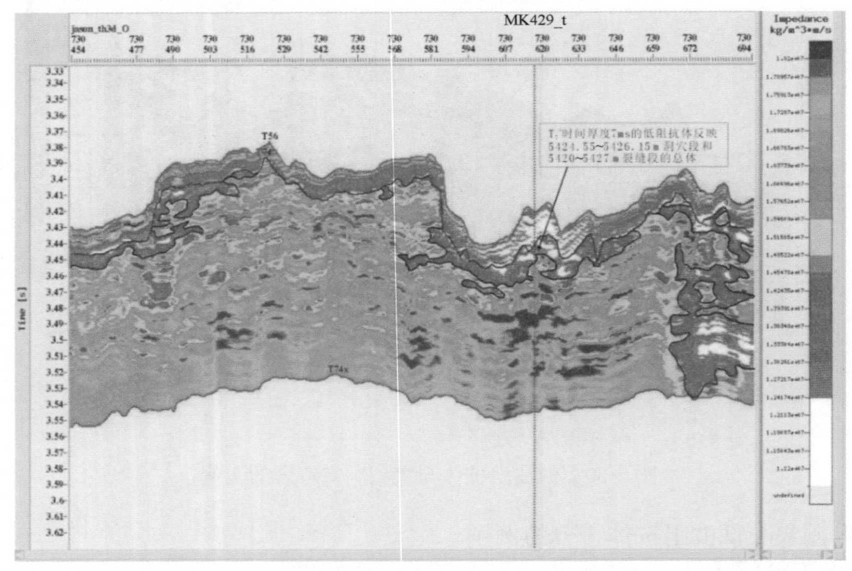

图 2-32　低波阻抗体与洞穴裂缝总体符合的实例

4）裂缝层段与低波阻抗体符合的实例

图 2-33 是塔河 4 区过 M401t 井的 M565 波阻抗剖面，M401t 井 5370～5376.34 m 为裂缝层段。在 M565 剖面上 M74 下存在一个时间厚度为 6 ms 的低波阻抗体，经标定它对应的层段深度为 5369～5377 m，与以上裂缝层段符合，这表明，单纯的裂缝层段也能形成低波阻抗体，它反映的应是裂缝段的包络体。

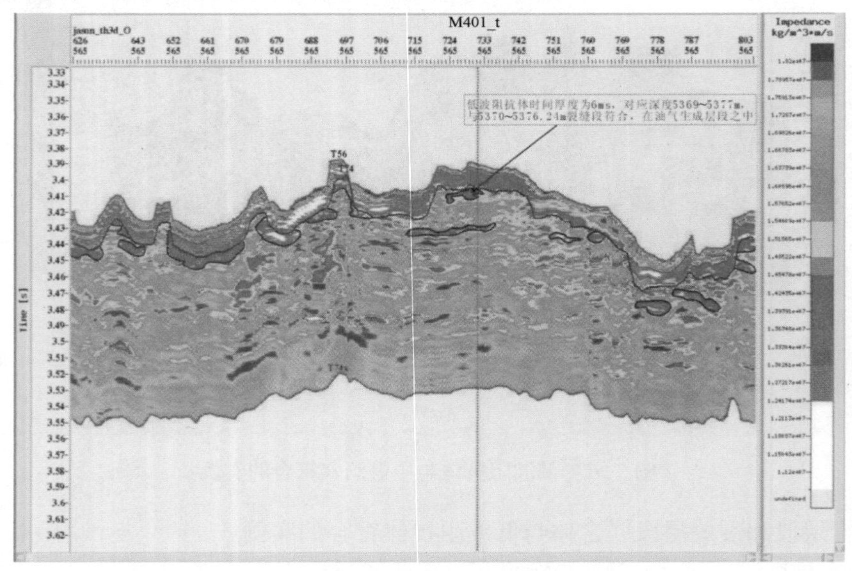

图 2-33　低波阻抗体与裂缝层段符合的实例

3. 地震波阻抗剖面对缝洞体的分辨能力分析

在塔河油田以前的研究中，只是针对地震偏移剖面讨论了对缝洞体尺度的分辨率，一般是沿用传统的对薄层分辨的理论，用地震正演模拟计算的，结论仍然是以菲涅尔带半径(λ/4)为地震分辨率的极限。在塔河奥陶系地层，λ/4 一般为 50～60 m，对此某些文献总结为："缝洞纵向尺寸接近地震分辨率大小时(λ/4：50～60 m)，其横向规模越大引起的地震振幅越强；横向尺寸一定时，纵向规模尺寸接近和小于地震分辨率(λ/4)情况下，纵向尺寸即使有 2～3 倍差异，所引起的地震振幅异常差异并不明显"；"横向小于 60 m的洞穴反射特征不能加以区分，纵向上分辨洞穴的高度为 15 m，厚度小于 15 m 的缝洞体没有稳定的较强的反射振幅"，这些理论对于通常的偏移剖面或由其派生的研究地震波动力学响应的属于地震正演问题范畴的地震资料，无疑是正确的。在这种分辨率的限制下，对塔河油田前期采用的波形分析偏移剖面，振幅变化率和分频振幅资料，相干—高斯和多尺度边缘检测资料，都只是预测了缝洞发育部位的平面展布，而没有预测除缝洞体的厚度变化。在这一思想的束缚下，对反演的波阻抗资料的应用上，除了采用水平或垂直切片图外，就是以 M74 下 20 ms(或 60 m)为一个层段，求层段内的平均波阻抗，制作平面图，而没有制作与缝洞体厚度有关的图件，致使长期以来没能找到定量计算缝洞体大小的可行方法。

作者认为，上述以薄层理论为指导，利用地震正演模拟手段得到的关于分辨率的结论，是不能适用地震反演资料的。当前采用的地震反演是在钻井、测井等资料约束下的地震反演，反演的初始地质模型是由钻井、测井和地震 3 种信息相结合生成的，用此模型由井外推形成合成记录数据体，在与实际地震数据体比较中不断优化初始地质模型，这一精细地质模型对地质体的分辨能力应该与钻井、测井资料同样，有很高的分辨率。在反演的剖面上(如波阻抗剖面、密度剖面等)，已经没有了波峰波谷的概念，反演的波阻抗值或密度值可为绝对值，其大小完全可以和测井数据相对比，它对缝洞体大小的分辨能力，应取决于反演的理论和方法本身，也和时间剖面上的采样点间隔有关。以上是本书首次针对塔河油田提出的关于地震勘探分辨率的新概念，在当前的地震勘探理论中尚没有涉及针对反演资料的分辨率讨论。

通过对井—震资料的实际标定和对比，可以给出反演波阻抗剖面对缝洞体的分辨能力。图 2-34 是穿过塔河油田 4 区 MK404t 井的 M611 波阻抗剖面，在 MK404t 井 M74 之下存在 2 个低波阻抗体，上部的低波阻抗体时间厚度为 5 ms，经标定它反映的洞穴层段为 5414～5420 m，厚度为 6 m，反射时间厚度为 5 ms，则可推算出洞穴速度为 2400 m/s，这是合理的。

图 2-35 是塔河油田 4 区穿过 MK407 井的 M454 波阻抗剖面，在 MK407 井之下有两个低波阻抗体，经标定上部的低波阻抗体时间厚度为 8 ms，反映的洞穴层段为 5398～5407 m，洞穴厚度 9 m，反射时间 8 ms，由此推算的洞穴速度为 2250 m/s，这是合理的。

图 2-36 是塔河油田 4 区穿过 M401t 井的 L732 波阻抗剖面，在 M401t 井 M74 下有一时间厚度为 6 ms 的低波阻抗体，经标定，它反映了 5370～5376 m 的裂缝层段，其厚度

为 6 m，反射时间为 6 ms，经推算裂缝段的速度为 2000 m/s，这是合理的。

由应用实例可以看出，用反演的波阻抗资料完全可以分辨厚度为 15 m 以下的洞穴段或裂缝段，分辨的缝洞体尺度可达到 4～10 m。因此，在波阻抗剖面上对比追逐时间厚度 3～9 ms 的单个低波阻抗体是有意义的，可以反映缝洞体的实际厚度。

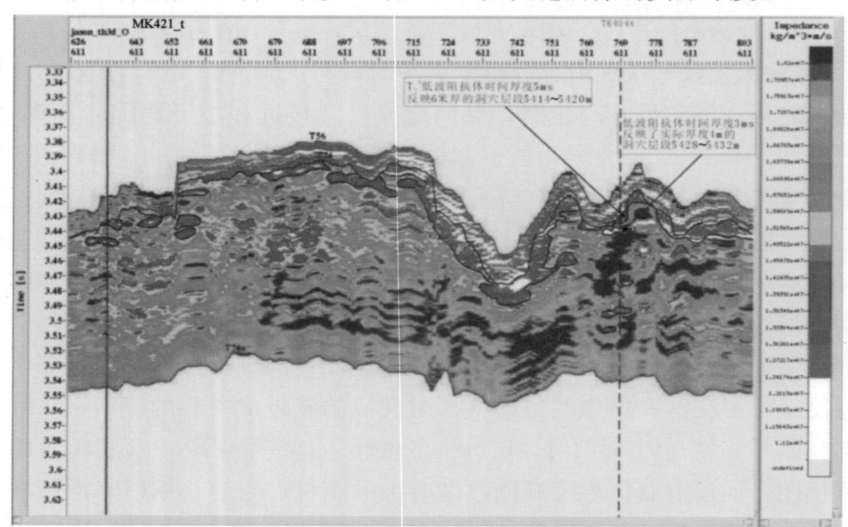

图 2-34　低波阻抗体可以分辨厚度为 6 m 的洞穴实例

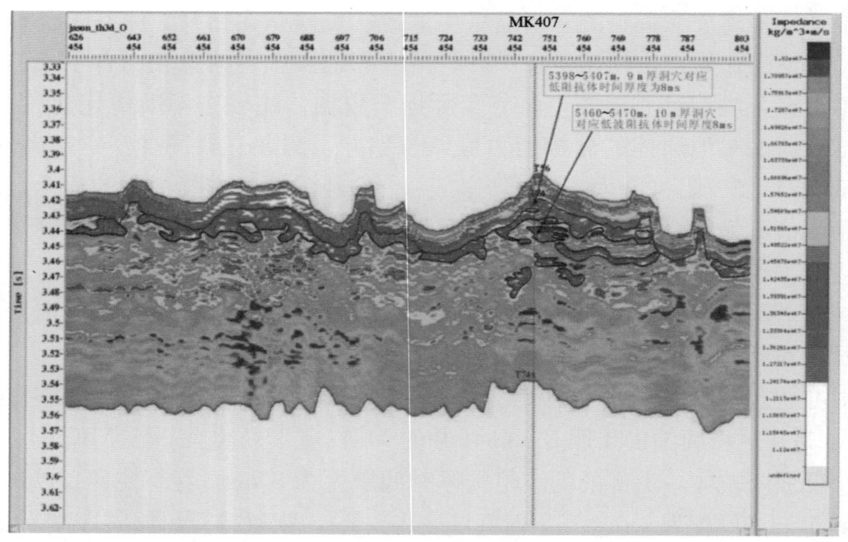

图 2-35　低波阻抗体可以分辨厚度为 9 m 洞穴实例

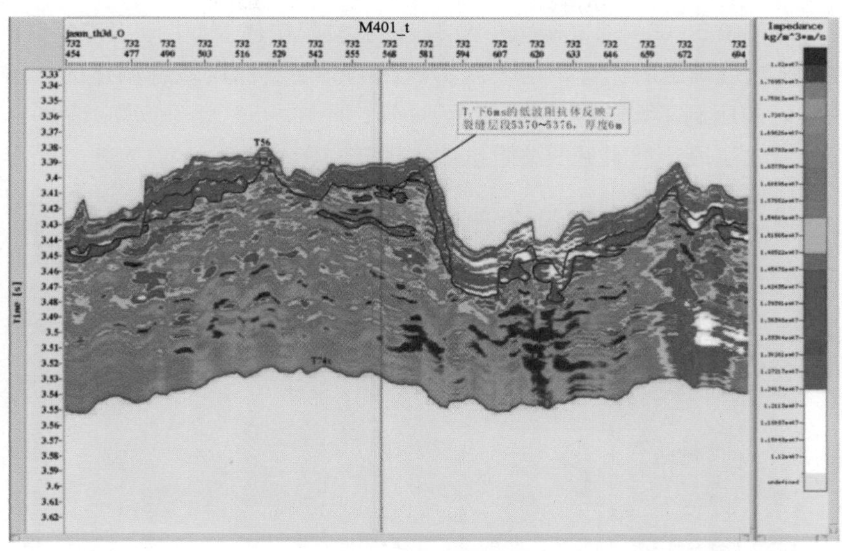

图 2-36　低波阻抗体可以分辨厚度为 6 m 的裂缝层段

4. 用波阻抗资料识别缝洞单元的方法和技术

1)重点研究区块的选择和低波阻抗体的显示

为了检验用波阻抗资料识别缝洞体的实际效果，在塔河油田联片区的不同部位选择了 3 个重点研究区块。重点区块内钻井较多，油气、缝洞已知程度较高，区块面积约 30～40 km^2。这 3 个区块分别是：①塔河油田 4 区 W48-M401t 井区；②塔河油田 6 区 MK602-MK611 井区；③塔河油田 8 区 W86-MK718 井区。

在每个区块内，对波阻抗反演数据体进行垂直切片处理和显示，过区块内所有钻井做正交的剖面，以此为主干剖面，再把剖面线距加密到 50×100m，这一测网密度已接近三维面元的大小，可保证对缝洞体的解释精度。

2)低波阻抗体的对比追踪

以穿过钻井的正交剖面为主干剖面，在对波阻抗剖面上的低波阻抗体标定后，就以其色标标志在横向上对比追踪，利用地震剖面的交点反射时间和“时间厚度”闭合的原理，在各剖面上进行对比连接。低波阻抗体对缝洞体的显示和展现是非常直观和清晰的。

3)低波阻抗体“时间厚度”平面特征和缝洞体厚度特征

首先确定制图层位，以 M74 反射界面为基准面，每 20 ms 为一个时段(相当于 60 m 厚的层段)，作为制图层位。在作图层段内，每隔 2～4 个 CDP 点(50～100 m)拾取一个低波阻抗体的时间厚度值。当层段内有上下两个或几个低波阻抗体时，取厚度最大者，如图 2-37 中第Ⅰ层段取 A 低波阻抗体制图。以低波阻抗体的主体所在层段为制图层段，如图 2-37 中的 B 低波阻抗体主体在第Ⅱ层段中。

用以上方法制作低波阻抗体在每个层段的厚度图，可保证对主要波阻抗体进行单一对比追踪，从而使不同缝洞单元的边界被划分出来，不足之处是可能会漏掉规模小的低波阻抗体。针对研究区制作了塔河油田 4、6、8 区重点区块 M74 反射层下 0～20 ms

(0～60 m)和 20～40 ms(60～120 m)两个层段的低波阻抗体等厚图。以 M74 下 0～40 ms 左右的低波阻抗数值确定的色标，由于压实的影响会使更深层段缝洞体的波阻抗值被显示成其他色彩而被压制了，如图 2-38 所示：M74 下 40～80 ms 间对应钻井 5548～5633 m 存在含油气洞穴层段，但未见低波阻抗体出现。

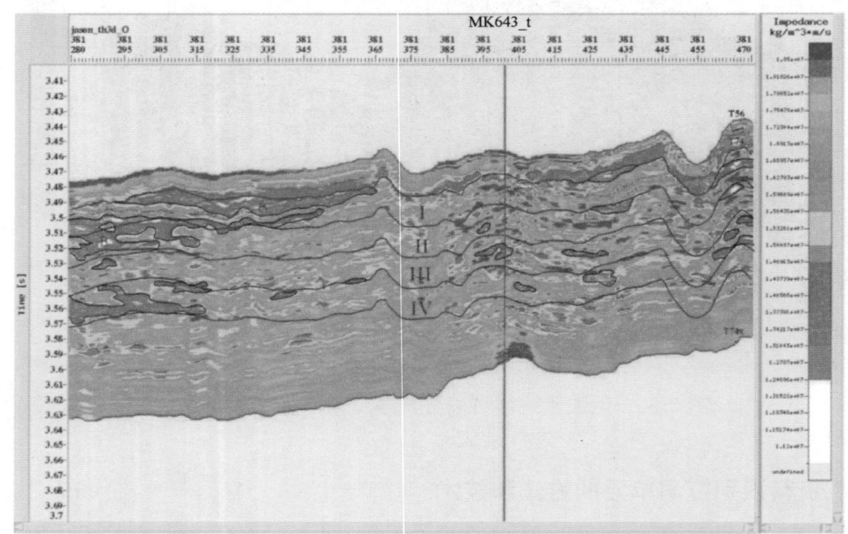

图 2-37　塔河油田 6 区 L381 波阻抗剖面制图层段的划分

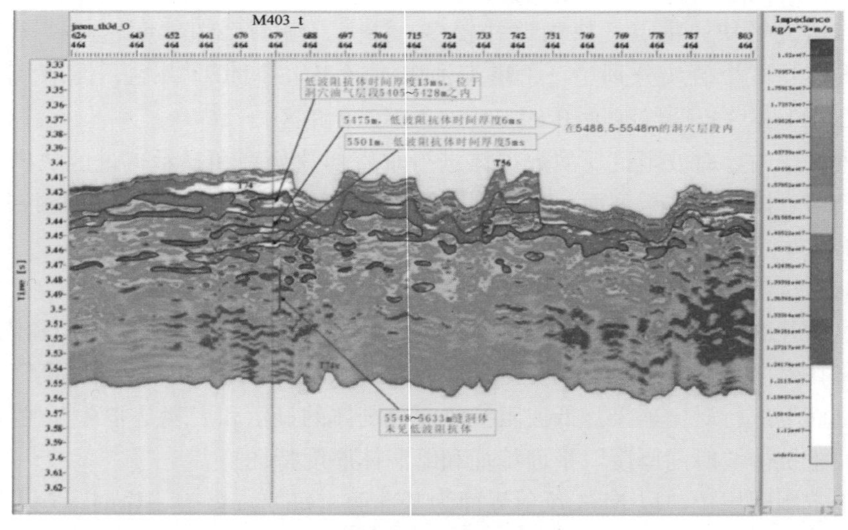

图 2-38　受压实影响深部低波阻抗体没显示出来

2.3　缝洞体连通性分析

塔河油田奥陶系油藏为裂缝、溶洞型碳酸盐岩油藏，油藏类型十分特殊，储层非均质极强。油藏开发的关键在于搞清楚油藏储层特性和流体的分布规律，只有在了解储层非均质性和流动单元形成机制基础上，分析井间储层的连通性和流体流动通道，划分缝洞单元并以其作为油藏开发的基本单位进行研究、管理、开发，对制定合理的开发调整技术政策，分析剩余油的赋存特征，以及提高油藏的采收率具有重要的意义。

流动单元又称水力单元，是 20 世纪 80 年代中后期开始兴起的一种储层研究方法。主要强调的是储集单元，是对储集体(层)的进一步细分。从国内外的研究者对流动单元的理解及采用的研究方法来看，可以把流动单元定义为：具有相同渗流特征的储集单元，不同的流动单元具有不同的流体流动特征及生产性能。

塔河油田奥陶系油藏的主要储集空间以构造变形产生的构造裂缝与岩溶作用形成的孔、洞、缝为主，其中大型洞穴是最主要的储集空间，裂缝是次要的储集空间，也是主要的连通通道，而致密碳酸盐岩基质由于其低孔低渗的特点不具有储渗意义，只能作为储集体的封堵体(或隔层、夹层)，分隔和遮挡各类储集空间。储渗空间形态多样、大小悬殊、分布不均，孔隙空间从几微米到几十米，渗透率介于 0.001 毫达西至几个达西之间，空间上具有强烈的非均质性。从大量的测井、岩芯资料观察到，由于受后期构造运动影响，岩溶缝洞储集体中的溶蚀孔、洞以及裂缝充填现象比较严重，包括砂、泥质等机械充填和方解石、硅质等化学充填，它们的存在堵塞了流体流动的渗流通道，形成了缝洞储集体内的渗流屏障，加上油藏中断层的存在(当断层封闭时，断层作用破坏油层的连通性，对流体运动起到屏障作用，当断层开启时，又是油气运移的通道)，加剧了油藏内流体的分隔性和非均质性。

同时，在开发动态上常表现为以下特点：高产稳产井旁可出现干井，稳产井与非稳产井交叉分布，不同区块以及同一区块的不同缝洞体内流体的具体组分和物性差异明显等。从开发的角度来看，油藏呈现出多缝洞系统、多压力体系、多个渗流单元的特征。

油藏本身的复杂性和储集体连通程度、连通关系的差异性，决定了油藏静态地质在描述缝洞型碳酸盐岩储集体小尺度的非均质性及其渗流单元方面的局限性，相比之下动态资料在评价此类储层流动单元方面却能发挥重要作用。因此采用动静结合的方式，深化对油藏连通单元(或渗流单元)与封隔体的分布规律研究，是认识复杂碳酸盐岩油藏流动特性的有效解决方法。

由于储集体非均质性极强的特点，很难用常规研究思路和方法来认识缝洞型碳酸盐岩油藏。针对塔河油田奥陶系油藏的特殊性，结合开发实践，前人提出了“缝洞单元”的概念(鲁新便，2003)，来表征和描述岩溶缝洞储集体内流动单元的特征。

“缝洞单元”是指缝洞型碳酸盐岩油藏内，周围被相对致密或渗透性较差的隔层(体)遮挡，以溶蚀界面或断裂为边界，由一个溶洞或若干个由裂缝网络沟通的溶洞所组成相互连通的缝洞储集体。缝洞单元周围被基岩或封闭断裂分隔，具有统一压力系统，是一个独立的油藏，是缝洞型碳酸盐岩油藏的基本开发单元。

缝洞单元的概念强调碳酸盐岩储集体的连通性及储集体中流体性质的相似性。因此，缝洞单元具有如下特征：

(1)缝洞单元周围被相对致密或渗透性较差的围岩分隔，是由溶蚀孔、缝、洞组合而成的相互连通的最小储集空间单位。缝洞单元可以是一个孤立封闭的定容体，也可以是多个不规则的通过裂缝网络相互连通的缝洞储集体的组合。

(2)同一缝洞单元内部具有统一的压力系统，因此具有相似的流体性质、水体能量和开发动态特征，在生产中可作为一个独立油藏来开发，是油田生产管理的基本单位。

(3)缝洞单元是最小的流体储集和流动单元，具有相似的油水运动规律和流动特征。

由基本不具储、渗性能的基岩、溶蚀边界、封闭断裂分隔形成的缝洞单元是一个具有独立的油气水系统和不规则形态的油气藏，缝洞单元在空间上具有极强的非均质性。实际的生产动态资料也表明：不同缝洞单元的天然能量、产量递减、含水上升等特点具有明显的差别。对塔河油田缝洞型油藏的认识具有层次性，是一个不断深入的认识过程，可以划分为缝洞系统和缝洞单元两个阶段，也就是地质资料连通性分析与生产动态资料连通性分析两个阶段。

(1)缝洞系统研究：缝洞系统是储集体特征的宏观表述，是单个缝洞单元或多个缝洞单元在空间上的叠合体，缝洞系统研究是研究和划分缝洞单元的基础，缝洞系统强调了储集体成因上的一致性，但对各缝洞系统内连通性的研究程度不够深入。缝洞系统主要以地质资料连通性分析为主，利用岩溶、地震以及测井等静态方法研究技术，分析溶洞和裂缝的分布特征，刻画缝洞储集体的有利发育带。

(2)缝洞单元研究：由于缝洞系统内储层发育的非均质性，缝洞系统内存在流体连通性及渗流特征的差异性，就需要在地质资料连通性分析的成果上，利用各类开发动态资料，进行缝洞系统内的缝洞单元的划分。一般而言，缝洞单元内流体连通性较好。

2.3.1　水化学指示分析

在生产过程中地层水的性质有同步变化的现象，对于产水井间的连通性也可以从水样资料进行分析。

地层水的离子成分在井间有同步变化的特征可以指示井间连通的可能性地层水的全分析，除了具有物理性质还有化学性质信息，这为对比井间连通提供了丰富的资料，通过以上分析可以看出，用地层水的物化性质对比分析井间连通的可能性是可行的。

2.3.2　压力系统分析

由于处于同一压力系统的各井，随着开采的进行，其压力随时间下降，且趋势应该一致，反之，若为不同压力系统，其压力的变化趋势就不同。根据地层压力分析连通性原理，由于 W65 单元所获压力资料有限，本书获取并筛选了该井区部分井的原始地层压力值，如表 2-8 所示。

表 2-8　W65 井区测压数据表

井号	测压时间	测试类型	压力梯度/(MPa/100m)	折算压力/5600m/MPa
W65	1999-9-10	压力恢复	0.86	60.337
MK442	2002-6-21	压力恢复	0.876	59.11
MK447	2004-7-1	压力恢复	0.88	55.49
MK461	2004-7-10	压力恢复	0.88	55.41
MK431	2001-5-17	静压及梯度	0.97	36.65
MK431	2001-6-23	静压及梯度	1.08	40.18
MK473	2006-3-28	静压及梯度	1.1	58.4

从压力变化趋势发现，该井区的 W65、MK442、MK447 和 MK461 井变化趋势一致，而 MK431 和 MK473 井的静压值和该系列井的差别明显。初步推断 W65、MK442、MK447 和 MK461 井连通的可能性较大，MK431 和 MK473 井可能不属于 W65 单元。

这种方法应用静压资料直观地反映了单元内压降情况，用以判断处于同一个压力系统的井具有相同的压降趋势。从理论上说这种方法分析连通性，具有很高的可靠性，但实际上直接受到资料可靠程度的制约，尤其是目前静压资料大都是从产层之上的梯度折算到产层中部，误差比较大，所以在应用过程中其分析结论也存在一定的误差。

2.3.3　同位素示踪分析

井间示踪剂资料也可以直观地反映井间连通的关系。2006 年 6 月 7 日 W65 井注同位素示踪剂氚水(MHO)30Ci 后，除 MK447 井未取样外(表 2-9)，其余 10 口井均有示踪剂显示，说明该单元的连通性好，也对 W65 单元有了重新的认识：MK432、MK435、MK488、MK482、MK442、MK478、MK473、MK487 处于同一压力系统，应属 W65 单元，这样就修正了原来关于 W65 单元的划分范围。

表 2-9　W65 单元井间示踪情况表

井号	深度	生产(或注水)层段/m	与注水井距离/m	初见示踪剂时间/d	水线速度	备注
W65	5451	5451～5584				注水井
MK432	5438.5	5438.5～5585	796	13	61.2	
MK473	5424.5	5498～5580	2191	36	60.9	
MK442	5461.5	5461.5～5495	1625	27	60.2	
MK435	5440	5440～5500	1363	23	59.3	
MK482	5490	5575～5660	1500	45	33.3	
MK487	5433	5550～5650	1375	43	32	
MK461	5450.5	5438～5524	1100	36	30.6	前期作业未取样
MK478	5497	5481.5～5595	550	20	27.5	
MK488	5454	5562～5666	850	38	22.4	
MK455	5482.5	5486～5548	1010	70	14.4	前期未见水
MK447	5467	5467～5485	1195			未取样

2.3.4　生产动态分析

1. 干扰试井

干扰试井用于得到井间干扰信息，在激动井施加干扰信号时，有明显的压力及产量波动的井就可能与激动井连通。这是井间连通最直接、最有说服力的依据。

1998 年 11 月 9 日至 12 月 5 日，以 M401 井作“激动井”，改变其工作制度，W48 井作为“观察井”，以恒定工作制度生产，实施了干扰试井(图 2-39)。从图上看出，当 M401 井油嘴由 8 mm 换成 9 mm 时，在一段时间后(由于两井相距 1000 m 左右，因此，压力波动到达 W48 时有一个时间上的滞后)观察到 W48 井压力下降跌幅增加，即压力与时间曲线的切线斜率变大，这是明显的井间干扰的存在。M401 井的油嘴再由 9 mm 换成 10 mm 时，W48 井压力下降跌幅进一步增加；M401 井的油嘴由 10 mm 换成 8 mm 时，W48 井压力下降跌幅减缓。因此，从正向激动和反向激动两方面都反映出 M401 与 W48 连通，并且从压力扰动滞后时间来看，滞后时间短，两井连通性很好。

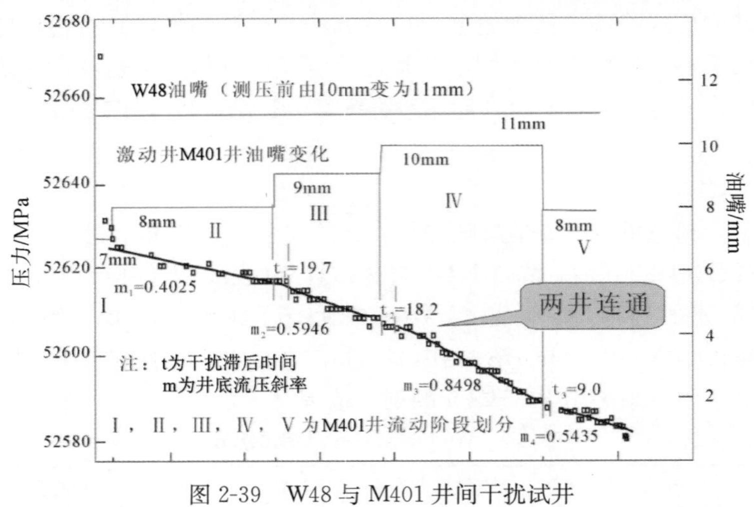

图 2-39　W48 与 M401 井间干扰试井

2000 年 5 月的群井干扰以 MK412 井为激动井，以 M401、M402、MK404、MK408、MK409、MK410、MK411 和 MK413 等 8 口井为观察井进行干扰试井试验。激动井 MK412 井于 2000 年 5 月 1 日 12：00 关井进行正向激动，于 5 月 17 日 12：23 开井进行反向激动。到 6 月 2 日陆续起出下入各井的电子压力计，全部测试施工时间为 42 天。在测试过程中，M401、M402、MK404、MK408、MK409、MK410、MK411 和 MK413 等 8 口观察井都取得了理想的干扰试井资料。

MK412 关井时，M401 压力及产量产生扰动，压力下降变缓慢，产量呈上升趋势；MK412 开井生产时，M401 压力下降变急，产量跌落。因此，从正向激动和反向激动两方面都反映出 M401 与 MK412 具有相关性。故认为两井为连通的。

群井干扰试井资料显示，MK412 关井后大约 160 h 后，M404 出现明显的压力降落段(与 M401-MK412 相比两井相距 1000 m，在 MK412 关井 80 h 后，M401 出现明显的压力降落段，说明在这两个井组间，流体渗流速度大致一样约 12m/h，说明地层导流能力大致相同)。说明两口井是连通的。

MK 412 进行正向激动和反向激动时，MK408 有明显的产量扰动。但压力扰动不明显，可能是由于本地区能量充足的原因。产量扰动的滞后时间大于 M401 与 MK412 的滞后时间(两井与 MK412 的井距基本相同)，说明 MK412 与 M401 的连通性好于 MK408-MK412。

MK412 进行正向激动和反向激动时，MK409 从压力曲线上没有什么变化，MK409 井产量一直平稳下跌，显示出未受到 MK412 井的干扰，两口井未见连通特征。

MK412 与 MK410 两井相距 2850 m，与这次所做的群井干扰试井的其他观察井相比，是距激动井 MK412 最远的一口井，两口井中间还有生产井 M401，MK411，

MK408，MK405，W48，由于受临近连通井的干扰影响，MK410 接收到的干扰信号会很弱，干扰试井结果可能不会说明问题。

M402 所测压力值因井口拉油不及时不可用，但从产量曲线可见，M402 井显然不受 MK412 开关井的影响而一直平稳的生产，而两井相距只有 700 m，M402 是本次干扰试井中距激动井最近的一口观察井。干扰试井结果显示两井不连通。

MK411 可能是本身能量充足，压力扰动不明显，产量有一个滞后，并呈微微上升趋势，MK412 开井后所测时间不够，所以产量的下降阶段不明显。另外由于 MK412 与 M401 连通性好，因此关井时能量主要向连通性好的方向传播。总之两井连通不明显，有连通的可能性。

由于 MK412 和 MK413 两井相距较远，中间还有其他生产井的干扰影响，因此干扰试井曲线无法正常显示 MK413 井压力及产量受到扰动。

从干扰试井分析结果来看，W48 单元中 W48 与 M401 是连通的；MK412 与 MK408、M401、MK404 连通，但是 MK412 与 MK410、MK411、MK409、MK413 的关系不明确，需要其他资料分析(图 2-40)。从以上分析来看，用干扰试井分析井间连通性具有直接、准确、可靠性高的特点，干扰试井也是井间连通性分析最有力的证据。

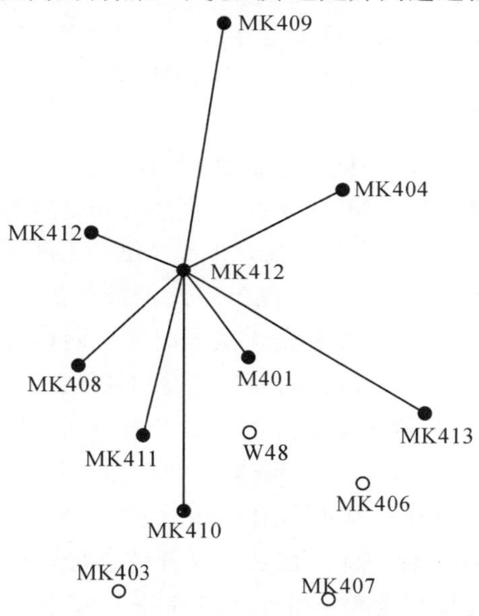

图 2-40　群井干扰试井井间连通示意图

2. 类干扰试井

依据干扰试井是研究井组间连通性最有效的方法，但是干扰试井受测试条件及测试范围限制，使其难以得到广泛应用。尤其是干扰试井涉及的井多、直接影响产量，在现场实施过程中有相当大的难度。同时石油工程师们发现在生产过程中由于单井的各种生产状态(工作制度、井别等)的改变在井间有干扰的现象。因此，充分利用开发过程中的井间干扰现象，如新井投产、工作制度的改变，提取井组中当且仅当一口井工作制度变化时对其他井产生影响的信息进行研究，可以判断井间连通性。其思路类似于干扰试井，西北局的研究人员称之为“类干扰试井”。用这种方法对生产动态资料进行分析，主要问题是数据量极大，伪信息多，需要对生产动态状况有充分的了解才能去伪存真；优点是直观、方便，现场资料充足。

通过对 W65 单元内任意两口相邻井的采油曲线进行对比分析，从中选取在生产过程中具干扰现象进行分析 W65 与 MK432 井的采油曲线，W65 自 2001 年 12 月 9 日一直用 8 mm 油嘴生产至 12 月 24 日产液量自 245 m^3 逐渐降至 70 m^3；但是在 2001 年 12 月 25 日 MK432 井油嘴从 6mm 调整为 4mm，虽然 W65 井的工作制度没有变化，但是产液量逐渐从 70 m^3 上升到 190 m^3、井口油压也从 2.5MPa 逐渐上升到 5.2MPa。通过查对 W65 井其他临井(MK435、MK447 没有工作制度调整、MK455 还有投产)在这一时间段没有特别的工作制度调整，所以 W65 的这些变化应该是 MK432 井工作制度变化引起的。同时在 MK432 井 2001 年 11 月 15 日堵水后自身含水率下降到 3%，而 W65 井的含水率也明显下降，从而可以判断 W65 和 MK432 这两口井是连通的。

MK435 井 2002 年 9 月 22 日～10 月 5 日修井停产，此时 MK455 一直用 6mm 油嘴生产没有其他变化，但是自 10 月 5 日开始 MK455 井的产液量从 73 m^3 上升到 106 m^3，同时油压要从原来一直的 3.6～3.8MPa 的水平上升到 4.3MPa，说明 MK435 井修井停产使得 MK455 井产液量增加、油压增大。在这一阶段临井 W65 和 MK447 的工作制度都没有特别的变化，而 MK461 井还有投产，因此可以认为 MK435 与 MK455 间的变化是井间连通的反映。

MK455 井投产后与 MK432 井相邻，在 2002 年 5 月 1 日至 6 月 30 日这段时间里两口井的工作制度没有任何变化，MK455 井一直用 6mm 油嘴生产，而 MK432 一直用 4mm 油嘴生产，此时两口井的含水都很低，但是 MK432 自 2003 年 5 月 23 日起含水缓慢上升，而 MK455 与 MK432 的产液量也出现此消彼长的同步变化，这一方面证实了 W65 单元能量不足含水上升慢，能量补给无法同时保证两口井的稳产，所以出现一方产液量上升另一方就下降，也说明两口井间具有连通的特征。

在 MK455 投产前 MK477 井一直处于稳产、产液量和油套压基本稳定，但是在 2002 年 4 月 10 日 MK455 投产后 MK477 的产液量和井口压力都呈下降趋势，同时在 MK455 与 MK477 井工作制度没有变化(MK455 用 6mm 油嘴生产、MK477 用 4mm 油嘴生产)的情况下，两井的产液量间也存在此消彼长的互补的态势，在 2002 年 4 月 MK477 开始下降的时间里 MK461 井还没有投产，另外一口临井 W65 也没有工作制度的改变，所以说 MK447 井的递减、与 MK455 的同步波动都说明两口井间是连通的。

MK432 井 2001 年 12 月 25 日换 4mm 油嘴生产后，虽然 MK442 工作制度没变，但是出现产量上升的现象从 175.1 m^3 上升达到 198.7 m^3 的液量，期间其他临井没有工作制度的改变，MK442 工作制度没变而产量上升的现象应该是 MK432 调小油嘴造成的。两口井间有连通的特征。

通过上述分析可以看出，用井间生产动态资料提取类干扰信息，可以判断单元内井间的连通性。W65 单元中 W65 和 MK432、MK447 和 MK455、K432 和 MK442、MK432 和 MK455、MK435 和 MK455 相互间具有连通的特征。

2.4 缝洞体划分与分布规律

根据岩芯、岩石薄片、铸体薄片、荧光薄片和扫描电镜等各项分析资料，本区下奥陶统灰岩储集空间类型主要为成岩后生与表生作用形成的次生孔、洞、缝，具有以下基本特征：①基质孔隙度低，渗透性能差；②裂缝和溶蚀孔洞相当发育；③储集空间分布纵横向非均质性强。

目前塔河油田奥陶系储层评价最常用的方法是根据灰岩的储集特征、储层分类、测井响应特征及试油测试成果，将储层分为 3 种类型，即Ⅰ、Ⅱ、Ⅲ类。Ⅰ类储层包括裂缝—孔洞型、裂缝—溶洞型，孔、洞、缝均较发育，并以孔洞为主；Ⅱ类是以裂缝为主、孔洞不发育的储层；Ⅲ类是孔洞缝均不发育的非有效储层。各类储层的测井响应特征及因素分析见表 2-10。

表 2-10　塔河油田奥陶系油藏储层测井响应特征表

测井参数	Ⅰ类储层		Ⅱ类储层		Ⅲ类储层	
	响应特征	因素分析	响应特征	因素分析	响应特征	因素分析
深浅侧向 (RD、RS)/(Ω·m)	明显低值，一般小于 400，有大缝大洞时，小于 20，$RD>RS$	孔洞缝均发育，泥浆滤液侵入较深	呈中高阻 $400<RT<1000$，大部分正幅度差	裂缝引起泥浆侵入	大于 1000	岩性致密，孔、洞、缝不发育
声波时差 AC(μs/ft)	明显增大，呈钝尖状。一般大于 50	孔洞发育	曲线平直，接近骨架值 47～49	基质孔隙不发育	曲线平直，接近骨架值	基质孔隙不发育
中子孔隙度 Φ_N/(%)	略有增大，局部出现钝尖状	孔洞发育	曲线平直 $\Phi_N\approx 0$	基质孔隙不发育	曲线平直 $\Phi_N\approx 0$	基质孔隙不发育
地层密度 DEN/(g/cm^3)	显示低值，常呈现低谷	孔洞缝均发育	曲线有较小幅度起伏，接近骨架值约为 2.70	裂缝引起	视密度接近骨架值，约为 2.70	基质孔隙不发育
自然伽玛 GR/API	与纯灰岩比，GR 值略高，一般大于 25	岩溶作用时地表砂泥质充填	一般小于 15，部分大于 20	一般无砂泥充填，部分裂缝被砂泥充填	一般小于 15	质纯，无砂泥质充填
井径	部分有扩径现象	部分有扩径现象	部分有扩径现象	裂缝造成岩块破碎	井径接近钻头直径	裂缝不发育，无明显破碎带

长期的研究和勘探、开发实践结果表明，塔河油田奥陶系地层中主要的储油气空间为岩溶作用形成的溶蚀孔洞，而各类裂缝主要是渗流通道，少量的孔隙层对产油气的贡献相对小，意义小。

对于塔河地区奥陶系地层中见到的Ⅰ类洞穴型储层按充填程度和充填物类型又可以划分为如下 7 个亚类：Ⅰ-A-1 未充填洞穴型储层；Ⅰ-A-2 砂泥质半(部分)充填洞穴型储层；Ⅰ-A-3 砂泥质全充填洞穴型储层；Ⅰ-A-4 垮塌角砾岩半充填洞穴型储层；Ⅰ-A-5 垮

塌角砾岩全充填洞穴型储层；Ⅰ-A-6 方解石半充填洞穴型储层；Ⅰ-A-7 方解石全充填洞穴型储层(图 2-41)。

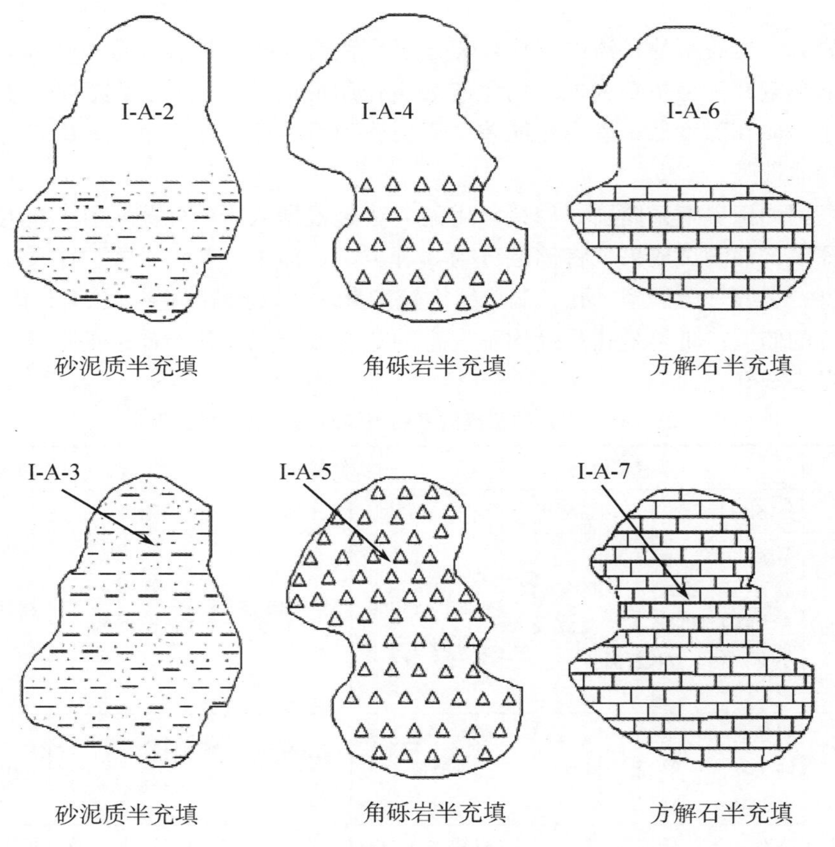

图 2-41　半—全充填洞穴储集模式示意图

1. 塔河油田 4 区 W48-M401t 井区

1)缝洞单元的剖面分布特征

在塔河油田 4 区，缝洞体主要是沿 M74 反射层面展布，在 M74 下 0～60 m 的层段内呈不规则的层状发育，横向有很好的连通性。由此层段往下变为不规则的短柱状，缝洞体横向连通性变差，厚度和长度都变小。在 M74 之下大于 180 m 的深部，缝洞体已经较少，呈很小范围的短柱状或球珠状零星分布。图 2-42 和图 2-43 是塔河油田 4 区沿东西方向和沿南北方向展布的波阻抗剖面，从中可以看出以上特征。从图 2-44 中还可以看出，由浅至深在某些部位普遍存在串珠状缝洞结构，推测与断层活动有关。

综上所述，塔河油田 4 区，主要为沿中下奥陶顶面发育的表层岩溶缝洞体，连通性好，分布范围较大。其次是与断裂活动有关的由浅至深呈串珠状的缝洞体，往深部缝洞体规模普遍变小。

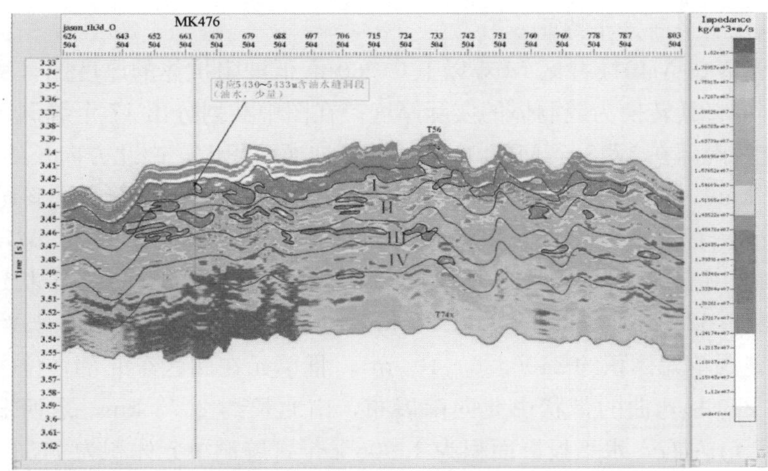

图 2-42　塔河油田 4 区东西方向波阻抗剖面特征

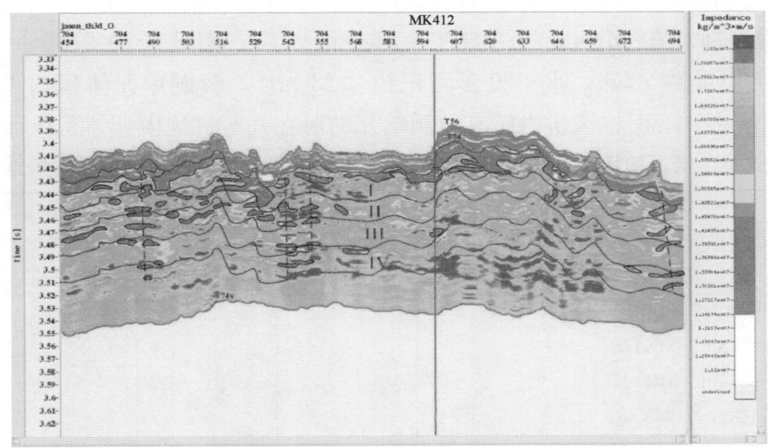

图 2-43　塔河油田 4 区南北方向波阻抗剖面特征

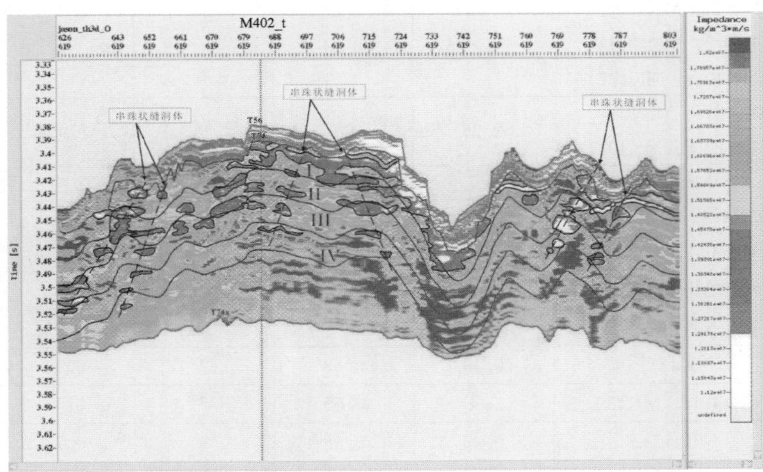

图 2-44　塔河油田 4 区串珠状缝洞体在波阻抗剖面上的特征

2)缝洞单元的平面分布特征

图 2-45 是 W48-M401t 井区 M74 以下 0～60 m 低波阻抗体的厚度图，图中等值线为“时间厚度”，可将其转换为缝洞体的实际厚度。在图中共划分出 17 个缝洞单元：其中Ⅰ单元位于研究区南部在 W48 至 MK403 等井区，连通面积大，南北方向长约 1.5 km，东西方向宽约 3 km，是一个巨大的表层岩溶区块，其范围还将向南延伸，该缝洞体的最大高度可达 33 m 左右，水平投影面积为 4.8125 km^2，缝洞单元体积约 2937.5×10^4 m^3；Ⅱ单元位于测区中北部，在 MK429 至 MK409t 等井区，由北向南呈条带状延伸，该缝洞单元南北长达 3.625 km，东西宽约 2.25 km，最大厚度可达 33 m，水平投影面积为 4.338 km^2，缝洞单元体积约 2406.25×10^4 m^3；Ⅲ单元在测区东北部，位于 MK437t 至 MK404t 等井区，呈弯曲的带状由北向南展布，南北长约 2.75 km，东西宽达 1.5 km，最大厚度为 26 m 左右，水平投影面积为 1.906 km^2，缝洞单元体积为 1153.13×10^4 m^3；Ⅳ单元位于测区西南端，在 MK406t 井区，南北长约 1.7 km，东西宽约 0.63 km，最大厚度约 15 m 左右，水平投影面积约 0.625 km^2，缝洞单元体积约 309.38×10^4 m^3；Ⅴ单元位于测区西南部，在 MK428 至 MK476 等井区以西，南北长约 2.85 km，东西宽约 1.88 km，最大厚度约 23 m，水平投影面积约 2.23 km^2，缝洞单元体积约 1275×10^4 m^3；其他单元规模较小，下面将区块内所有缝洞单元的所在井区、规模和体积统计于表 2-11 中。

表 2-11 塔河油田 4 区 W48-M401t 井区 M74 下 0～60 m 层段缝洞单元统计表

缝洞单元编号	位于单元内的钻井	缝洞单元最大长度(SN)/km	缝洞单元最大宽度(EW)/km	缝洞单元最大高度/m	缝洞单元水平投影面积/km^2	缝洞单元体积/(×10^4m^3)
Ⅰ	W48、MK467、MK413、MK425、MK410t、MK464t、MK403、MK407	1.8	3.25	33	4.8125	2937.5
Ⅱ	MK409t、MK460H、MK418t、MK448H、M402t、MK429t、MK412、MK430H、MK401t、MK477	3.625	2.25	33	4.338	2406.25
Ⅲ	MK437t、MK474t、MK422M、MK404t	2.75	1.5	26	1.906	1153.13
Ⅳ	MK406	1.7	0.63	15	0.625	309.38
Ⅴ	MK424、MK428t、MK405t、MK476	2.85	1.88	23	2.23	1275
Ⅵ	MK426	1.5	0.4	10	0.53	187
Ⅶ	MK468t	1.24	0.4	13	0.23	90.6
Ⅷ	MK427	0.43	0.63	7	0.14	40.6
Ⅸ	MK449H、MK486	0.4	0.55	7	0.11	25
Ⅹ	MK411t	0.93	0.38	9	0.23	21.9
Ⅺ	MK483	0.93	0.65	13	0.38	156.3
Ⅻ	MK408t	1.3	1.0	10	0.39	137.5

续表

缝洞单元编号	位于单元内的钻井	缝洞单元最大长度(SN)/km	缝洞单元最大宽度(EW)/km	缝洞单元最大高度/m	缝洞单元水平投影面积/km^2	缝洞单元体积/($\times 10^4 m^3$)
XIV	MK421t	1.15	0.45	10	0.28	134.4
XV	MK421t 与 MK440 之间	0.5	0.2	6	0.08	18.8
XVI	MK411t 东 300 m	0.93	0.28	9	0.17	50
XVII	MK424 东北 150 m	0.51	0.3	7	0.1	31.3
XVIII	MK486 西 100 m	0.33	0.2	7	0.08	18.8

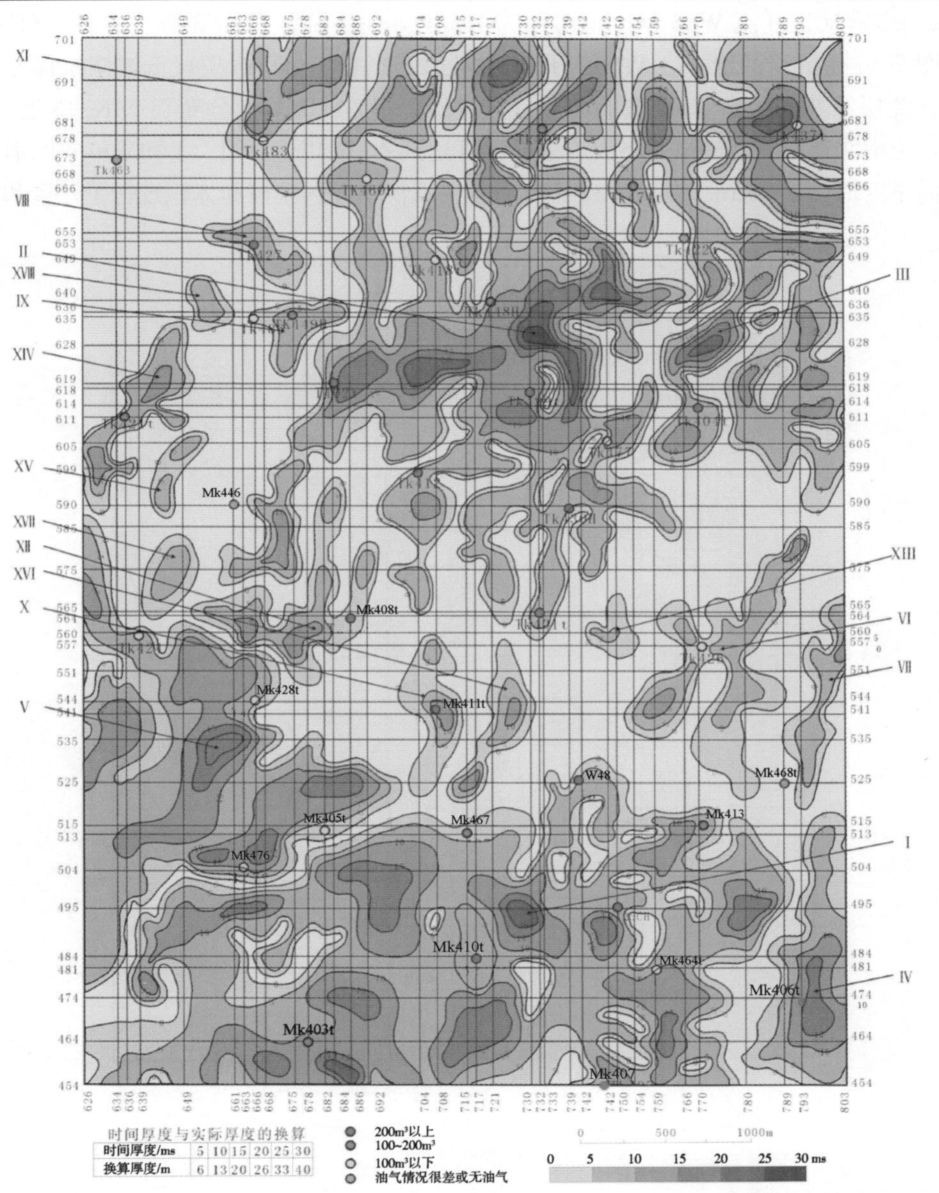

图 2-45　塔河油田 4 区 W48-M401t 井区 M74 以下 0～20 ms(0～60 m)低波阻抗体厚度图

2. 塔河油田 8 区 W86-MK718 井区

1)缝洞单元的剖面分布特征

塔河油田 8 区缝洞体在剖面上的展布与 4 区和 6 区都有很大的不同，缝洞体不是沿 M74 层面分布，主要分布层段位于 M74 以下 60～180 m，其次是 M74 下 0～60 m。缝洞体的形态以断续出现的透镜状为主，还可见到不规则形状的厚度较大的缝洞体，它们横向范围不大，但纵向连通性较好。

2)缝洞单元的平面分布特征

(1)塔河油田 8 区 W86-MK718 井区 M74 下 0～60 m 层段缝洞单元的划分和特征

图 2-46 是塔河油田 8 区 W86-MK718 井区 M74 下 0～60 m 层段低波阻抗体厚度平面图，在此层段共划分出 39 个缝洞单元，其中Ⅰ、Ⅱ和 III 单元分布在 MK743 至 MK721 井区，为南北走向，范围虽然不大，但厚度可达到 40 m 以上，Ⅵ、Ⅹ和Ⅻ单元的面积都很大，但厚度都小于 20 m。在表 2-12 中，对主要缝洞单元的规模和体积进行了计算和统计。

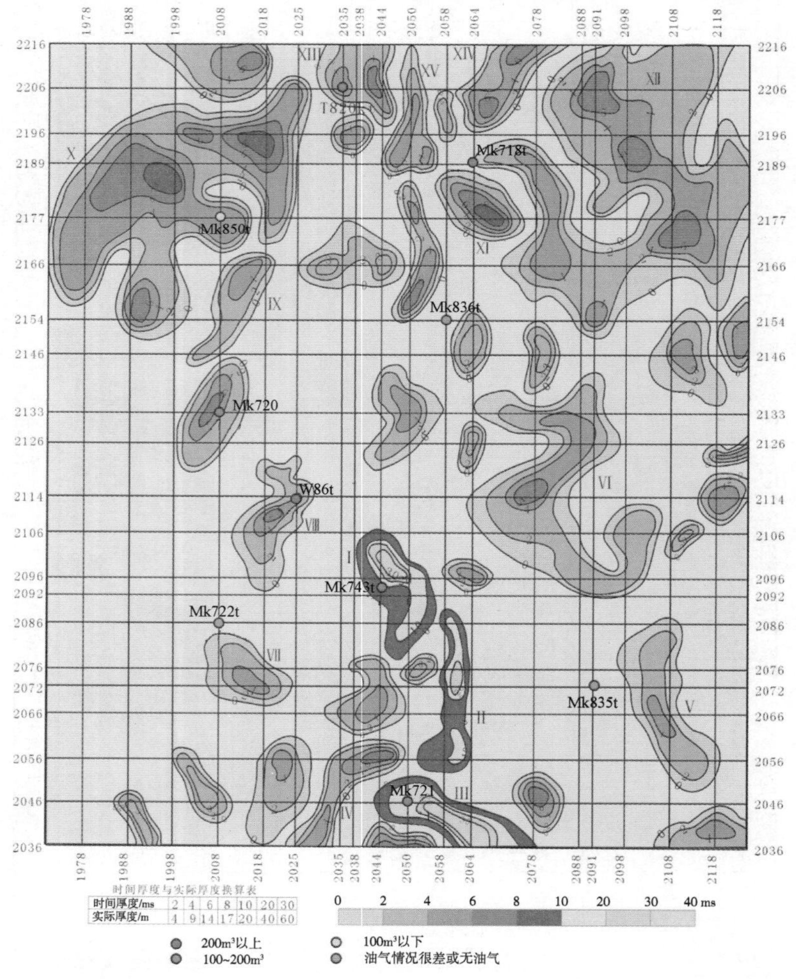

图 2-46　塔河油田 8 区 W86-MK718 井区 M74 下 0～60 m 低波阻抗体厚度图

表 2-12　塔河油田 8 区 W86-MK718 井区 M74 下 0～60 m 主要缝洞单元统计表

缝洞单元编号	位于单元内钻井	缝洞单元最大长度(SN)/km	缝洞单元最大宽度(EW)/km	缝洞单元最大高度/m	缝洞单元水平投影面积/km^2	缝洞单元体积/($\times 10^4$ m^3)
Ⅰ	MK743t	0.68	0.38	60	0.19	140.6
Ⅱ	MK743t 东南 300 m	0.93	0.3	40	0.14	81.3
Ⅲ	MK721t	0.8	0.37	50	0.14	81.2
Ⅵ	MK743t 东北 700 m	1.25	0.75	10	0.64	46.9
Ⅹ	MK850t	1.3	1.38	17	1.21	193.8

(2)塔河油田 8 区 W86-MK718 井区 M74 下 60～120 m 层段缝洞单元的划分和特征。

塔河油田 8 区 W86-MK718 井区 M74 下 0～60 m 低波阻抗体厚度图(图 2-47)显示，在此层段中共划分出 31 个缝洞单元，其中 MK743t、MK721 和 MK718t 井区的 3 个缝洞体虽然面积不大，但其厚度都可以达到 40 m 以上。MK850t 井区的缝洞单元面积为测区最大，但厚度却在 20 m 以下。在表 2-13 中对几个规模较大、有代表性的缝洞单元进行了统计。

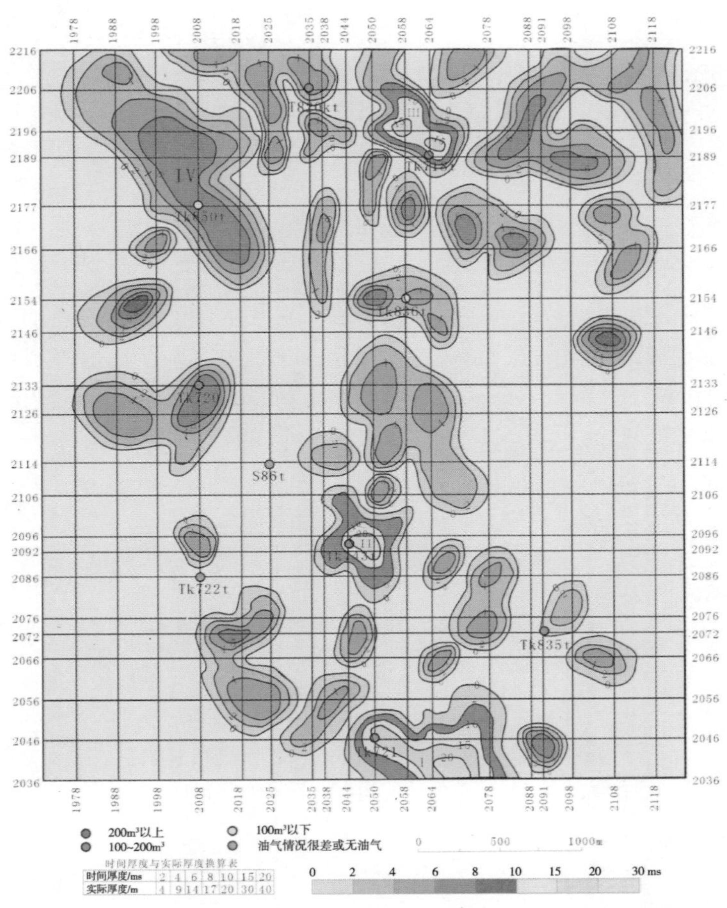

图 2-47　塔河 8 区 W86-MK718 井区 M74 下 60～120 m 低波阻抗体厚度图

表 2-13　塔河 8 区 W86-MK718 井区 M74 下 60～120 m 主要缝洞单元统计表

缝洞单元编号	位于单元内的钻井	缝洞单元最大长度(SN)/km	缝洞单元最大宽度(EW)/km	缝洞单元最大高度/m	缝洞单元水平投影面积/km^2	缝洞单元体积/($\times10^4$ m^3)
Ⅰ	MK721	0.58	1.0	40	0.44	315.6
Ⅱ	MK743t	0.75	0.55	40	0.26	143.8
Ⅲ	MK718t	0.86	0.63	30	0.3	234.3
Ⅳ	MK850t	1.75	1.0	14	0.91	178.1

必须指出，用地震波阻抗资料预测的缝洞单元与开发意义上的缝洞单元有所不同，前者反映了缝洞体的主要发育部位、范围和空间形态展布等情况，由于地震波阻抗资料分辨能力所限，目前尚不能将缝洞单元之间一些很小规模的通道识别出来，特别是小断裂或裂缝通道。因此，用地震资料预测出的各缝洞单元的连通性还需要进一步用井间干扰等技术加以判别。

第 3 章　缝洞体流体分布规律

3.1　井剖面流体识别

3.1.1　泥浆侵入影响分析及流体识别原理

1. 不同储层介质的泥浆侵入结构

利用电阻率测井资料进行油水识别时，主要基于侵入结构原理：在泥浆侵入带，短源距的测井电阻率主要反映侵入带电阻率，长源距的测井电阻率可能测得原状地层电阻率。通过长、短原距电阻率对比，分析侵入结构，判断地层所含流体情况。一般情况下，减阻侵入，表示侵入带电阻率小于原状地层，显示正差异，分析为含油层；增阻侵入，表示侵入带电阻率大于原状地层(地层水矿化度大于泥浆滤液)，分析地层为水层。

当然上述分析的前提是，在测井探测范围内出现侵入结构的变化。但泥浆侵入带的范围增大，长短原距的电阻率测井测得的电阻率均属于同一泥浆侵入带范围内的信息，上述的差异就减弱或消失了，识别地层中流体的理论基础也就不存在。

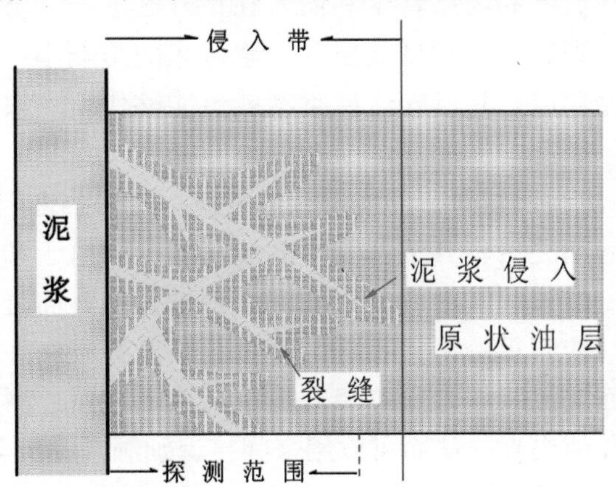

图 3-1　裂缝性储层泥浆侵入结构示意图

通常的裂缝储层，由于钻井时泥浆沿裂缝侵入深，如果泥浆侵入裂缝的范围大于探测范围，在利用电阻率进行流体识别时，基于的原理是在裂缝性层总体上电阻率降低的背景下，由于储层基质内孔隙存在油气，而在电阻率曲线上区别于同类水层(图 3-1)。

塔河奥陶系油藏属于缝洞型油藏。一般来说，对洞穴型碳酸岩盐储层，泥浆已经不仅仅是像砂泥岩储集层那样只是泥浆滤液孔隙喉道的渗入，而是在钻井过程中如钻遇未完全充填洞穴，泥浆会直接流入到洞穴中，表现为泥浆大量漏失，钻具放空等现象。

对于未、半充填洞穴型储层被钻开后，大量的泥浆及泥浆滤液涌入其中(图 3-2)，如果泥浆侵入范围大于探测范围，溶洞部分探测到的信息主要泥浆信息，无法区分油水。当然，如果泥浆侵入范围小于探测范围，测井信息能够反映原状地层，识别洞中的流体也就不是问题了。对于前种情况，如果在溶蚀大洞形成的过程中，拌生有小的溶蚀孔洞，而泥浆侵入也未影响到这些孔洞，其包含了原状地层的流体信息，因此，可以借助洞顶、底部可能存在的溶蚀孔中流体的测井信息来指示大的溶洞原始的流体状态。因此，本书提出了洞顶、底的测井流体信息识别洞内流体的方法。

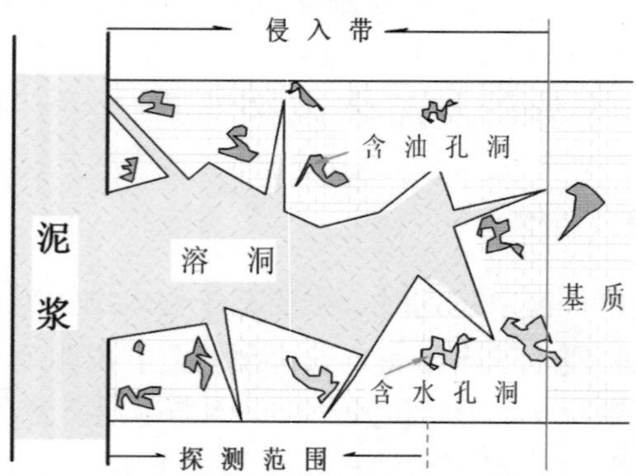

图 3-2 未充填洞穴型储层泥浆侵入结构示意图

一个比较大的且发育较好的洞穴，其上下必定伴生发育有裂缝和小的溶蚀孔洞，也就是说对于一段测井解释中的Ⅰ-A 类储层，其上下必定各发育一段Ⅰ-B 类储层，而这段裂缝—孔洞型储层中所含流体的类型肯定和洞穴在钻开之前所含流体类型是一致的，且相对于洞穴型储层而言，裂缝—孔洞型储层受泥浆侵入的影响小；尤其是一个洞穴上部伴生发育的裂缝—孔洞型储层，其所含流体类型就更能够代表洞穴中所含原状流体的类型。

(1)如果是一个纯的油洞，其上下伴生发育的裂缝—孔洞中肯定也是含油，钻开后由于泥浆的流入，一定的时间之后，其下部发育的裂缝—孔洞由于和洞穴是连通的，在重力作用下，其中的流体可能被洞穴中的泥浆或泥浆滤液替换，而且测井仪器在经过洞穴时可能由于油污等原因，使测得的洞穴下部裂缝—孔洞发育段测井值失真；而其上部的裂缝—孔洞储层，一方面受泥浆侵入影响相对更小，另一方面，测井仪器也不会因为洞穴中油污等作用导致测井值失真，从而可以用来间接识别洞穴中所含原状流体的类型。

(2)如果是一个油水洞，因为重力的分异作用，油肯定是在洞的上部，而水在下部，所以洞上部发育的裂缝—孔洞型储层中也应该是含油的，因此，可以通过判断该段裂缝—孔洞型储层中所含的流体类型来进一步确定洞中是否含油。

因此，如果在钻井过程中钻遇洞穴层，我们就可以先近似算出泥浆的侵入半径，然后对比该侵入半径与测井仪器的探测深度，如果大于仪器的探测半径，即通过测井信息无法判断洞穴中的流体类型，此时我们就可以通过上述方法来判断洞穴层上下发育的裂缝—孔洞型储集层段中所含流体的类型，进而判断洞穴层在钻开之前所含流体的类型。

2. 泥浆侵入深度的估计

由于我们的常规测井方法测的是井筒附近地层的骨架及流体性质，而在测井仪器探测范围内，洞穴空间可能全被泥浆所占据，欲从洞穴段测井所得的数据中提取出原状地层的流体信息，就变得难以实现。这时就必须要分析每一种常规测井方法，尤其是深侧向电阻率测井值是否能反映出原状地层的属性，也就是其探测深度是否大于泥浆的侵入深度。

在一个洞穴的周围必定发育有很多的裂缝，这些裂缝又连通着其他不直接与井相连的洞穴，裂缝与洞穴的发育是不能绝对分开的，所以通过裂缝的沟通，一个与井连通的大洞穴周围的小洞穴或仅比基质孔隙大的极小洞穴也可能有泥浆的进入，但那些相对远井带发育的中小洞穴中基本还保持地层被钻开之前的原始流体特性。于是我们可以按泥浆是否进入(取决于洞的大小、距井的距离及侵入时间的长短)将洞穴分成 3 个等级(图 3-3)，泥浆不能够进入的距井远的极小和小洞穴，距井较远但经过一定的时间泥浆可以进入的中等大小的洞穴，及钻井遇到的泥浆可以直接流入的大型洞穴。这 3 个等级的洞穴中所充填的流体类型也有区别，泥浆不能够进入的距井远的极小和小洞穴中充填的是原始状态的油和地层水；距井较远但经过一定的时间泥浆可以进入的中等大小的洞穴中充填的流体有原始状态的油或地层水，也有侵入的泥浆和泥浆滤液；而对于井遇到的大型洞穴，其中只有泥浆充填，原始状态存在的油或水已基本全为泥浆及泥浆滤液所替换。

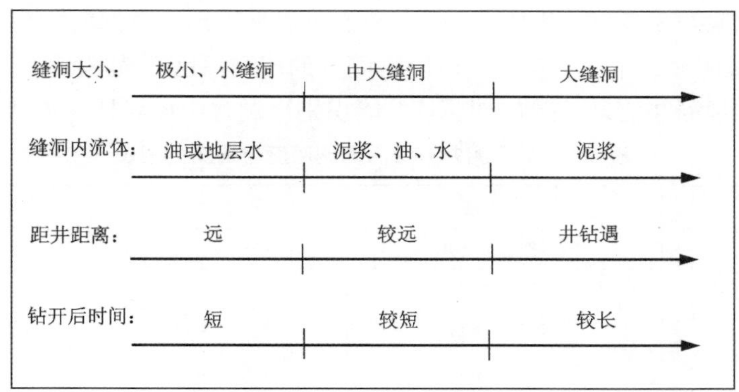

图 3-3　洞穴分级和含泥浆与否示意图

通常此时我们就需要用常规测井资料来估算缝洞的径向延伸度，进而确定测井识别的有效性。用到的常规测井资料主要是双侧向曲线，由于浅侧向的探测深度为 30～50 cm，而深侧向的探测深度大约为 110～250 cm。当电阻率探头探测到电阻率的降低时，就可以说该缝洞系统延伸到了某个深度。因此，当径向延伸度为小于 0.5m 的缝洞时，深浅双侧向均反映基岩的高电阻率，而且电阻率差异不大，其比值一般小于 1.5；当径向延伸度为 0.5～2m 时，浅侧向受侵入带影响，电阻率明显降低，而深侧向受基岩影响较大，电阻率降低不明显或基本无降低，所以深浅双侧向幅度差较大，其比值一般为 1.5～2；当径向延伸度为大于 2.5m 的有效缝洞系统时，深浅双侧向均受泥浆侵入影响，电阻率都有较大幅度的降低，但深浅双侧向幅度差减小，其比值小于 1.5。

同样分析一口井在洞穴型储集层段测井仪器的探测深度是否大于泥浆的侵入深度，也就是要能近似的确定出泥浆的侵入深度，我们也可以利用一种理想的方法获取。假设洞穴是一个理想的圆柱体(图 3-4)，则当一口井钻遇该洞穴时，泥浆的漏失量就近似等于该圆柱体洞穴的体积 V。

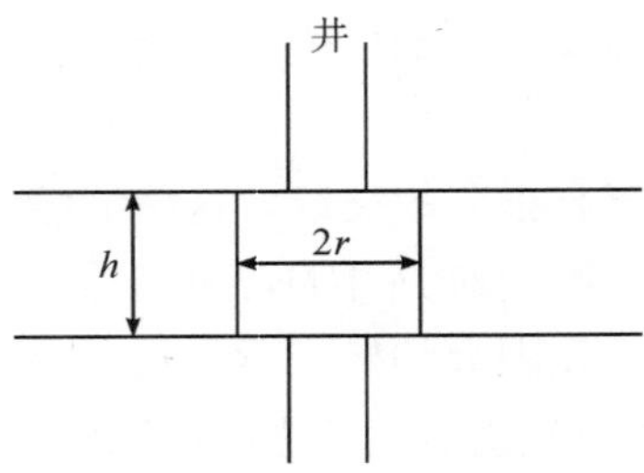

图 3-4　单井钻遇洞穴理想形态示意图

由于 $V=\pi r^2 \cdot h$，而洞穴的高度通过常规测井曲线异常井段的长度可以近似的确定，进而就可以反推该洞穴的泥浆侵入半径 r，得到该泥浆侵入半径 r 就可以近似地看成是泥浆的侵入深度，用这个 r 与使用的不同测井系列的探测深度 R 相比较(表 3-1)，在塔河油田每口井都使用的且探测深度最深的测井系列是双侧向电阻率测井中的深侧向测井。

(1)如果 $R>r$，则可认为这口井常规测井(深侧向电阻率)所反映的是原状地层的信息。

例如，W65 井 5584.5～5588 m 发育一个高约 3.5 m 的部分充填洞穴，钻井钻遇该洞穴时共漏失泥浆约 33 m^3，根据 $V=\pi r^2 h$ 我们可以反推出这个洞穴的泥浆侵入半径 r 近似为 170 cm，很明显这个 r 在深侧向电阻率测井的探测深度 R 范围内。因此，我们就认为这口井利用常规测井信息(深侧向电阻率)能识别出洞穴中原状地层流体的性质。

表 3-1　不同测井方法的探测深度与探测范围表

系列	测井方法	探测深度/cm	探测范围
岩性孔隙度测井	自然伽马测井	15	冲洗带
	补偿密度测井	10	冲洗带
	岩性密度测井	5	冲洗带
	补偿中子测井	25	冲洗带
	井壁中子测井	18	冲洗带
	中子寿命测井	35～50	侵入带
	补偿声波测井	1～3	冲洗带
电阻率测井	深侧向电阻率测井	150～250	原状地层
	浅侧向电阻率测井	30～50	侵入带
	深感应测井	170～300	原状地层
	中感应测井	80	侵入带
	微电极测井	2.5～10	冲洗带
	微侧向测井	2.5～10	冲洗带
	邻近侧向测井	2.5～10	冲洗带
	微球形聚焦测井	2.5～10	冲洗带

(2)如果 $R<r$，只能说测井所反映的可能不是原状地层的信息，但不能确定。这是因为 r 的求取是一种理想的状态，而真实漏失的泥浆量不仅仅就是所钻遇的这个洞穴的体积大小，与该洞穴相伴生发育的裂缝和通过裂缝进一步连通的其他洞穴都可能有泥浆的流入(图 3-5)，所以所漏失的泥浆的体积实际是大于井钻遇洞穴的体积 V 的。因此，利用上述方法所求取的洞穴半径 r 实际是一个极大值，所以即使是深侧向测井的探测半径 R 小于这个理论计算的 r，到实际情况中却又有可能是大于实际洞穴半径的，因此就不能肯定地说在 $R<r$ 时，测井信息不能反映原状地层流体的信息。

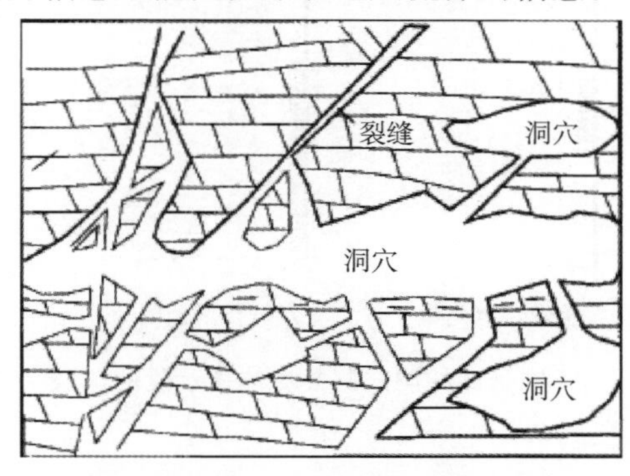

图 3-5　缝洞型碳酸盐岩油藏裂缝溶洞模式

例如，MK476 井 5529.5～5534.5 m 发育一个高约 5 m 的部分充填洞穴，钻井钻遇该洞穴时共漏失泥浆约 273 m^3，根据 $V=\pi r^2 \cdot h$ 我们可以反推出这个洞穴的泥浆侵入半径 r 近似为 417 cm，很明显这个 r 远大于深侧向电阻率测井的探测范围 R。此时，我们就不能明确确定这口井的常规测井信息(深侧向电阻率)反映的是洞穴中原状流体的性质还是侵入泥浆的性质。

对于 $R<r$ 的情况，因为我们不能确定测井所获得的信息是否能代表原状地层的信息，也就是通过测井信息我们不能明确识别出洞穴中流体的性质，所以此时就应该通过间接的手段来判断洞穴中原来的流体类型。

3.1.2　不同充填类型的溶洞层内流体识别方法

根据洞穴充填物类型和充填程度，按不同的分类，分析洞穴流体测井指示段的选择。所谓洞穴测井流体识别指示段是：在洞穴段内或其临近上下的某一层段，通过对这样的地层段中的流体性质的测井识别，来反映整个洞穴体的含流体情况。这样的层段定义为洞穴测井流体识别指示段(图 3-6)。

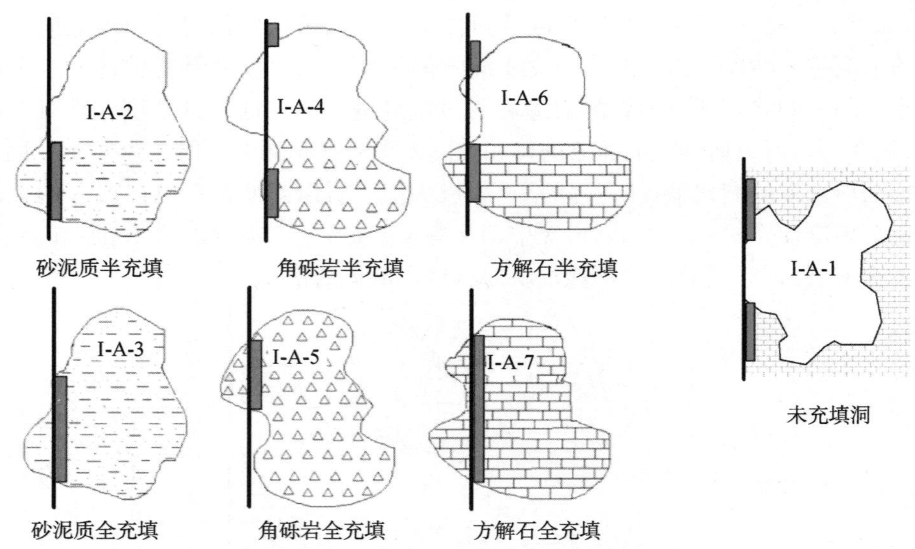

图 3-6　不同类型的洞穴测井流体指示段的选取示意图

1. 砂泥质充填的溶洞

不论是半充填或全充填，对这类洞穴所含流体识别的测井指示段，都应该考虑充填层段。当充填层段为物性较差的砂泥岩时，如果在油气集聚时，孔隙中积聚的油量少，考虑洞穴充填横向的变化，即使在测井判断时地层含少量的油，也指示洞穴是含油的。

2. 角砾岩充填的溶洞

该类洞穴，当角砾间存在孔洞时，泥浆侵入又未完全替换原油或侵入带深度有限时，充填段是测井流体指示段。同样即使含少量的油，可以指示洞穴含油。当角砾堆积、胶结致密时，测井流体识别不能指示正确的流体信息。如果充填是非均一的，可能“漏掉”油层。这时，如果为半充填洞，也可以选择洞顶作为流体信息指示段。

3. 方解石充填的溶洞

该类全充填洞穴一般来讲无储集意义，因此，可以进行正常的识别。对于半充填的洞穴，可以选用洞顶作为流体信息指示段。

4. 未充填的溶洞

该类洞穴，只有通过选择洞顶、底作为指示段来识别洞内的流体。

3.1.3　不同类型储层流体测井响应特征

1. 裂缝型与孔隙—裂缝型储层流体测井响应特征

塔河地区孔隙—裂缝型储层在该区发育较少，并且其测井响应特征与裂缝型储层测井响应特征比较相似。由于该区极为复杂的油水关系，这里就将裂缝型储层与孔隙—裂缝型储层的油层、水层、干层的测井响应特征综合起来考虑。

1)典型干层响应特征

图 3-7 为典型井 MK722 井中 O_2yj 组裂缝型、孔隙—裂缝型储层的干层测井曲线特征，3 个储层段的深浅侧向值在 200～3000 Ω · m、正差异，三孔隙度测井曲线较平直，无明显变化特征。在 5703.0～5728.0 m 井段录井揭示为灰色生物屑微晶灰岩，荧光干照暗黄色，钻时 24↓12 min/m，录井解释为油斑。对该井 5695.0～5760.0 m 裸眼井段进行射孔酸压，排液后油压降为零，结论为干层。

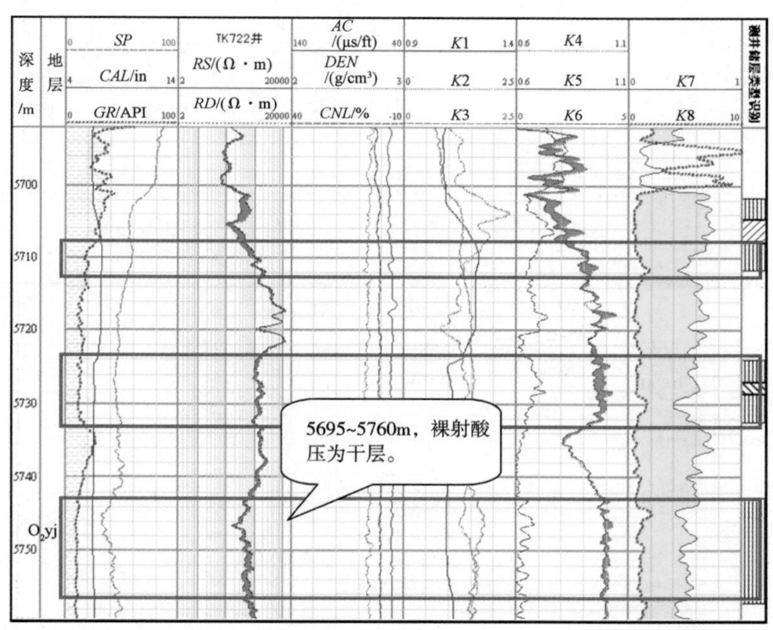

图 3-7　MK722 井裂缝型储层干层测井曲线特征

2)典型水层响应特征

典型井 MK836 井 O_1y 组顶部裂缝型储层的水层测井曲线特征如图 3-8。5836～5878 m储层段的深浅侧向值为 30～600 Ω · m，三孔隙度测井曲线较平直，无明显变化。钻时 25～31 min/m，2005 年 1 月 24 日对 O_1y 组顶部 5807～5860 m 酸压施工，结论为水层。

3)典型油层响应特征

典型井 M814(K)井 O_2yj 组上部裂缝型储层的油层测井曲线特征如图 3-9，从图中可看出两个主要的裂缝层段 5627.1～5639.5 m、5651.6～5666.9 m 的深浅侧向测井值在 200～1200 Ω · m，三孔隙度测井曲线较平直，无明显变化。钻井岩屑为黄灰色粒屑泥晶灰岩，钻时 27～43 min/m，录井解释为油斑或气测异常。2004 年 4 月 19 日对 5574.35～5670.0 m 裸眼井段进行射孔酸压，射孔段 5627～5631 m、5653～5657 m。用4～6 mm油嘴，油压 11.5～11.6 MPa，产油 134.0 m^3/d，产气 13050 m^3/d。酸压试油结论为“油层”。

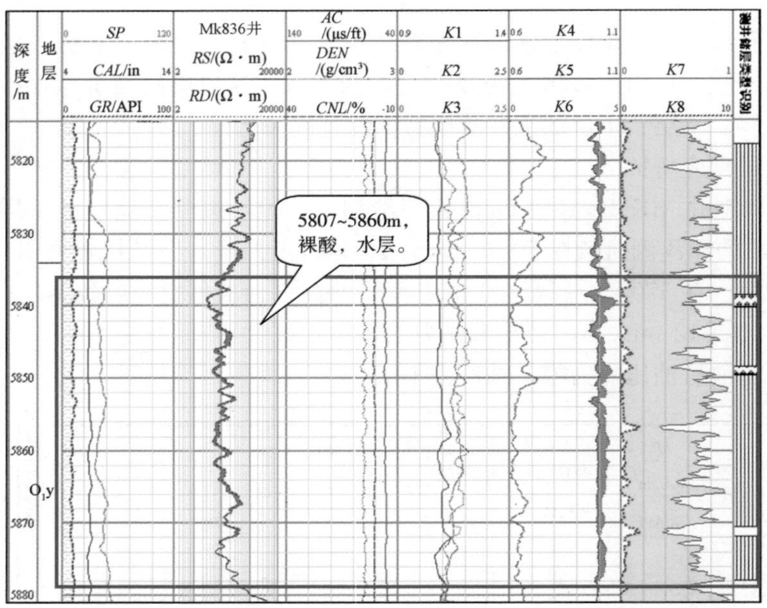

图 3-8　MK836 裂缝型储层水层(蓝色框内)测井曲线特征

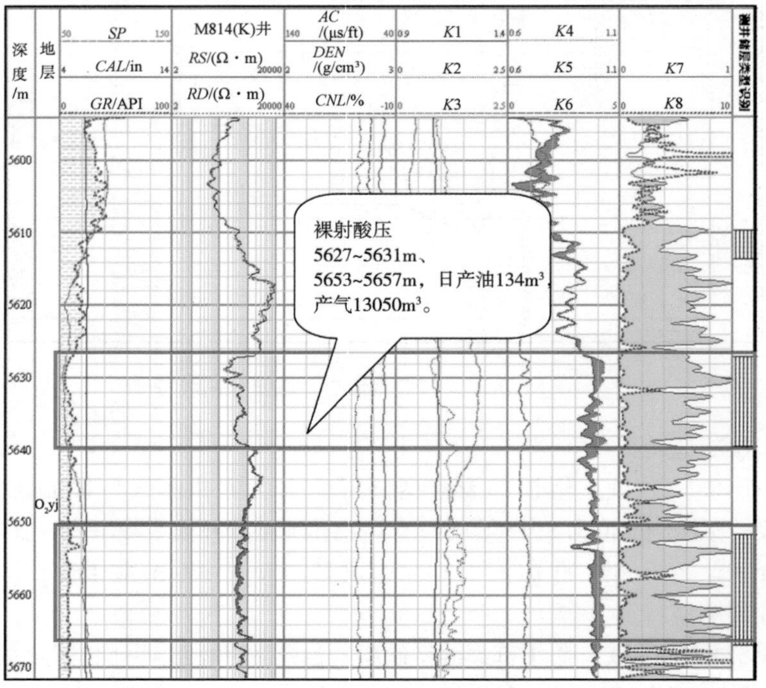

图 3-9　M814(K)裂缝型储层油层(红色框内)测井曲线特征

根据本区各井裂缝型、孔隙—裂缝型储层试油层段测井曲线特征，总结出裂缝型、孔隙—裂缝型储层油水层测井响应特征表(表 3-2)。

表 3-2　塔河油田 8 区裂缝型、孔隙—裂缝型储层油水层测井响应特征

测井参数	油层	水层	油水同层	干层
深浅侧向测井 (*RD*、*RS*)/(Ω·m)	会降低，相对于水层值要高一些，一般为 150～2000 Ω·m	电阻率值降低，锯齿状变化的反弓形，几乎重合的正幅度差，比油层值低，一般为 10～1000 Ω·m	电阻率值 40～1000 Ω·m，锯齿状，相继出现重合、正差异、负差异	Rs：300～2000 Ω·m，变化锯齿状；Rd：300～1500 Ω·m，锯齿，幅度为 20 Ω·m 的正差异
声波时差 *AC*(μs/ft)	声波值为 49～54 μs/ft	声波值为 49～53 μs/ft	49～52 μs/ft 曲线平直，接近骨架值	声波值在 49～52 μs/ft 左右，大部分在 50
中子孔隙度 Φ_N/%	一般为 0～3	一般为 0～2	曲线平直，0～2	一般为 0～2，$\Phi_N \approx 1$，呈直线状
地层密度 *DEN*/(g/cm^3)	为 2.64～2.71 g/cm^3	为 2.65～2.72 g/cm^3，三孔隙度曲线较平缓	为 2.68～2.71，接近骨架值，集中在 2.70	为 2.65～2.71 g/cm^3
自然伽马 *GR*/API	范围在 6～20，一般不超过 15API	自然伽马值一般在 0～30API	数值在 0～20API，一般小于 15API	一般不超过 15API，大致在 10API 左右，部分超过 20

2. 洞穴型储层流体测井响应特征

塔河地区洞穴型储层在一间房组和鹰山组均有发育且洞穴层较厚，部分洞穴段测井曲线严重失真，因此，对于测井曲线严重失真的洞穴层段主要使用洞顶的测井数据来分析油、水、干层的测井响应特征。

1)典型干层响应特征

典型井 MK846 井洞穴型储层的干层测井曲线特征如图 3-10，在 O_2yj 上部 5590～5597 m井段的深浅侧向电阻率值为 2～500 Ω·m、正差异，自然伽马值较高，约为 15～30API，三孔隙度测井曲线有明显异常：声波时差明显增大(55→145 μs/ft)、中子孔隙度变大(2.5%→40%)，地层密度值明显减小(2.7→2.0 g/cm^3)。钻至 5591.5～5593.3 m、5595.73～5597.5 m 井段出现钻具放空和漏失大量泥浆。2005 年 3 月 24～28 日对 5518.0～5606.09 m 进行原钻具测试，3 月 25 日产液 204 m^3下降至 27 日的 66 m^3，含水很高，在 96%以上，2005 年 5 月 3～19 日对 5518.0～5835.0 m 进行完井作业。2005 年 7 月 13～20 日转电泵机抽，泵挂 2400 m，日产油 1.4～4.9 m^3(目前日产油 0.2 m^3，日产水 0.2 m^3)。

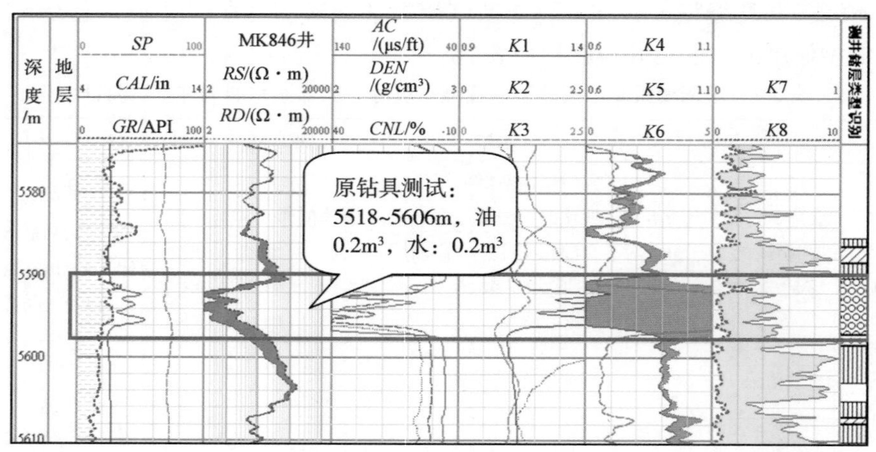

图 3-10　MK846 洞穴型储层干层测井曲线特征

2)典型水层响应特征

典型井 M808(K)井洞穴型储层的水层测井曲线特征如图 3-11。在 O_1y 顶部 5686.5～5694.1 m 井段的深侧向 *RD* 值在 7～410 Ω·m，深浅侧向有较大的正差异，自然伽马值低(9～15API)，三孔隙度测井曲线均有明显的异常：声波时差增大(51→136 μs/ft)、中子孔隙度变大(2%→50%)，地层密度值明显变小(2.67→2.0 g/cm³)。该井钻至井段 5690.0～5694.4 m 放空，漏失 1.12 g/cm³的泥浆 110 m³，清水 65.5 m³。2003 年 11 月 26 日对 5519.64～5707.86 m 井段测试结果为水层。2003 年 11 月 28～29 日对 5519.64～5796.64 m 井段进行了第二次原钻具求产测试作业，测试结果为水层。

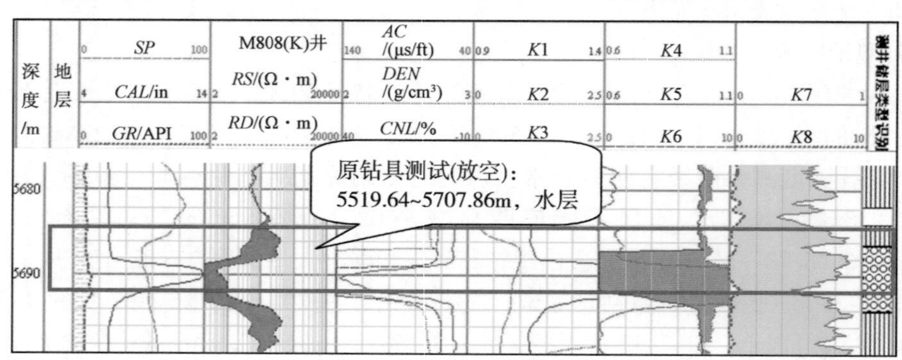

图 3-11　M808(K)洞穴型储层水层测井曲线特征

3)典型油层响应特征

典型井 M705 井 O_2yj 洞穴型储层油层测井曲线特征如图 3-12。上部洞穴段 5819.1～5823.4 m 深浅侧向值在 10～50 Ω·m、有一定的正差异，声波 50～94 μs/ft、中子 0.5～3.9、密度 2.45～2.68 g/cm³；而下部洞穴段(5837.3～5850 m)深浅侧向测井值已达上万 Ω·m，可能是测井仪器探头受原油污染所致，自然伽马值低(7～12API)，三孔隙度测井曲线有明显的异常：声波时差与中子孔隙度均达极高，地层密度值为 1.8 g/cm³

以下。该井钻至井深 5820.38 m，发生井漏。钻时 36↓18↓13 min/m，钻至 5841.0 m 开始放空，至 5846.54 m，泥浆有进无出，强钻至 5787.0 m 完钻，累计漏失泥浆 1219.5 m^3。开始完井测井时发生井喷，原油喷达二层平台。当钻至井深 5657.0 m，对井段 5627.25～5657.0 m 中测，地层液体未流到地面。钻至井深 5825.5 m，对井段 5627.25～5825.5 m 中测，5 mm 油嘴折算油 181.44 m^3/d，气 1856 m^3/d。完井测试 5750～5878.0 m，5 mm 油嘴产油 120 m^3/d，气 1300 m^3/d。原油密度 0.9842 g/cm^3。

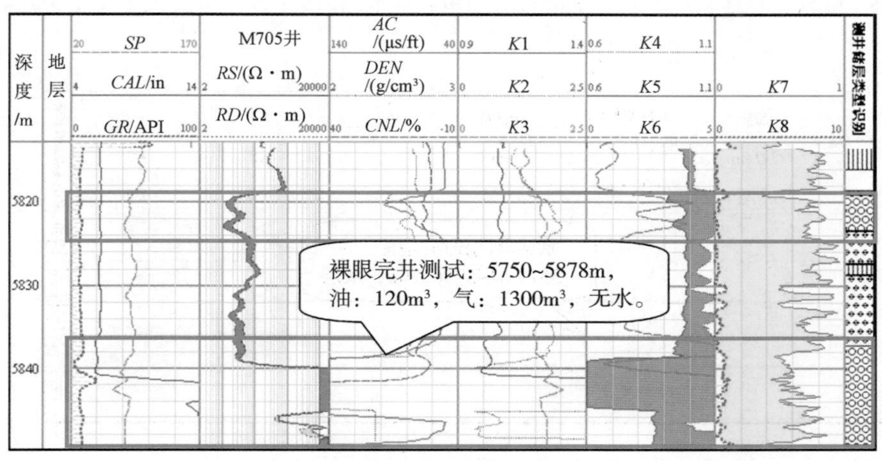

图 3-12 M705 洞穴型储层油层测井曲线特征

总体来看，本区洞穴层段测井曲线失真较严重、异常值较多、规律性较差。

通过洞顶段测井曲线响应特征分析，将洞穴型储层的油层、水层和干层测井曲线响应特征总结为表 3-3。

表 3-3 塔河油田 8 区洞穴型储层流体测井响应特征

测井参数	油 层	水 层	干 层
深浅侧向 *RD*、*RS*/(Ω·m)	电阻率值明显降低，甚至小到几个 Ω·m，为 5～500 Ω·m	电阻率明显降低，甚至小到几个 Ω·m，2～300 Ω·m	电阻率值明显降低，2～700 Ω·m
声波时差 *AC*/(μs/ft)	增大到 55～80 μs/ft，三孔隙度曲线值变化剧烈，大部分曲线失真	增大 53～140 μs/ft 左右，三孔隙度曲线值变化明显，大部分曲线失真	增大到 55 μs/ft 左右，三孔隙度曲线值变化剧烈，大部分曲线失真
中子孔隙度 Φ_N/%	变大，达到 0%～5%，大部分曲线失真	变大，达到 1%～60%，大部分曲线失真	没有明显增大，为 0%～3%，大部分曲线失真
地层密度 *DEN*/(g/cm^3)	有很大的减小，2～2.67 g/cm^3	有极大的减小，1.5～2.68 g/cm^3	有极大的减小，最小可达到 1.8 g/cm^3
自然伽马 *GR*/API	一般 *GR* 值不会很高，大约为 7～13API	一般 *GR* 不高，大约为 6～15API，往深减小	一般 *GR* 值不会很高，大约为 15～30API

3. 溶蚀孔洞型储层流体测井响应特征

塔河地区溶蚀孔洞型储层发育较广，其中鹰山组比一间房组发育更广些。本区内包含该类型储层的大部分井段均为大段裸酸试油，试油结果主要是油层和水层。

1)典型水层响应特征

典型井 M808(K)井 5575.7～5583.3 m 溶蚀孔洞型层段的水层测井曲线特征如图 3-13。该段深浅侧向测井值在 50～100 Ω·m、正差异，自然伽马为 10～20API，三孔隙度测井曲线有异常显示：声波时差增大(54～60 μs/ft)、中子孔隙度增大(2.8%～9%)，地层密度值减小(2.52～2.68 g/cm³)。录井为灰色泥微晶灰岩，荧光干照亮黄色，钻时 7～23 min/m。2003 年 11 月 26 日对 5519.64～5796.64 m 井段 DST 测试出水，2004 年 2 月 3 日酸压 5558.61～5610.0 m 为水层。

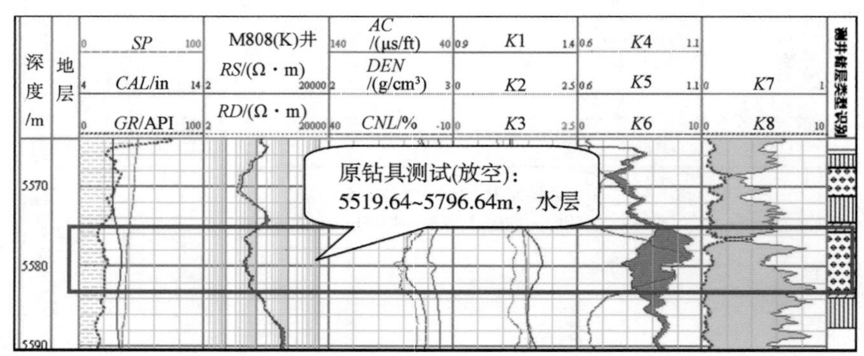

图 3-13　M808(K)井溶蚀孔洞型水层测井曲线特征

2)典型油层响应特征

典型井 M804X(K)溶蚀孔洞型油层测井曲线特征见图 3-14。深浅侧向测井值在 20～400 Ω·m、正差异，自然伽马为 10～18API，三孔隙度测井曲线均有明显变化：声波时差与中子孔隙度增大，地层密度值减小。M804X(K)井钻至 5770 m 开始泥浆漏失，累计漏失泥浆、油田水 2430 m³，录井为浅灰色油斑生物屑泥微晶灰岩，钻时 19↓6 min/m。2004 年 2 月 27～29 日，对 5597.0～5823.66 m 进行 DST 测试，6～10 mm 油嘴产油 20.6 m³/d，掺稀生产，产量稳定在 130 m³/d 左右，不含水，原油密度 1.0037 g/cm³。

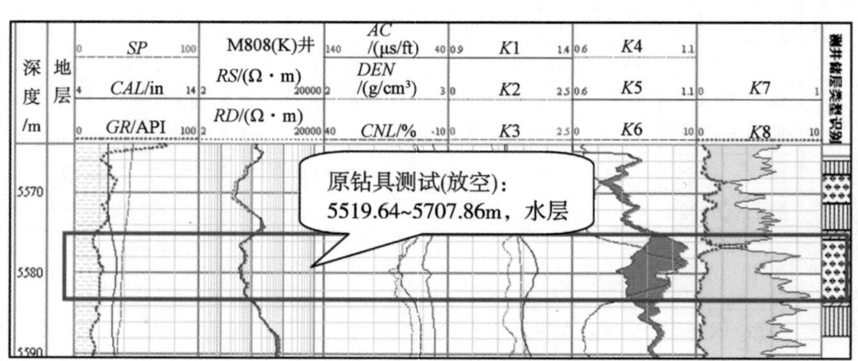

图 3-14　M804X(K)溶蚀孔洞型油层测井曲线特征

根据溶蚀孔洞型储层段试油结果，将该类型的油层、水层、干层测井响应特征总结如下(表 3-4)。

表 3-4　塔河油田 8 区溶蚀孔洞型储层油水层测井响应特征

测井参数	油　层	水　层	干　层
深浅侧向 RD、RS/(Ω·m)	电阻率值明显降低，20～500 Ω·m，出现较大正差异最大为80	电阻率值明显降低，10～100 Ω·m	电阻率值 20～600 Ω·m，表现为较小的正差异
声波时差 AC(μs/ft)	波时差值增大到 50～65 μs/ft，三孔隙度曲线值变化明显	声波时差值增大为 53～65 μs/ft，三孔隙度曲线值变化明显	声波时差值在 55～60 μs/ft，反弓形左右，三孔隙度曲线值变化明显
中子孔隙度 Φ_N/%	中子值为 1%～8%	中子值变大，达到 2%～10%	中子值为 2%～10%，曲线反弓形
地层密度 DEN/(g/cm^3)	密度值有极大的减小，集中为 2.5～2.7 g/cm^3	密度值有所减小，2.5～2.65 g/cm^3	密度值在 2.6～2.74 g/cm^3，曲线反弓形
自然伽马 GR/API	GR 不会很高，大约为 7～20API	GR 值不会很高，大约为 10～25API	一般 GR 值不高，为 25～40 API，大约都在 10API

不同储集层中的各种流体，它们的原始常规测井响应值不同，而且还具有相当大的多解性。对于溶洞型储集层，且其中含油层，则其测井曲线特征为：如果是未充填溶洞型储层，自然伽马 GR 值基本小于 30API；声波时差 AC 值大概为 45～65 μs/ft；密度值最小可达 1 g/cm^3，最大小于 3 g/cm^3；深侧向电阻率值分布在 1000 Ω·m 以下，大部分在 500 Ω·m 以下，最小只有几个 Ω·m，甚至小于 1 Ω·m；中子值在 30%以下的居多，最大可达到 100%左右。如果是部分充填溶洞型储层，其 GR 值基本大于 30API；声波时差 AC 的值大于 45 μs/ft，最大可达 80 μs/ft 左右；密度值为 2～3 g/cm^3；深测向电阻率值明显降低，极小值为 0～5 Ω·m；中子值较大，最大可达 20%～30%。

对于含油水溶洞型储层，自然伽马 GR 值不会很高，大概为 15～30 API，声波时差大于 50 μs/ft，最大能达到 120 μs/ft；密度值大概为 1～3 g/cm^3；中子测井值为 1%～30%，深侧向电阻率值降低，最小只有几 Ω·m，最大也就几百 Ω·m 左右。

如果是含水溶洞型储层，自然伽马 GR 值一般小于 15API，最大不超过 30API；声波时差一般大于 45 μs/ft，最大可达 150 μs/ft 以上(185 μs/ft)；密度值 DEN 为 1～3 g/cm^3；中子测井最小值可达 0.1%，最大值大甚至达到 100%左右，深侧向电阻率值一般为 10～300 Ω·m，最小有几个 Ω·m 的，大的也有超过 600 Ω·m 达 1000 Ω·m 的。

而对于裂缝—洞穴型储层，如果是含油层，自然伽马 GR 值一般在 30API 以内；声波时差测井值 AC 大概在 46 μs/ft 到 80 μs/ft 之间，个别数据会有差异；密度值总体在 2.4 g/cm^{3}到 2.75 g/cm^{3}之间；中子测井值一般为 0.5%～5%，峰值为 0.5%～3%；深侧向电阻率值从几十 Ω·m 甚至十几 Ω·m 到几千 Ω·m 都有，峰值处为 10～300 Ω·m。

如果在该类储层中充填的是油水，其自然伽马 GR 值一般处于 15～30API；声波时差 AC 的值为 48～55 μs/ft；密度测井值 DEN 为 2.55～2.72 g/cm^3；中子值 CNL 为 1.5%～5%；深侧向电阻率值 RD 较低，大概在 200 Ω·m 以内，最小可以只有十几或几 Ω·m。

如果是含水裂缝—洞穴型储层，则其自然伽马 GR 测井值基本大于 10 API，最大可以有几十 API；声波测井值 AC 为 45～73 μs/ft；密度测井值 DEN 大概为 2～2.78

g/cm^3；中子测井值 *CNL* 处为 0.1%～5%；深侧向电阻率测井值 *RD* 变化范围较大，最小可以只有几个欧米，而最大却又能达到几千欧米。

这种对不同储集类型所含不同流体测井响应特征的分析，是从最一般的角度做的分析，不代表所有同种类型的储层流体都符合上述特征，比如说水层的电阻率从理论上解释应该是较同种类型储层油层偏低，但在实际中也会出现异常高电阻率水层的情况，所以这种对流体特性的半定量半定性解释，只能作为储层流体性质识别的一种参考。

4. 裂缝—孔隙型储层流体测井响应特征

塔河油田地区裂缝—孔隙型储层主要位于一间房组中上部，分布较广，是本区流体的主要存储空间之一。

1)典型干层响应特征

典型井 MK821 裂缝—孔隙型干层测井曲线特征见图 3-15，O_2yj 上部 5700～5703 m 深浅侧向测井值在 180～600 Ω·m，自然伽马值较低(6～10API)；声波时差稍有增大(50→53 μs/ft)、补偿中子微增(1.7%→7.5%)，地层密度稍有减小(2.66→2.64 g/cm^3)。录井为灰色油斑泥晶砂屑灰岩，钻时：14.6↗26.9 min/m。2004 年 8 月 4 日～7 月 5 日对 5649.37～5730 m 裸眼射孔酸压，射孔段 5700～5704 m，排液后未建产，后交抽汲日产液<3 m^3。

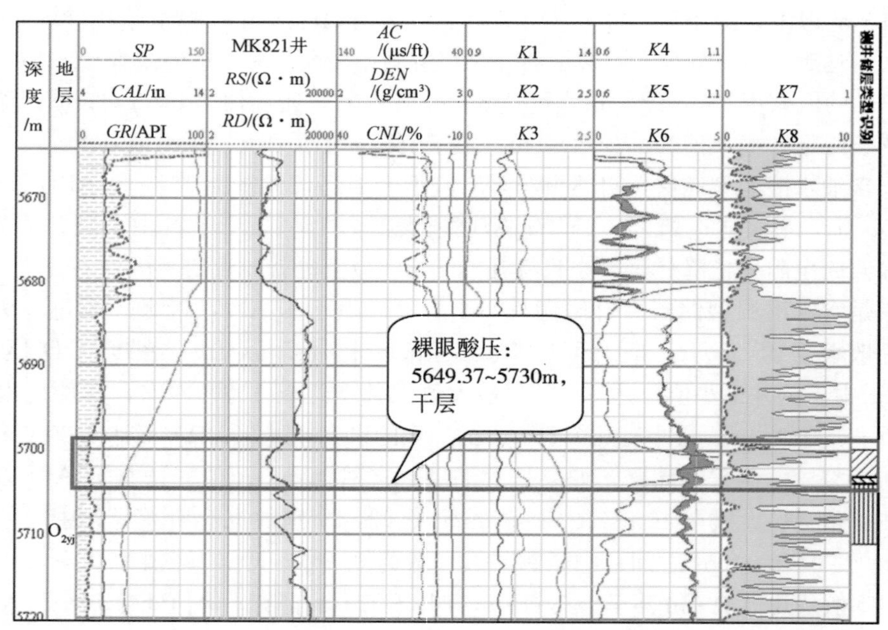

图 3-15　MK821 裂缝—孔隙型干层测井曲线特征

2)典型水层响应特征

典型井 MK818 裂缝—孔隙型水层测井曲线特征如图 3-16，O_2yj 顶部 5738.8～5745.7 m深浅侧向测井值在 77～220 Ω·m，自然伽马值较高(7～25API)；声波时差稍有变化(52.3～54.5 μs/ft)、补偿中子微增(1.5%～2%)，地层密度稍有减小(2.64～

2.67 g/cm³)。录井为黄灰色油迹亮晶砂屑灰岩，钻时从 22↘15 min/m。2004 年 8 月 16～31 日对裸眼段 5719.73～5770 m 酸压完井，累含油 3%，水层未建产。

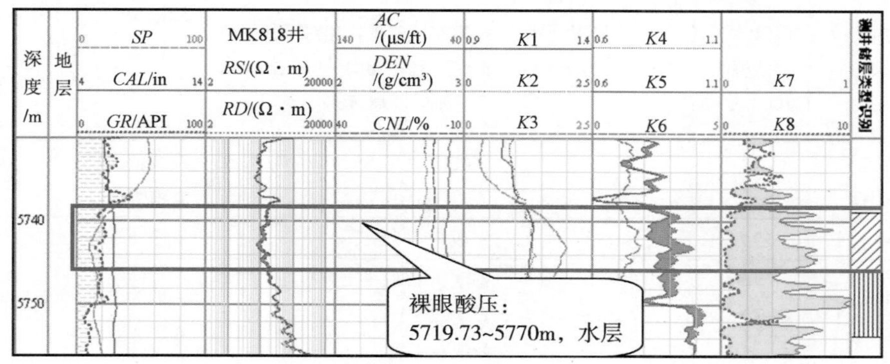

图 3-16　MK818 裂缝—孔隙型水层测井曲线特征

3)典型油层响应特征

典型井 W86 井裂缝—孔隙型储层油层的测井曲线特征如图 3-17。裂缝—孔隙段 5709.5～5713 m 深浅侧向值在 150～1000 Ω·m、正差异，声波 50～53 μs/ft、中子 1.5%～3%、密度 2.63～2.65 g/cm³；自然伽马值低(8.5～15API)。钻至 5700.5～5713 m 录井为亮晶砂屑生屑灰岩、亮晶生屑含砂屑灰岩，钻时 15～144 min/m，录井解释为油迹～油斑、荧光。2001 年 11 月 8 日对该井 5700.5～5713 m 进行套管射孔酸压，排液后用 6 mm 油嘴产油 360 m³/d，气 15000 m³/d，原油密度为 0.8497 g/cm³。

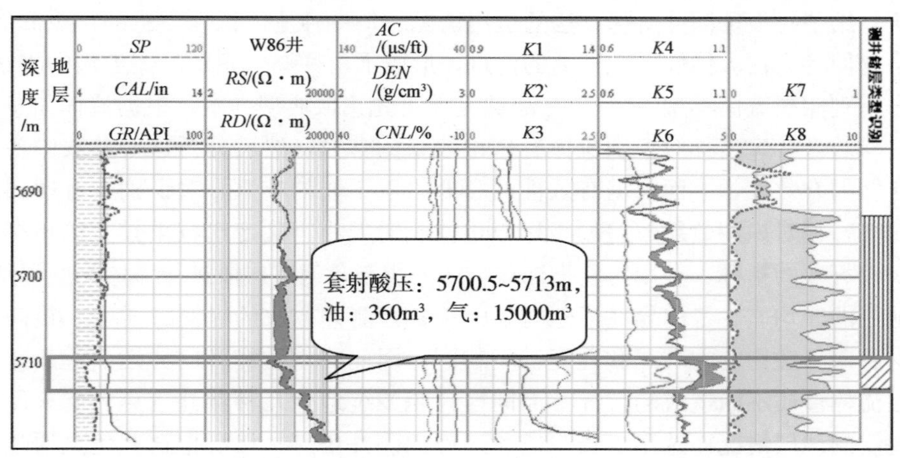

图 3-17　W86 井裂缝—孔隙型油层测井曲线特征

根据各井试油段测井响应特征，将裂缝孔隙型储层内油层、水层、干层测井响应特征总结为表 3-5 中。

表 3-5　塔河油田 8 区裂缝—孔隙型储层油水干层测井响应特征

测井参数	油层	水层	干层
深浅侧向 (*RD*、*RS*) /(Ω·m)	电阻率值会降低，相对于水层值要高一些，一般为 100～1000 Ω·m	电阻率值降低，相对于油层值低，一般在 10～400 Ω·m，反弓形，正幅度差	*RS*：100～1000 Ω·m，变化锯齿状；*RD*：100～1500 Ω·m，锯齿，幅度为 200 的正差异
声波时差 *AC*(μs/ft)	声波值为 49～56 μs/ft	声波值为 51～55 μs/ft，大致为 52 μs/ft	声波值为 50～53 μs/ft，稍有增大
中子 *CNL*/%	一般为－1%～5%	一般为 0%～5%	一般在 1%～5%
地层密度 *DEN*/(g/cm^3)	密度为 2.61～2.7 g/cm^3	密度为 2.64～2.7 g/cm^3，大致为 2.65 g/cm^3，三孔隙度曲线较平缓	一般为 2.66～2.698 g/cm^3，几乎成直线
自然伽马 *GR*/API	一般小于 15 API，为 6～20 API，放射性铀值有略微增大现象	自然伽马值 7～22 API，一般等于 20 API	直线状变化，为 4～10 API，值比较低

5. 综合方法识别储层流体性质

通过 3.1.3 节的分析可知，不管是交会图法、正态分布 $P^{1/2}$ 法还是相对含水百分比分析法，它们各自对该地区流体的识别效果都很差，甚至没有效果。因此，通过分析、总结前人在流体识别方面的经验和方法，加以总结和深入研究，本书发展了一套适合于该区块勘探开发阶段的、从理论和实践上都有不少创新的储层流体类型识别方法。这种方法分析总结了每一种测井解释方法的适用情况、每一种流体识别方法的优点和有效性，然后综合它们各自在流体性质识别上的优点，形成了一种综合识别流体类型的方法："多参数综合识别储层流体类型法"，方法思路是：首先选取典型样本，根据流体信息指示段确定测井参数，计算多种对识别流体有理论效果的参数，然后分析这些参数中各单指标对识别流体的有效性，进而根据有效性的高低给以不同的权重，对识别越有效的指标则权重就越大，相对识别效果较差的指标权重就相对较小。确定出权重较大的指标，也就是对识别较有效的指标，利用这些指标对全区内所有含流体层段进行流体类型识别。

当地层的非均质、各向异性强烈时，由于各种测井方法的纵向分辨率、径向探测深度受地层各向异性影响的方式和程度都不相同，因此非均质和各向异性引起的差异可能超过地层流体性质不同造成的差异。而同样只是笼统地把几种测井信息合起来倒不如针对某种特定的地层情况而选用少数与之相适应的测井信息，然后把这些信息通过一定的关系组合起来，这样在识别油、水层时效果将会更好。本次塔河 4、6 区的流体性质测井识别研究中，采用了"两步法"识别流体：①仔细研究各种储层类型特征，然后在不同类型的储集层段中挑选出具有代表性的流体信息指示层段，建立储层识别的数学模型，以此完成储集类型的识别；②在储层识别的基础上，通过试油、生产测井等结果确定产液性质的层段，然后选择具有代表性的层段，利用不同的数学方法建立储层识别的数学模型。最终完成储集层段的流体性质的测井识别。

由于影响判别流体性质的因素很多，包括储层类型、储层空间大小、泥浆侵入程度、电阻率及其深浅幅度差、饱和度等，单一的依靠某一参数来实现对流体性质的判别会出现误判或可靠性降低。如果综合考虑各种因素，建立起评价因素集合采用多元判别的准则定性的对油层、油水层、水层进行划分，效果会好些。

通过分析，提出了用含油饱和度指标 $TS1$、视孔道弯曲度对数指标 $TS2$、储层产出率指标 $TS3$、可动油指标 $TS4$、相对含水百分比指标 $TS5$、视地层水电阻率指标 Rwa、电阻率侵入校正差比法 XI 和流体识别参数 FTI8 个参数对流体性质进行识别。

1)含油饱和度指标 $TS1$

对于大孔洞和大的裂缝由于泥浆的侵入可能使得计算的饱和度参数无效，但理论上我们还是可以认为这个饱和度参数仍能够在一定程度上反映出流体的性质，判别流体类型，所以定义含油饱和度指标 $TS1$ 为：

$$TS1=1-S_w \tag{3-1}$$

$$S_w= \left[a\times R_w/ (RD\times \Phi^m\right]^{1/n} \tag{3-2}$$

式中，a 为岩性系数；m 为孔隙度指数；n 为饱和度指数；R_w 为地层水电阻率；RD 为深侧向电阻率测井值；Φ 为地层总孔隙度。

计算中分别取 $a=3$，$m=1.34$，$n=3.63$，$R_w=0.01\ \Omega\cdot m$(参见中石化新星石油公司西北石油局测井站李翎等，塔河油田奥陶系碳酸盐岩储层的测井解释)。如果是油层，则含油饱和度指标 $TS1$ 大概在 0.7 以上；如果是水层，则 $TS1$ 的值相对于油层要小，基本上小于 0.7。

2)视孔道弯曲度对数指标 $TS2$

理论上视孔道弯曲度能够反映地层的含油气情况，如果含油气则视孔道弯曲度会升高，所以定义视孔道弯曲度对数指标 $TS2$：

$$TS2=0.5(\log PORT\times(1-VSH)+\log RD+\log R_w) \tag{3-3}$$

含油层的视孔道弯曲度对数指标相对于水层的视孔道弯曲度对数指标有所升高，油层的 $TS2$ 基本都大于-0.6，而水层的 $TS2$ 则大部分都小于-0.6。

3)储层产出率指标 $TS3$

储层产出率 PRI 可以用来指示碳酸盐岩储层产出流体的性质，而且总是符合这样的一般规律：在油层 PRI 较小，水层较大，而油水层 PRI 值介于中间。根据实际情况设 PRI 极限值为 0.07，并定义储层产出率的指标如下：

$$TS3=(0.07-SWS\times\Phi_N)/0.07 \tag{3-4}$$

式中，SWS 为用声波测井计算的孔隙度结合阿尔奇公式计算的饱和度；Φ_N为中子密度测井计算的孔隙度。如果是油层，$TS3$ 的值基本为 0.7～1；如果是水层，则 $TS3$ 的值大概为 1～1.6。

4)可动油指标 $TS4$

Schlumberger 研究表明，当 $Hymov=S_w/S_{xo}$等于 1 时(有时大于 1)，无论地层中是否含有油气都表明在侵入的过程中没有可移动的油气，如果比值小于某一个值 C(根据地区情况而定)，就可以断定有可动油气的存在。

$$TS4=1-S_w/S_{xo} \tag{3-5}$$

$TS4$ 相对越接近 0 说明越无油气可动，即油为不可动油；$TS4$ 相对接近 1 则说明有可动油气，越接近 1，可动油气越多。

5)相对含水百分比指标 $TS5$

根据阿尔奇公式和深侧向电阻率值计算的地层含水孔隙度 Φ_W，和地层总孔隙度 Φ_T 重叠来判断油水。若 Φ_W 与 Φ_T 重合，则为水层，而 Φ_W 远远小于 Φ_T，则为油层。

$$TS5=\Phi_W/\Phi_T \tag{3-6}$$

$$\Phi_W=\sqrt[m]{\frac{aR_w}{R_D}} \tag{3-7}$$

式中，R_w 为地层水电阻率；a、m 为地层胶结指数；R_D 为实际地层电阻率；Φ_T 为地层总孔隙度；在计算中 a、m 的取值与 $TS1$ 计算中 a、m 的取值相同。

6)视地层水电阻率指标 R_{wa}

研究视地层水电阻率 R_{wa} 的变化规律的 $P^{1/2}$ 正态分布方法在一定程度上能够指示储层的含流体性质。若不同的油、水系统视地层水电阻率各自都服从正态分布的规律，那么在 $P^{1/2}$ 与累计频率交会图上将可以拟合出两条相交的直线。至此从累计频率图上就可以大致划分出油水层视地层水电阻率 R_{wa} 的界限值：即油层线与水层线交点处对应的 $P^{1/2}$ 值的平方。

$$R_{wa}=R_t\cdot\Phi^m \tag{3-8}$$

式中，R_t 为深探测电阻率值；Φ 为任一种孔隙度测井求得；m 为采用统计方法确定，本次计算取 $m=2$，该值在油层处相对要高，在水层处则较低。

7)电阻率侵入校正差比法 XI

该法全名叫深浅侧向电阻率差值与深浅侧向电阻率的比值法，主要是利用油和水在电阻率上的差异来区分油水层。

$$XI=(RD-RS)/RD=1-RS/RD \tag{3-9}$$

RD 与 RS 差异越大，XI 就越接近 1，反之 XI 接近 0；石英岩和白云岩的油层表现出低阻，低无铀伽马，高电阻率比值，高孔隙度，所以如果 XI 接近 1，说明 RD 和 RS 差异越大，可能是油层。

8)流体识别参数 FTI

油层的深浅侧向电阻率存在差异，但反过来讲电阻率有差异并一定都是油层。从流体类型影响因素分析的结果可知，深浅侧向电阻率存在差异、岩性较纯和孔隙度较为发育是油层的测井响应特征。因此，提出综合这三方面因素的流体识别参数 FTI：

$$FTI=1-(RS/RD)^{1/F} \tag{3-10}$$

$$F=1/POR^{MCA}$$

$$MCA=3^{THFA}$$

$$THFA=(KTH-GMIN)/(GMAX-GMIN) \tag{3-11}$$

式中，F 为地层因素；POR 为总孔隙度；MCA 为孔隙结构指数，与黏土含量有关；$THFA$ 为黏土含量；KTH 为无铀伽马测井值；$GMIN$ 为纯岩性无铀伽马测井值；$GMAX$ 为完全为黏土时的无铀伽马测井值。

首先，在岩性较纯的情况下。此时，黏土含量 $THFA=0$，则 $MCA=1$，这时地层因素 F 只与孔隙度有关。如果电阻率有差异，那么，孔隙度越大，$(RS/RD)^{1/F}$ 就越小，FTI 的值也就越大。如果电阻率差异小或没有差异，FTI 也接近于 0。

然后，在岩性不纯的情况下，黏土含量越高，则 $THFA$ 越接近于 1，从而 MCA 也就越接近于 3；如果电阻率差异小或没有差异，FTI 接近于 0；当深浅侧向电阻率有差异或差异很大时，由于孔隙度为小数，同时 $RS<RD$，则 $(RS/RD)^{1/F}$ 的值变大，使得 FTI 值变小。一般说来，FTI 趋近 0，可能为干层或水层；而如果 FTI 趋近 1，则为油层。

3.1.4　多元判别流体识别技术

1. 基本原理

多组逐步判别分析的解释方法是根据 Bayes 准则，Bayes 辨识方法的基本思想是把所要估计的参数看作随机变量，然后设法通过观测与该参数有关联的其他变量，以此来推断这个参数。

设 μ 是描述某一动态系统的模型，θ 是模型 μ 的参数，它会反映在该动态系统中的输入输出观测值中。如果系统的输出变量 $z(k)$ 在参数 θ 及其历史纪录 $D^{(k-1)}$ 条件下的概率密度函数是已知的，记作 $p(z(k)\mid\theta,\ D^{(k-1)})$，其中 $D^{(k-1)}$ 表示 $(k-1)$ 时刻以前的输入输出数据集合，那么根据 Bayes 的观点，参数 θ 的估计问题可以看成是把参数 θ 当作具有某种先验概率密度 $p\ (\theta,\ D^{(k-1)})$ 的随机变量，如果输入 $\mu(k)$ 是确定的变量，则利用 Bayes 公式，把参数 θ 的后验概率密度函数表示成：

$$p(\theta\mid D^k)=p(\theta\mid z(k),\ \mu(k),\ D^{(k-1)})=p(\theta\mid z(k),\ D^{(k-1)})$$
$$=\frac{p(z(k)\mid\theta,D^{(k-1)})p(\theta\mid D^{(k-1)})}{\int_{-\infty}^{\infty}p(z(k)\mid\theta,\ D^{(k-1)})p(\theta\mid D^{(k-1)})\mathrm{d}\theta}\tag{3-12}$$

式中，参数 θ 的先验概率密度函数 $p\ (\theta\mid D^{(k-1)})$ 及数据的条件概率密度函数 $p(z(k)\mid\theta,\ D^{(k-1)})$ 是已知：D^k 表示 k 时刻以前的输入输出数据集合，它与 $D^{(k-1)}$ 的关系是

$$D^k=\mid z(k),\ \mu(k),\ D^{(k-1)}\mid\tag{3-13}$$

而 $\mu(k)$ 和 $z(k)$ 为系统 k 时刻的输入输出数据。

原则上说，根据式(3-13)可以求得参数 θ 的后验概率密度函数，但实际上这是困难的，只有在参数 θ 与数据之间的关系是线性的，所研究对象又是高斯分布的情况下，才有可能得到式(3-13)的解析解。求得参数 θ 的后验概率密度函数后，就可利用它进一步求得参数 θ 的估计值。

常用的方法有两种，一种是极大后验参数估计方法，另一种是条件期望参数估计方法，这两种方法统称为贝叶斯方法。

基于上述逐步判别分析的原理，建立的判别模型，进行逐步判别分析，通过最终的判别结果即判别回判率分析判别效果。

2. 多元判别分析的结果分析

分析前述 8 个参数，它们对某口井某个层位所含不同流体类型会有不同的响应值，体现在测井曲线图上，能比较容易的分析出该段储集层中所含流体的类型。

图 3-18 为 W65 井鹰山组 5482～5495 m 裂缝—孔洞型和部分充填洞穴型储集层段所含流体类型单指标判别效果图。在 5485～5488 m 部分充填洞穴层段，$TS1$、$TS3$ 和 R_{wa}

的值较高，而 $TS5$ 的值相对较低，符合单指标定义油层的特征，其他 4 个参数虽也有一定的反映，但判别效果不好，不具有判别可信度；根据效果好的 4 个单指标参数的定义，该段可能出油，综合判别该段储集层为含油层，经核对 5460.5～5520 m 压恢测试为油层；完井后对 5447.48～5520 m 进行酸压施工，后试采平均产油量 300 m^3/d，也属高产油层。与综合解释的结果相吻合，说明解释结论油层正确。

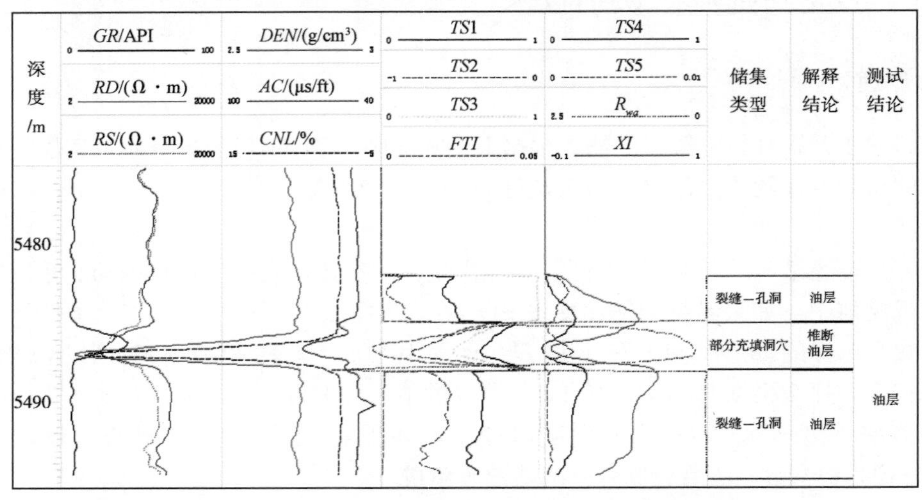

图 3-18　W65 井 5482～5495 m 井段单指标曲线

图 3-19 为 M403 井鹰山组 5480～5500 m 井段部分充填洞穴型储层含流体类型单指标判别效果图。该段储层常规测井深浅侧向电阻率值相对为低值，符合水层的特征；从 8 个参数的响应来看，$TS1$、$TS3$、FTI、XI 和 R_{wa} 的值相对较低，而 $TS5$ 的值则相对较高，其余两个参数反映效果不明显，不具有判别可信度；根据对效果好的 6 个单指标参数的定义，该层出水的可能性较大，综合判别为水层，经核对试油解释结果 5405～5633.65 m 的 DST 测试为低渗产水层，与解释结论相吻合，证明解释水层结论正确。

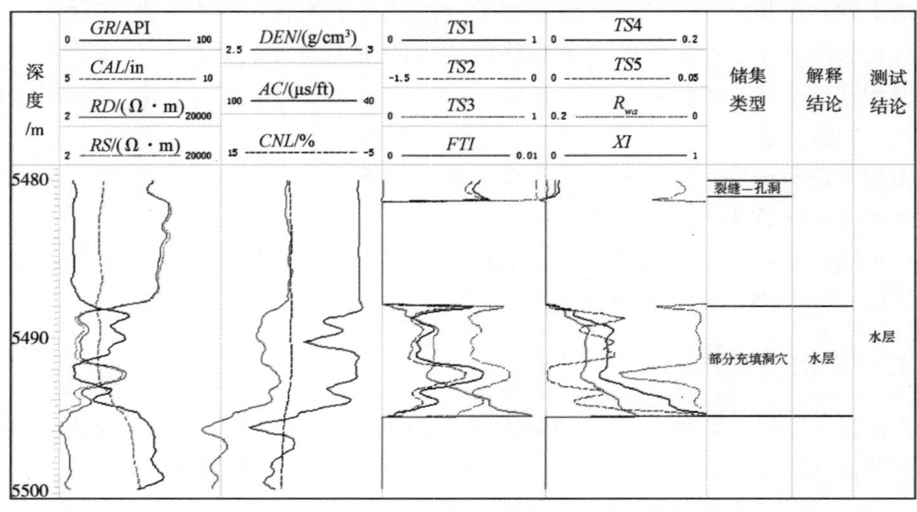

图 3-19　M403 井 5480～5495 m 井段单指标曲线

图 3-20 为 MK610 井鹰山组 5530～5550 m 井段未充填洞穴型储层含流体类型单指标判别效果图。洞穴层段深浅侧向电阻率值相对为高值，说明可能为油层段；同样 $TS1$、$TS3$、FTI、XI 和 R_{wa} 的值都较高，而 $TS5$ 的值相对较低，$TS2$ 和 $TS4$ 曲线的判别效果不好，不具有判别可信性；根据对效果好的 6 个单指标参数的定义，该层出油的可能性较大，综合判别为油层。经核对 5464.5～5700 m 原钻杆测试，日产油 208 m^3，日产气 10022.4 m^3，为高产油气层，不含水。与综合判别的结果吻合，证明此次解释的正确性。

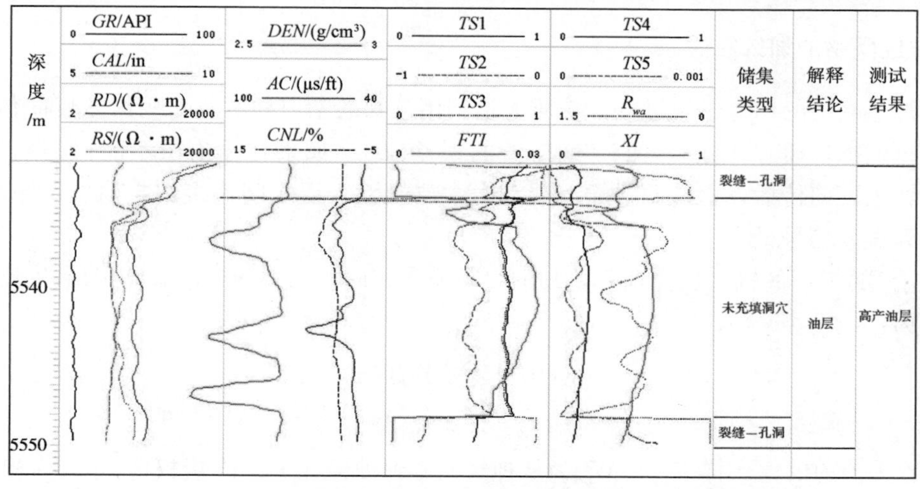

图 3-20　MK610 井 5530～5550 m 井段单指标曲线

通过上述分析可以得出，在判别流体类型时，8 个参数的值对判别一个井段所含流体类型并不是同时都具有效用，不同的井段、不同的储集类型可能不同的参数对识别油水起关键作用，但对于 $TS1$、$TS3$、$TS5$ 和 R_{wa} 这 4 个参数而言，对每一种类型的含流体层段的识别基本都能起到比较大的作用。

3.1.5　神经网络流体类型识别技术

1. 基本原理

人工神经网络是由大量处理单元(人工神经元、处理元件、电子元件、光电元件等)经广泛互连而组成的人工网络，用来模拟脑神经系统的结构和功能。信息的处理是由神经元之间的相互作用来实现，知识与信息的存储表现为网络元件互连间分布式的物理联系。神经网络系统是由大量的神经元广泛连接而形成的，每个神经元都是 1 个基本处理单元 PE，将从其他众多神经元中接收到的信息经过非线性计算，输出到另一个神经元。这里使用的是多层前馈神经网络，它是由输入层、隐层和输出层组成，每一层可由多个神经元组成，隐层可以是 1 层或多层，常用的就是仅有一个隐层的 3 层前馈神经网络。各层内神经元之间互不连接，而只与邻层神经元相连接。神经元之间的连接强度用权重(w)表示，正规化的权重分布范围为(−1，1)，数据信息就是通过输入层神经元转换后进入隐层，经过输出神经元再次计算处理后，得到了信息的非线性映射。

BP(Back Propagation)网络是一种多层前馈神经网络，其神经元的变换函数是 S 型函数。因此输出量为 0～1 的连续量，它可以实现从输入到输出的任意非线性映射，权值调整采用的是反向传播的 BP 学习算法。在确定了 BP 网络结构之后，利用输出、输入样本集对其进行训练，即对网络的权值和阈值进行学习和调整，以使网络实现给定的输入、输出样本情况下的非线性映射关系。经过学习训练的 BP 网络，对于非学习样本集中的输入向量也能给出一个合适的输出。但是，该未知输出的样本所包含的信息应当与训练样本集所包含的信息类似，否则，需重新训练寻找合适的权重，才能作出精确的预测。

2. BP 神经网络的训练算法

对神经网络的训练学习过程，实质上是利用已知的学习样本集，用误差反向传播 BP 算法进行训练，通过计算输出值与期望值的误差(E)，如果在输出层不能得到期望的输出，则转入反向传播，通过调整输出层和隐含层及输入层之间连接权与隐层、输出层的值，直到误差信号最小。

对于 BP 模型的输入层神经元，其输出与输入相同，而中间隐层和输出层的神经元的计算式为：

$$net_{Pj} = \sum_{i} W_{ji} O_{Pi} \tag{3-14}$$

$$O_{Pj} = f_j(net_{Pj}) \tag{3-15}$$

式中，p 为当前的输入样本号；W_{ji} 为从神经元 i 到神经元 j 的连接权值；O_{pi} 为神经元 j 的当前输入；O_{pi} 为其输出。当 BP 网络采用最速下降法时，变换函数使用 Sigmoid 函数，即 $f\ (x)\ =\dfrac{1}{1+e^{-x}}$。

设网络输出误差为：

$$E_p = \frac{1}{2} \sum_{n} (t_{Pj} - O_{Pj})^2 \tag{3-16}$$

则整个训练集中所有的样本产生的误差为：

$$E = \sum E_p \tag{3-17}$$

$$\frac{\partial E_P}{\partial w_{ji}} = \frac{\partial E_P}{\partial net_{Pj}} \frac{\partial net_{Pj}}{\partial w_{ji}} \tag{3-18}$$

$$\frac{\partial net_{Pj}}{\partial W_{ji}} = \frac{\partial}{\partial w_{ji}} \sum_{k} w_{jk} O_{Pk} = O_{Pi} \tag{3-19}$$

令

$$\delta_{Pj} = -\frac{\partial E_P}{\partial net_{Pj}} \tag{3-20}$$

所以有

$$\frac{\partial E_P}{\partial w_{ji}} = -\delta_{Pj} O_{Pj}\,,\ \Delta_P w_{ji} = \eta \delta_j O_{Pi} \tag{3-21}$$

若 j 为输出节点，有

$$\delta_{jk} = -(t_{Pj} - O_{Pj}) f_j(net_{Pj}) \tag{3-22}$$

若 j 不为输出节点，有

$$\delta_{jk}=f'\ (net_{jk})\ \sum_{m}\delta_{mk}W_{mj} \tag{3-23}$$

则 BP 网络统一的权值调整公式为：

$$\Delta_n W_{ij}(t+1)=\eta\cdot\delta_{nj}+a\cdot\Delta_n W_{ij}(t) \tag{3-24}$$

当误差信号最小时网络间的连接权和阈值不再改变，以此预测出与训练信息相类似输入条件的未知信息。BP 学习算法过程是：

(1)通过已知资料信息建立训练样本集，该样本集中包括一套代表“理想输出”的样本模式。

(2)训练样本集和网络结构格架建立完成后，网络权值被赋予随机数。

(3)训练数据体和网络环境确定之后，下一步进行训练，一定数目的训练样本输入网络，然后在当前权系数下计算出输出层各项数据。

(4)对于给定的输入，网络计算出一个输出结果。通过网络计算而得的结果与给出的“理想输出”模式之间的差异计算出误差。

(5)根据用“理想输出”模式计算出的误差，网络权值通过乘以一个百分数而进行调整，以便可以相对于所给出的理想输出模式得到一个更好的结果。

(6)重复(3)～(5)步，直到训练数据样本中每一个成员所产生的误差不大于一个误差限为止。这一迭代过程是前馈式神经网络模型的核心。一旦网络训练完成，该神经网络就可以用于模式识别。

3. 自适应神经网络学习建模技术

经过大量应用和深入研究，发现 BP 算法存在着一些难以克服的缺陷：

(1)网络结构难以最优设定，尤其是隐层单元数的设置，往往受具体问题限定，带有较强的专家经验。

(2)BP 算法本身是基于最陡梯度下降最优化方法，易陷入局部极小，不易获得全局最优解的权向量。

(3)一些关键参数(如学习率和冲量因子)需要准确给定及自动调节。

(4)缺乏控制网络学习和停止的恰当有效的机制，易造成网络“过拟合学习”而使模型泛化性能变差。

为此，我们提出自适应神经网络学习建模算法 LMBP(图 3-21)，基本思路是：网络由最简单的含有一个隐单元的结构开始，用改进的 Levenberg-Marquardt 多层前馈网络训练算法(LMBP)训练网络权值至一定程度时，添加隐元到隐层中，继续对全部权值加以训练，如此不断添加隐元至满足停止迭代准则，从而在获得了最佳网络结构的同时亦完成了网络权值的训练，提高了自动化建模的程度。其主要优点是：

(1)网络结构的动态自适应，即在学习过程中确定最优隐单元数，不需预先经验设定。

(2)采用基于 Levenberg-Marquarat(LM)算法的多层前馈网络训练算法，可克服 BP 算法易陷入局部极少的弊端，使训练结果为全局最优，且在起始训练时仅需给出一个参数即可，减少了人为性及干扰。

(3)在目标函数中添加了正则化项，有效地减少了网络学习中的“过拟合”现象，提高了网络模型泛化性能。

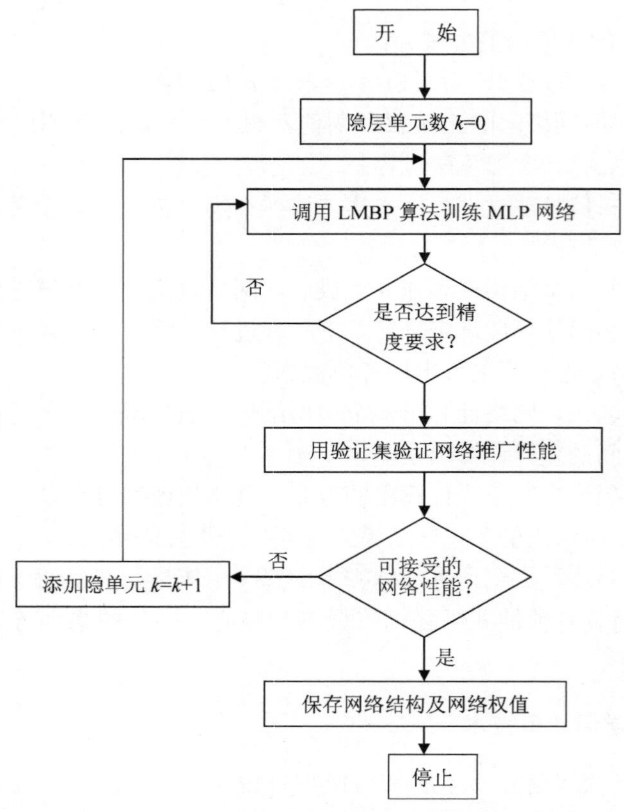

图 3-21 自适应神经网络学习算法流程

为了克服局部网络权值过大及“过拟合”现象，使用如下网络训练目标函数：

$$\widetilde{E}=E+\frac{\lambda}{2}S\sum_{i,\ j}\ln(1+w_{ij}^2) \tag{3-25}$$

$$E=\sum_{n=1}^{N}\sum_{k=1}^{C}\{y_k(X^n;\ W)-r_k^n\}^2 \tag{3-26}$$

$$S=2^{-Epoch/T} \tag{3-27}$$

式中，λ 为罚因子；T 为温度常数；$Epoch$ 为训练迭代次数；N 为总训练样本数；C 为网络输出层神经元个数。

$$\frac{\partial\widetilde{E}}{\partial w_{ij}}=\frac{\partial E}{\partial w_{ij}}+\lambda * S\frac{w_{ij}}{1+w_{ij}} \tag{3-28}$$

网络训练时添加隐元准则为：

$$E_{RMS}(t+\delta)-E_{RMS}(t)<\varepsilon \tag{3-29}$$

在式(3-29)中，ε 可取 0.01；δ 取 100 或 200；$t=\delta$，2δ，…

4. 塔河油田神经网络流体类型识别模型的建立和处理分析

对于塔河油田 8 区奥陶系碳酸盐岩缝洞系统油藏，在非常复杂的地质条件、储层流体分布情况下，通过对 8 区各储层类型不同流体类型测井响应特征的交会图分析，发现普遍存在较大程度的类间重叠性，油层与水层之间差异稍大，而油层与干层、油水层之间的差异性、规律性极不明显，难以二二相互区分，即流体类型响应特征因素有多个，且各种因素相互交织，用常规线性判别等方法进行流体类型识别，其准确度是难以满足精度要求的。

由于8区奥陶系碳酸盐岩有利含油气层段的试油主要采取大段裸眼酸压或射孔酸压工艺，关于某个单储集层的确切产液特性信息较少，使得已知流体性质的可用样本较少。根据测井流体响应特征分析也不难发现，8区洞穴型储层的流体响应特征与其他储层类型的流体响应特征差别较大，因此这里分别针对非洞穴型与洞穴型储层挑选了各自的学习训练样本，使用自适应神经网络学习算法建立了8区不同流体类型识别的神经网络模型，然后应用建立的模型对相应储层的流体类型进行识别预测。

1)学习样本的选取

根据8区各井已有试油资料，选取非洞穴层段的95个样本，其中油层62个，水层11个，干层22个；选取洞穴层段39个样本，选择测井流体指示段，主要以油层、水层为主，油层25个，水层9个，干层1个，油水层5个。

2)样本数据的训练和建模

根据测井响应特征分析，选择了对洞穴层类和非洞穴层类流体响应较有效的*GR*、*RD*、*K*2、*K*4、*K*5、*K*6、*K*7、*K*8等8个特征作为网络的输入单元，输出单元有4个，分别是油层、水层、油水层、干层，建立的8区奥陶系碳酸盐岩储层流体类型识别神经网络模型的基本结构(图3-22)，然后可以利用前文阐述的自适应网络结构算法依次输入选定的数据样本来自动调节网络隐层单元个数和各神经元之间的连接权值。经过不断反复迭代，直到网络满足停止训练的准则为止。

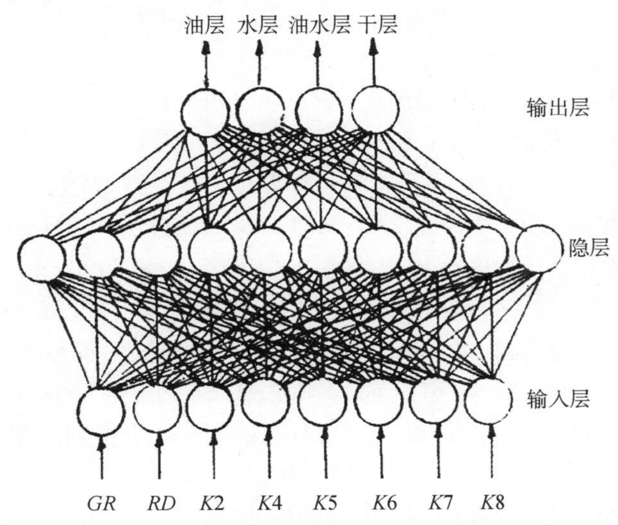

图3-22　塔河油田8区测井流体类型识别神经网络模型结构图

5. 神经网络流体类型识别结果分析

1)模型学习效果检验

检验模型的学习精度和效果的一般方法是将学习样本重新输入到网络中，由网络输出的类型与该样本的实际试油结果相对比。利用所建立的非洞穴型储层流体类型识别神经网络模型对学习样本进行回判，结果显示，95 个样本中有 12 个判错，正确识别率＝87.3%，达到了建模精度要求。

洞穴型储层流体识别神经网络网络模型对学习样本的回判结果显示，34 个样本中，错判 5 个，正确识别率＝85.3%，达到了建模精度要求，说明所建立的模型是比较合适、准确的。

2)单井处理成果分析

利用上述所建立的两个流体识别模型分别对 53 口井的流体类型进行识别处理。下面分别对 W91、M701 等井的流体识别结果进行分析。

W91 井：W91 井位于塔河油田西南部区域，于 2001 年 9 月所钻的一口预探井。在 5692.5～5703 m 井段内测井解释划分为裂缝型、裂缝—孔隙型储层。深侧向电阻率 *RD* 也在 200～1000 Ω · m，浅侧向 *RS* 值约 200～800 Ω · m，正差异。井径曲线 *CAL* 变化很小(7 in 左右)，基本无扩径；*GR* 低值(8～16 API)、呈微齿状，平均约 12API；*DEN* 密度值为 2.63～2.67 g/cm^3，曲线锯齿状、幅度较小；中子孔隙度为 1%～2.5%，变化很小；声波时差为 49～51 μs/ft，约为 50 μs/ft，变化较小；声波、中子测井响应值增大及密度测井响应值降低变化具有同步效应。经流体识别模型解释该井段为油层，对 5692.5～5704 m 井段套射酸压日产油 88～130 m^3，获产，掺稀生产。初期产量较高 80 m^3/d，不含水，后期产量大幅度下滑，缩嘴之后，产量稳定在 20～45 t/d，含水 40%～80%，测井解释与试油结论一致。

在 5713.4～5740.1 m 井段内深电阻率 *RD* 为 950～4500 Ω · m、明显正差异，测井主要解释划分为孔隙—裂缝型储层，流体识别为干层。在鹰山组上部 5838～5840 m 为裂缝型储层，识别为干层；5848.9～5854.8 m 段为孔隙—裂缝型储层，识别为水层。后对 5810～5861 m 裸眼酸压完井，抽吸仅捞出稠油 109 kg(密度 1.0104 g/cm^3)。

M701 井：本井钻至 5652.98 m 出现井漏，在 5652.98～5655.5 m、5691.0～5693.5 m 放空、5776.43 m 溢流，边钻边漏，未获岩屑，后强钻至 5782.62 m 完钻，5652.98～5776.43 m 累计漏失泥浆 3841.51 m^3，油田水 1063 m^3。测井解释储层主要有 O_3q 的洞穴型(5650～5656.5 m)和 O_2yj 组上部的洞穴型(5688.2～5692.3 m)，溶蚀孔洞型(5656.6～5659 m、5671.3～5678 m)等，相应的流体类型识别结果：5650～5659 m、5671.3～5678 m 为油层，5688.2～5692.3 m 为水层。

对 5537.4～5782.0 m 完井测试，6 mm 油嘴产油 353.37 m^3/d(原油密度 0.9616 g/cm^3)，水 45 m^3，天然气 24900～17218 m^3/d，原油含水上升到 58%，停喷。2001 年 9 月 28 日进行第一次产液剖面测井，产液层位分为 2 段(表 3-6)。2002 年 5 月 19～20 日进行产液剖面及 PND-S 生产测井，测井结果 5649～5654.5 m 为主要产油段，5685～5691.5 m 只产水(表 3-7)。

表 3-6　M701 井第一次生产测井的产液剖面解释成果表(2001 年 9 月 28 日)

地层	产液井段/m	井温/℃	压力/MPa	密度/(g/cm³)	产水量/(m³/d)	产油量/(m³/d)	产气量/(m³/d)	相对产液量/%
O_3q	5649～5654.5	118.5～118.6	51.24～51.28	0.934～1.126	1.0	159	29277	75.69
O_2yj	5685～5691.5	121.7～120.8	51.61～51.69	1.575～1.548	77.0	0.0	0.0	24.31
总计					78.0	159.0	29277	100.00

表 3-7 M701　井第二次产液剖面测井解释成果表(2002 年 5 月 19～20 日)

序号	地层	产液井段/m	井温/℃	压力/MPa	产水量/(m³/d)	产油量/(m³/d)	井下相对产量/%
1	O_3q	5649.0～5654.5	124.7	54.01	0.026	76.14	91.41
2	O_2yj	5685.0～5691.5	128.2	54.38	7.22	0	8.59
总计					7.24	76.14	100

根据两次产液剖面测试，结合录井、测井资料，认为该井的油、水产出分别来自两个不同的层位，油主要来自于上部 5649～5654.5 m 层段，而水主要出自下部 5685～5691.5 m 层段，两层相距 30 m。

3.2　典型缝洞体流体分布模式

3.2.1　单一缝洞单元油水共存形式

1. MK404 单井单元—双层洞产出型具有残留水体及混源水

MK404 井位于 4 区东北部，1999 年 1 月 1 日开钻，1999 年 5 月 17 日完钻，完钻井深 5612.7 m，人工井底 5480 m。1999 年 6 月 11 日对 5416～5420 m 和 5428～5432 m 射孔，7 月 27 日实行酸压，酸压取得了明显效果，于 7 月 29 日投产，生产初期为纯油产出。2000 年 3 月 30 日开始见水，产量和油压都下降明显，后停喷。录井和测井解释该井有两段泥岩充填的缝洞储集体发育段，分别位于 5414～5420 m 和 5428～5432.5 m 两段，两段相距 8 m。

该井于 2003 年 4 月 29 日进行 PND 测井，解释结果 5414～5420 m 为含油水层，5428.5～5434 m 为水层，下部射孔段已完全水淹，上部射孔段还有一定的剩余油。为封堵 5428.5～5434 m 水层，于 2003 年 7 月 1 日至 7 月 6 日填砂倒灰至 5422.95 m 封堵下部水层，然后对 5414～5420 m 机抽生产，含水率明显下降，堵水前日产水最高为 400 m³/d，堵水后降为 20 m³/d，后期缓慢上升，最高为 100 m³/d 左右，日产油量也由堵水前的 1～15 m³/d 增加到年底的 30 m³/d 左右。从堵水早期的产量情况来看，堵水取得了一定的效果。为此，对 MK404 井水样离子含量情况进行了分析，见表 3-8。由于该井为酸压投产井，且进行了堵水，而酸压、堵水等措施势必对地层水带来一定的影响，在一定时间内会影响地层水的成分分析，因此，选取距离酸压以及堵水生产一年的水样分析数据，最大程度上排除酸液以及堵水带来的影响。

表 3-8　MK404 水样离子含量分析数据表

取样日期	取样位置/m	水密度/(g/cm³)	pH	总矿化度/(mg/L)	Cl^-/(mg/L)	SO_4^{2-}/(mg/L)	HCO_3^-/(mg/L)	Na^++K^+/(mg/L)	Ca^{2+}/(mg/L)	Br^-/(mg/L)	I^-/(mg/L)
2000—11—23	5428.5～5434	1.159	5.5	189188.6	115831	267	554.06	59763.33	11517.8	133	6.67
2001—12—14	5428.5～5434	1.16	5.5	228968.6	140159	150	210.52	75352.89	11989.1	160	8
2004—5—16	5414.5～5420	1.155	6.0	231701.5	141745	200	163	76187.37	12343.2	220	8
2004—11—6	5414.5～5420	1.156	6.4	235355.5	143841	200	201.15	77438.47	12710.9	300	7
2005—4—15	5414.5～5420	1.155	6.3	234217.6	143253	250	200.63	77077.98	12557.6	120	6
2005—10—14	5414.5～5420	1.160	6.4	231654.7	141778	200	181.5	75822.64	12571.7	200	6

该井堵水前主要为下部储集体产水，其中可能混合有少量上部储集体产出的水，堵水后主要是上部产水。从表 3-8 水取样分析数据可以看出，堵水前后水离子分析结果差别明显。上部 5414.5～5420 m 取样水体的密度小于下部水样的密度，下部水体的 pH 值、矿化度、Cl^-、$Na^+ + K^+$、Ca^{2+}、Br^- 等离子浓度也和上部水体存在明显的差别。虽然上部和下部相隔不远，但离子成分却有所区别，说明上下两个产水部位可能不是来自一个水体。上部产水段离风化壳仅有 5 m，因此，把该井上、下部水的离子成分和石炭系以及本层水样进行了对比。对比后发现，MK404 井上部水离子成分和风化壳上部的石炭系水样成分相近。因此可以判断，上部产水层由于离风化壳近，上部石炭系地层水沿着风化壳上的破碎带侵入，受石炭系水的影响，MK404 上部水体在成分上和石炭系相近。

该井初期产量高，但见水后含水率上升快，随着含水率的增加产量递减迅速。停喷机抽后日产油从 500～600 m^3/d 下降到 15 m^3/d，日产水量达到 300～400 m^3/d。从这一过程看，该井显示能量充足，缝洞储集体应该有一定的规模。后期于 5422.95 m 封堵下部水层后，实际的产层段只有上部 5414～5420 m 这段缝洞储集体，堵水见效，压力和日产油量都有所增加，但平均日产原油只有 30 m^3左右，日产水较初期有了明显的降低，平均在 80 m^3左右。

结合前面的缝洞识别及水分析可知，由于该井为一个封闭的单井缝洞单元，从生产特征上分析，生产初期产量明显较堵水后高，由于该井为上下两层缝洞体产水，则可认为下部缝洞储集体能量高于上部，上部缝洞体可能还受上部石炭系水体侵入的影响，在性质上和石炭系水性质有相近之处。在地震剖面上可以看到 MK404 旁有一串珠状的异常体，有一定的规模，从该异常体所处的位置来看，分析认为是下部缝洞体，上部缝洞体由于属表层缝洞储集体，在剖面上并不明显。图 3-23 为该井的油水分布形式。

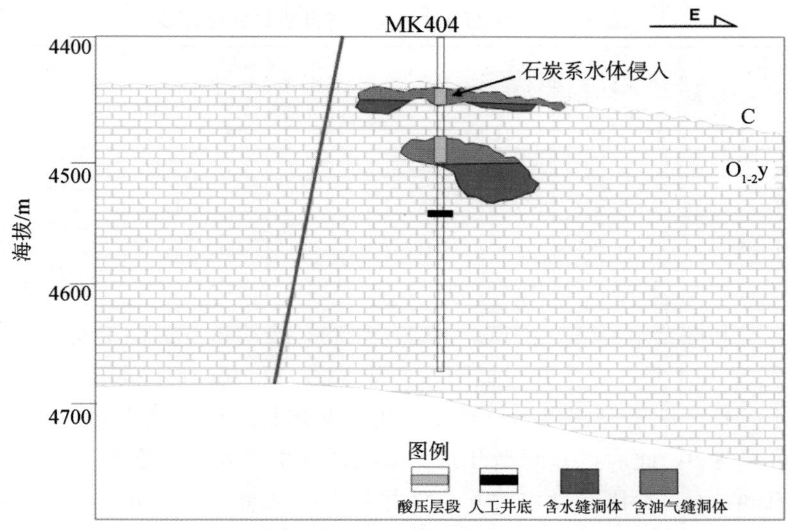

图 3-23　MK404 油水分布形式图

总体来看，该井垂向上的两套缝洞段并不连通，分属于两个相对独立的缝洞单元，各自有水体分布水质差异显示，说明由于井区的缝洞发育程度低、连通范围小相对封闭，在成藏期油气充注时排水不彻底，在下部缝洞段由残留水体存在，上部水体是石炭混源的影响作用，因此这一单井单元有双层缝洞产出，既有参与水体也有混源水影响。

2. M807 单井单元—单层缝洞产出型水洞

这类形式的特征为钻井过程中发生放空，证实有洞穴的存在，测井解释及生产测试验均证实为水层，生产过程中基本无油气产出，表明是典型的水洞。M807 井是这类井的典型井。

该井 2003 年 11 月 22 日钻至井深 5696.98 m 钻遇放空，并发生严重漏失，共漏失 1.11 g/cm^3的泥浆 322 m^3；漏失 1.10 g/cm^3的油田水 57 m^3；漏失 1.02 g/cm^3的地表水 1678 m^3，快钻时井段近 43 m，累计放空 10.15 m，放空井段 5697.5～5701 m、5704～5706.61 m、5717.5～5721.12 m、5730.58～5731 m，这与地震时间偏移剖面上显示有一“串珠状反射”异常体吻合，2003 年 11 月 28 日钻进至 5870 m 完钻。

2003 年 12 月 8 日～2004 年 1 月 11 日对 5537.11～5870.00 m 裸眼井段进行了完井施工作业，12 月 13 日正替轻质油 28 m^3诱喷，井口累计排液 21 m^3后不出。

2004 年 1 月 16 日取水样进行全分析，分析结如下：密度 1.129 g/cm^3，pH 值 6.2，Cl^- 121619.02 mg/L，总矿化度 198960.51 mg/L，水为氯化钙型水，是塔河油田地层水，本层试油结论为水层。

前述试油结果表明，该井下部放空井段为一水洞，鉴于此，该井于 2004 年 3 月 24 日～4 月 21 日，打水泥塞至 5610 m，对该井 5537.11～5610 m 井段，进行酸压作业。酸压施工分析表明，施工过程中没有明显破裂显示，未能沟通有效储集体。

表 3-9 为该井 2 个层段 4 个样品的水样分析数据，从中不难看出，两个层段产出地层水密度 SO_4^{2-}离子、Br^-离子等有较大的差别，这表明两个层段的水体分属于不同的水体。

表 3-9 M807(K)井地层水样分析数据统计表

取样层段/m	层位	取样日期	密度/(g/cm³)	pH值	总矿化度/(mg/L)	Cl^-/(mg/L)	SO_4^{2-}/(mg/L)	HCO_3^-/(mg/L)	Na^++K^+/(mg/L)	Ca^{2+}/(mg/L)	Mg^{2+}/(mg/L)	Br^-/(mg/L)	I^-/(mg/L)	水型
5537～5610	O_2yj	2004-4-14	1.139	6.3	193790	120448	300	2139	28925	42027	1017	160	4	$CaCl_2$
5537～5610	O_2yj	2005-2-10	1.135	5.9	199077	121732	300	349	64400	11356	948	160	6	$CaCl_2$
5537～5610	O_2yj	2005-1-31	1.134	6.0	197601	120904	300	370	63512	11461	1074	160	5	$CaCl_2$
5655～5870	$O_{1-2}y$	2004-1-16	1.129	6.2	198961	121619	500	206	64405	11206	1019	100	8	$CaCl_2$

综合分析测井综合解释图、测试、测井等资料，表明该井纵向上有两个水层段。

该井于 2005 年 1 月 9 日开井对奥陶系上部 5537.11～5610 m 酸压段生产，1 月 17 日该井突然见水，日产油量急剧减小，当天产油量仅有 1.3 m³，产水 33.82 m³。1 月 24 日日产油量已经降为 0，此后该井间断开井，每次开井生产其含水率都为 100%。但日产水量不高，只有 30 m³，后因高含水关井。该井共生产原油 184.3 m³，产水 669.78 m³。

由于其产水量和产油量都很小，酸压表明未沟通有效储集体，地震时间偏移剖面上 T_7^4 面附近并没有看到“串珠状”反射异常体，综合分析认为该井下部为一大型水洞，上部酸压段为风化裂隙带。

已有研究表明该井与周围邻井不连通，为单井控制的缝洞体，结合水分析资料，认为该井奥陶系顶面附近酸压段与下部水层不属于同一水体，而且上部水层是酸压的结果，因此该井油水分布形式为单一水洞形式(图 3-24)。形成这种局部孤立水体的主要原因是这些井区断裂不发育，所处构造位置较低，缝洞系统相对封闭，后期原油没有充注，或者充注不完全所致。

这里值得指出的是，由于缝洞体的不规则性，水洞顶部有可能存在一定体积的原油，但由于对该水洞封堵，无法确定其真实性。这里不防采用“排水找油”理论，对该水洞排水以证实是否有原油的存在。

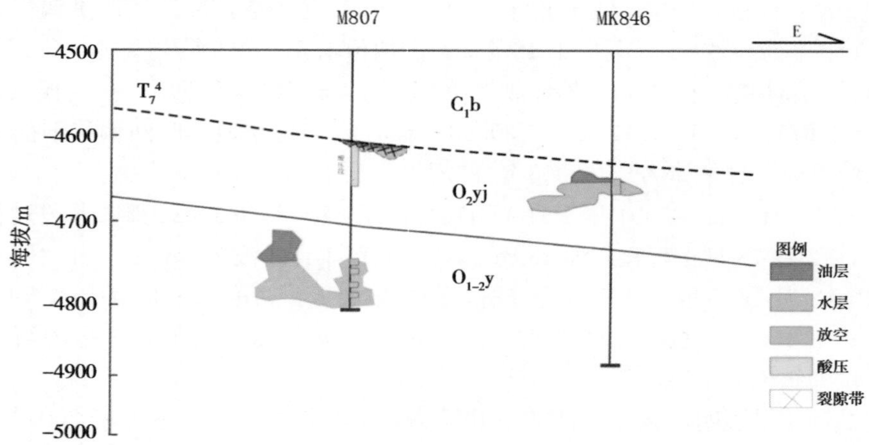

图 3-24 单一水洞形式图

3.2.2　复杂缝洞单元油水共存形式

1. W48 单元—双层缝洞产出型具有底水

1)W48 井生产特征及油水分布形式分析

W48 井是在艾协克 2 号构造上钻的第一口探井。1997 年 5 月 28 日开钻，同年 10 月 17 日完钻，完钻井深 5370 m。该井在钻入奥陶系顶部 5363.5～5370 m 井段发生大量漏失，共漏失泥浆及油田水约 2318.8 m^3，并具放空现象，放空井段 5364.26～5365.76 m(1.5 m)。

该井钻至 5363.5～5370 m 发生放空，无测井曲线，通过录井、地震资料识别，该井 5363.5～5370 m 为一缝洞体。W48 井于 2000 年 8 月底开始产水，含水率缓慢上升。由于该井揭开奥陶系顶为 5363 m，产层段 5363～5370 m 距离奥陶系顶为 0，水体的来源是上部石炭系的水源可能较大，为搞清楚水体到底是上部石炭系还是来自本层奥陶系，本次研究收集了 W48 井的水样分析资料，把石炭系水样和该井进行了对比分析。结果发现，W48 井产的水与上部石炭系的水成分差别大而与同层水性质相似，所以水体不属于上部石炭系，应该来自奥陶系本层地层水。

从生产特征来看，自 1997 年 10 月 27 日投产后，该井一直无水自喷，日产油最高达到 600 m^3/d，2000 年 8 月 23 日产水后，日产油量和油压随着水的产出下降明显，后一直油水同出，日产水量基本稳定在 40～50 m^3/d 左右和日产油量基本相当，一直到 2005 年 11 月停喷开始机抽。

该井一直保持高产稳产，自喷时间长，无水期也较长，压力稳定，属含水率缓慢上升型，显示了油藏能量供给能力充足。结合缝洞的识别成果，证实该井储集层缝洞发育，为单层缝洞体出水，水体未受上部石炭系的影响。从水驱曲线(图 3-25)上看出，W48 井只有一个直线段水驱状态稳定，说明水体大、能量稳定。

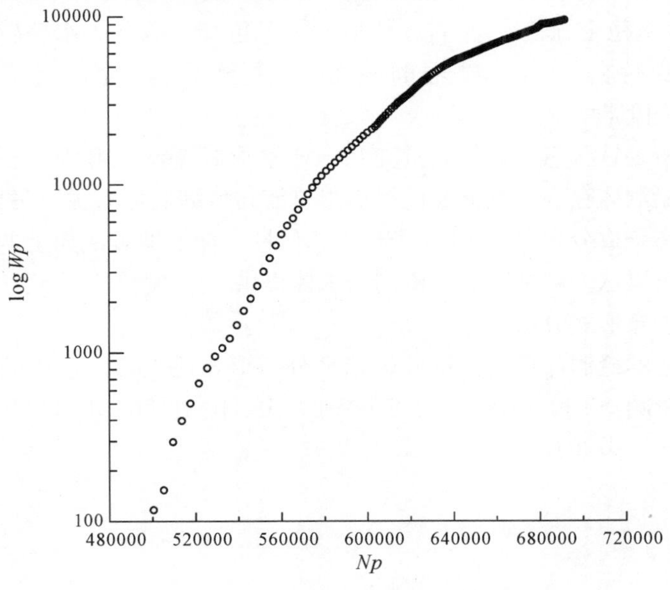

图 3-25　W48 井甲型水驱曲线图

2)T401井生产特征及油水分布形式分析

T401井于1998年4月19日开钻，同年10月2日完钻，完钻井深5580 m。四开钻至井深5390.76 m时，于1998年9月5日至9月8日对下奥陶统裸眼井段5362.87～5390.76 m进行中途测试，用6.35 mm油嘴折算日产原油311.3 m^3，天气5220 m^3。钻至5400.6 m时出现井漏，共漏失泥浆103 m^3。1998年10月13日开井生产，日产油220～230 m^3，天然气15000 m^3，原油不含水。该井早期于1999年5月23日进行过生产测井，生产测井解释表明该井主要产层为5367～5410 m，日产油184 m^3，占全井产量的81.3%；5410～5424 m为微产液层；5424～5580 m为不产液层。

根据测井和录井资料识别结果，该井在5404～5407 m处发育一缝洞，其上部距离风化壳较近，还发育了较多裂缝。产层段和解释的缝洞体分布位置对应良好，说明该井的主要出液段可能来自该储集体。从地震剖面上可以看到，在T401完钻井深以下有一异常体出现，在S-N向以及W-E向剖面上都有显示，该串珠状异常体分布在T401下方。同时，在S-N向剖面上还可以看到，W48井下方也出现一个异常体，位于W48与T401井之间，同时，W48与T401之间有断层分布，其中一条比较明显的断层通过了该异常体。整体上看，T401下部和W48下部的异常体距离较近，呈连片分布状。前面连通性分析成果表明，T401和W48井连通性较好，两井生产特征具有很强的相似性，原油密度变化趋势一致，井间干扰明显。结合两井的地质特征以及生产动态特征，可以初步认为两井之间能量的提供可能是由该异常体显示的缝洞体提供。

从水样离子分析可以看出，T401和W48两井离子成分差别不大，与上部石炭系水样离子有差别，可以判断，两井水体均来自同层水，且有可能为同一水体。

从生产特征来看，该井于1998年10月13日投产后，产量稳定，平均日产油220～230 m^3，原油不含水。一直到2001年12月8日，该井开始产水，含水率缓慢升高。随着含水率升高，油压和产量都有明显的下降。后继续自喷油水同产，日产油基本稳定在55 m^3左右，含水率稳定在50%左右。从生产情况可知，该井无水期较长，产量高，产水平稳，后基本保持在50 m^3/d。总的来说，该井显示了一定的能量。其生产特征和W48具有很强的相似性。

综合以上分析，认为T401井能量充足，产水形式基本上和W48井相似，在T401井底附近还有一缝洞体存在，其能量的提供很可能与该缝洞体有关。另外，T401井原油变化趋势以及水离子成分和W48井均表现出相似性，加上地震剖面上两井下部有一连片的异常体，因此可以认为两井产水均由同一水体提供。

3)井组油水分布形式分析

对于一个连通的缝洞体单元，单井的油水分布形式还受与之连通的井生产特征以及油水分布特征所影响。T402-MK412-T401-W48-MK410井组各井的井深、生产层段，以及见水时间的对比见表3-10。

表 3-10　T402-MK412-T401-W48-MK410 井组见水时间

井名	投产时间	见水时间	奥陶顶/m	完钻井深/m	生产层段/m
W48	1997-10-27	2000-8-23	5636	5370	5363.0～5370.0
T401	1998-10-13	2001-12-8	5367	5580	5379.0～5424.0
T402	1998-12-14	1999-3-28	5359	5602	5362～5602
MK410	1999-10-2	2003-2-22	5410	5520	5400.0～5464.13
MK412	1999-11-26	2001-5-9	5381	5461	5381.0～5461
MK467	2002-12-10	2003-6-26	5360	5470	5366.6～5367.5

从以上数据可以看到，井深海拔最低的井 T402 最早见水，无水期最短为 104 天。MK467 最晚开井投产，无水期较短，其见水时间和与之连通较好的 MK410 井相差不大。MK412 与 MK410 井生产层段海拔相当，且投产时间接近，但 MK410 见水时间却比 MK412 晚了一年多，无水期远大于 MK412。由此可以看出，见水时间以及无水期虽然与产层海拔有一定的关系，但并不是所有的井产层段海拔越深，见水越早，无水期越短，还与井之间连通程度以及油水分布情况有关。

通过单井的油水关系分析，对各井的生产特征和油水分布形式有了一定的认识，结合连通性分析、各井见水时间以及地质地震识别结果，认为该井组的油水分布形式如图 3-26所示。其中，T401 与 W48 连通性最好，原油密度变化趋势、水离子性质以及生产特征等都表现出很强的相似性，可以暂时把连通性较好的井看作是一个缝洞体。

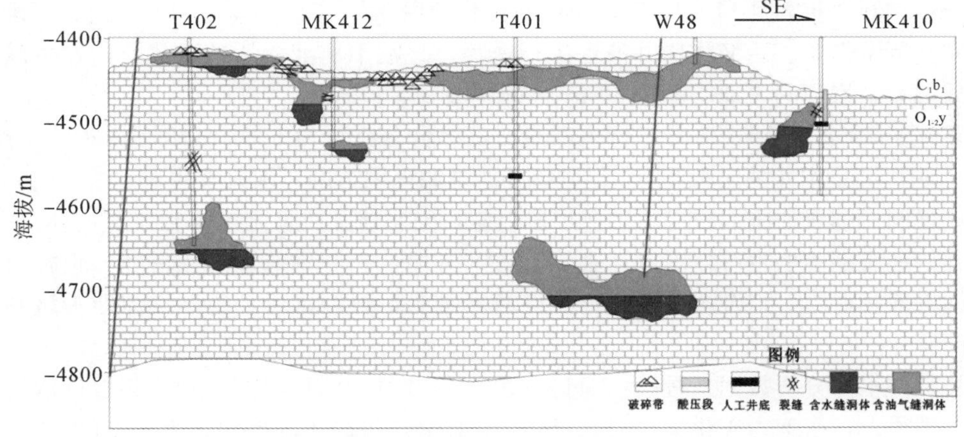

图 3-26　T402-MK412-T401-W48-MK410 井组油水分布形式示意图

如图 3-26 所示，W48 井于 1997 年 10 月 27 日投产，由于断层连通底部缝洞体，加上本身井底连通一缝洞储集体，初期产量高，能量大，达到日产量最高 600m^3，不含水。T401 井于 1998 年 10 月 13 日投产，和 W48 连通性较好，原油性质变化趋势一致。由于 W48 已经生产 1 年，所在的连通缝洞体能量有所下降，所以 T401 初产日产油量只有 250～300 m^3，但整体上两井产量变化趋势保持一致。后随着开采的进行，底部水体沿断层侵入，W48 井离断层较近，水体先到达 W48 下方缝洞体，于 2000 年 8 月 23 日产水，此时，水还未到达 T401 所在的缝洞体，但随着底部水体的不断向上侵入，便从 W48 井底进入 T401，所以 T401 的见水时间晚于 W48。T402 于 1998 年 12 月 14 日投产，开井生产后，上部缝洞体和下部缝洞体同时产出，由于井底紧邻水体，很快见水，下部水体快速锥进，进入到井筒后，产量快速下降。同时，MK412 井 1999 年 11 月 26 日投产，投产后，也是上下两个缝洞体同时产出，水体不断向上侵入，于 2001 年 5 月 9 日产水。由于 T402 底部缝洞体能量充足，水体不断侵入，产量迅速下降，2001 年 10 月 7 日堵水后，只有上部缝洞体产出，上部水体随着开采的进行也逐渐向上锥进。MK412 井主要有三层产水，上部、下部缝洞体以及中部的裂缝，产量迅速下降，以至高含水关井。另外，由于 W48 与 MK410 在生产中未见到干扰现象，连通性不明显，可以在此井组剖面上暂时把两口井当作个体来分析(实际上前面已经证实 MK410 和 MK461 连通性较好，而 MK461 与 W48 也有好的连通性，但 W48 与 MK410 没有见到直接的连通关系)。MK410 酸压后，裂缝连通与 MK461 之间的缝洞体，水体不断从缝洞体中沿酸压的裂缝向上侵入井筒，属裂缝型产水形式。另外，结合原始油水界面的计算结果，由于是用该单元第一口井的原始地层压力估算，应反映 W48 井的油水界面，为 5670～5734 m 左右，折算到海拔为 4725～4789 m，和形式中 W48 下方水体的界面基本一致。

2. W65 单元—单层缝洞产出型具有底水及残留水体

1)MK461 生产特征及油水分布形式分析

MK461 井 2002 年 12 月 10 日开钻，2003 年 2 月 10 日完钻，完钻井深 5604.68 m，该井钻遇过程中发生放空，放空井段 5594.6～5596.7 m，并发生漏失，漏失泥浆 60 m^3，水 40 m^3。2003 年 2 月 11～16 日，对该井裸眼井段 5437.85～5604.68 m，进行了配合测井的完井测试作业。后又注压井液，进行诱喷，替喷不出液，从钻遇放空，发生漏失到完井后替喷，累计漏入地层泥浆 60 m^3、压井液 288 m^3。

该井于 2003 年 6 月 28 日进行生产测试，综合分析认为 5585 m 以下为本井主产层，5530～5539 m 是本井的微产液段。结合该井的缝洞识别结果，认为该井 5594.6～5596.7 m 发育一缝洞，解释的缝洞段与主生产层段对应，说明该井产量主要来自该缝洞体。另外，从该井的地震剖面上也可以看到，在该井 SW 方向，有一串珠状的异常体，正好与该井放空漏失段相对应，综合录井及生产测井解释结果，可以认为，该异常体即为该井解释的缝洞体。

从该井水样分析数据来看(表 3-11)，2003 年 3 月 20 日取样与 2004 年以后取样离子浓度差别很大，密度、矿化度、Cl^-、SO_4^{2-}、HCO_3^- 等离子浓度明显大于 2004 年以后取样分析结果，而后期各离子浓度变化趋于稳定。分析原因，是因为该井在钻进过程中发生过漏失，后又进行压井和替喷，未返出，共累计漏入地层泥浆 60 m^3、压井液 288 m^3，3 月 3 日正式开井投产，则 2003 年 3 月 20 日取的水样应该是漏失压井液，或受压井液污染的地层水。

表 3-11　MK461 水样分析(取样深度 5604 m)

取样日期	水密度/(g/cm^3)	pH	总矿化度/(mg/L)	Cl^-/(mg/L)	SO_4^{2-}/(mg/L)	HCO_3^-/(mg/L)	Na^++K^+/(mg/L)	Ca^{2+}/(mg/L)	Mg^{2+}/(mg/L)	Br^-/(mg/L)	I^-/(mg/L)
2003-3-20	1.18	6	263253.9	160676.2	400	910.6	86777.8	13559.8	1269.7	100	15
2004-11-5	1.149	6.2	227289.5	138922.9	200	379.2	74914	12085.8	821.2	150	6
2005-4-15	1.154	6.2	230494.9	141079.2	150	254.1	76540.5	12155.7	1096.3	240	6
2005-10-14	1.158	6.4	228104.6	139495	250	237.3	74760.1	12354.9	919.9	200	6

从生产特征来看，该井 2003 年 3 月 3 日正式投产初期日产油量 40～100 m^3/d，2004 年 9 月底停喷机抽，后开始产水，日产水量 20～60 m^3/d，和产油量基本相当。后含水率升高，日产水量最高达到 100 m^3/d 以上，日产油量下降，平均 30 m^3/d。之后产水产油均下降到平均 20～30 m^3/d 左右，开始周期性注水。虽该井有 500 多天的无水期，但总体上看产量不大，说明该井能量有限。结合前面地震、录井、水样分析，认为该井油水形式为单层缝洞体形式，和 W48 有相似之处，但能量有限。

2)MK435 井生产特征及油水分布形式分析

MK435 井于 2001 年 3 月 12 完钻，完钻井深 5600 m，在钻进过程中未发生放空漏失，在奥陶系井段，测井解释 5450～5463 m、5546～5561 m、5440～5450 m、5463～5477 m、5487.5～5519 m、5561～5569 m 等发育有裂缝，相应录井显示油迹一油斑。2001 年 4 月 16 日对 5440～5500 m 进行酸压施工，注入井筒总液量 395 m^3，酸压较成功，投产后一直自喷出纯油。从该井 S-N 向地震剖面上可以看到，MK435 井的南边有一异常体，酸压后获高产可能是由于压开了连接该缝洞体的裂缝。

2002 年 11 月 2 日对 MK435 井进行了生产测井，目的是了解该井的产液剖面，测井井段 5400～5485 m。PND-S 生产测井解释结果认为该井主要产出段在 5475 m 以上，5474～5483 m 为次产油层，5483 m 以下为水层，产少量水。

从生产特征来看，该井于 2001 年 4 月 19 日酸压投产后，一直无水自喷，日产油量最高达 200 m^3/d，但油压和产量下降较快。到 2002 年 11 月 23 日该井见水，其后油压稳定在 1.0～1.5 MPa，日产油最低 15 m^3，最高 65 m^3，一般在 25～35 m^3/d，少量气。总体上看，该井产量迅速递减，能量下降快，正是裂缝产出的特征，但产水量不高，日产水最高仅为 40 m^3左右，一般在 10 m^3左右。

从该井的地震剖面可观察到，在 S-N 向剖面上，紧靠 MK435 南部有一异常体，另外 MK455 下方过井位置也有一明显串珠状的异常体，但平面上 MK435 距离 MK455 井较远，为 727 m，分析认为，MK435 酸压连通距离较近的缝洞体可能性较大。由以上生产特征以及地质地震识别结果可以推断，该井为裂缝沟通缝洞体形式，但裂缝沟通的缝洞体能量不足，洞体内可能具有残留水体。

3)MK455 井生产特征及油水分布形式分析

MK455 井 2002 年 1 月 17 日开钻，同年 3 月 13 日完钻，完钻井深 5682.5 m。钻进过程中未出现放空漏失情况。该井纵向上发育多段储层，测井解释 5532～5539 m 为Ⅰ类储层，5512～5520 m、5612～5636 m 为Ⅱ类储层，5487～5503 m、5567.5～5573.5 m、5587.5～5612 m、5642～5660 m、5665～5674.5 m 为Ⅲ类储层。2002 年 4 月 7 日对

5486～5548 m 井段进行酸压施工，注入井筒酸液总量 359.9 m^3，挤入地层总液量 335 m^3，自喷排酸 30 m^3 见油。该井酸压投产以来，一直无水自喷，显示能量充足。从 MK455 的地震剖面上看，有一明显的串珠状的异常体，酸压后，压开与该缝洞的裂缝，缝洞体能量充足，为 MK455 提供了自喷的能量。

从生产特征来看，该井酸压投产后，日产原油 96～120 m^3，气产量微。之后 2002 年 12 月换 5 mm 油嘴，油压 3.1 MPa，日产原油 31 m^3，不含水。2003 年全年平均油压 3～4 MPa，平均日产原油 40 m^3，不含水。该井产量、油压基本稳定，一直保持无水自喷，显示了地层能量较充足。

4)W65 井生产特征及油水分布形式分析

W65 井于 1999 年 7 月 25 日完钻，完钻井深 5754 m，完钻后在井底 5754～5520 m 注了一个水泥塞，1999 年 9 月 3 日对 5447.48～5520 m 裸眼进行酸压施工，取得较好的效果。该井裸眼自喷，平均产油量 300 m^3/d，油质较稠，属高产油层。

2000 年 3 月 4 日，进行生产测井。将该井分为 4 段进行评价，第一段，5460.5～5476.7 m，为主要产油层段；第二段，5485.0～5488.0 m，是本井的微产油段；第三段，5503.2～5513.4 m，是本井的次要产液层段；第四段，5513.4 m 以下无产出。结合录井、测井的缝洞识别结果，发现该井缝洞发育段与产液段对应较好，酸压后获高产，而主产层与裂缝发育段对应，说明酸压沟通与之对应的裂缝，裂缝就成为该井连接油体的通道。

从 W65 井的地震剖面上可以看到，在 SW-NE 向地震剖面上，W65 井 NE 向有一串珠状异常体，和测井录井解释的缝洞体位置一致，该异常体介于 W65 与 MK432 之间。W65 井油气的来源很可能就是该缝洞体提供。

从 W65 井的生产特征分析，该井于 1999 年 9 月 4 日酸压投产，投产初期产量大，无水自喷，日产油量 200～300 m^3/d，2000 年 2 月 11 日见水，到年底油压下降到 4.2 MPa，日产原油下降到 126 m^3，原油含水变化大。2001 年 1 月 13 日突然停喷，停喷原因是含水上升和原油较稠。1 月 24 日转螺杆泵修井机抽生产，后有间断自喷，多自喷、机抽同时进行。到 2002 年 6 月，该井含水率下降，后基本不产水，一直到 2004 年 7 月，第二次见水，含水率上升，但产水量不大，基本在 10 m^3/d 左右。从生产特征来看，该井多次停喷机抽后又自喷，其产水过程为一典型的间歇型产水。

本次研究收集并整理了 W65 井第一次和第二次产水的水样分析，并和邻井 MK432 以及石炭系地层水进行了对比。从离子情况来看(表 3-12)，第二次产水和第一次产水的水离子成分有差异，第二次产水水样密度、总矿化度、Cl^-、$Na^+ + K^+$、Ca^{2+} 明显大于第一次的产出水，HCO_3^- 含量明显低于第一次的产出水。说明两次出水可能来自不同的水体。W65 第二次出水和石炭系水离子成分比较接近，加上该井产层以及缝洞段距离风化壳很近，认为可能是上部石炭系地层水体的侵入。由于第二次出水仅一次取样，分析结果可能存在偏差，但从该点反映的情况来看，可以初步怀疑有上部石炭系地层水体的侵入的影响。

表 3-12　W65 井水样离子分析数据

取样日期	水密度/(g/cm³)	pH	总矿化度/(mg/L)	Cl^-/(mg/L)	SO_4^{2-}/(mg/L)	HCO_3^-/(mg/L)	$Na^+ + K^+$/(mg/L)	Ca^{2+}/(mg/L)	Mg^{2+}/(mg/L)	Br^-/(mg/L)	I^-/(mg/L)
2000-2-29	1.142	5	202838.4	124323.2	200	208.1	63737.4	13402.8	884.5	171	5
2000-2-15	1.151	5.5	237418.3	144961.8	500	259.3	77630.7	12491.9	1216.2	400	20
2000-10-26	1.145	5	213082.5	130224.2	250	192.2	69844.5	10960.5	1126.3	500	6
2001-8-14	1.15	6	222031.7	135859.6	300	202.6	72909.1	11417.4	1169.2	180	10
2001-11-20	1.155	5.5	224678.5	137590.3	200	161.7	72505.3	13043.2	936.3	200	7.3
2004-11-5	1.166	5.5	261868.7	160232.6	200	131.9	86347.1	13752.1	1023.1	240	8

以上分析了 W65 井特殊的生产特征，该井经历了无水—含水率上升—下降—无水—含水率上升的过程，为一典型的间歇型产水特征。结合地质、地震、生产特征以及前人的研究成果认为：由于致密岩体的上凹下凸，使得 W65 井的缝洞储集体分隔了原油，而水体连通，该井初期产纯油，随着开采的进行，水体锥进到井筒，油水同出，井筒附近水体上升，而与之水体连通但原油分隔的邻近储集体由于原油的膨胀作用，水体界面下降，随着分隔水体的不断减小，邻近储油空间的油气将突破水体分隔进入已开发 W65 的储油空间，因此才会表现为油产量增加，水产量减小，最后变为以产纯油为主。

综合以上分析，认为该井水体有限，其形式基本上属于单层缝洞体出水，且缝洞体由于发育极不规则，油体被分隔，后期出水有可能受上部石炭系水体侵入的影响。

5)MK432 井生产特征及油水分布形式分析

MK432 井于 2000 年 12 月 24 日完钻，完钻井深 5585 m，5433.14～5585 m 为裸眼段。四开钻至井深 5571.5 m 时井漏。随着钻进漏失量加大，最大漏速每小时 42 m³，并有憋跳钻现象；5571.5～5573.5 m 井口未见泥浆流出，气测点未测及岩屑未返出。12 月 22 日在无返液的情况下，强行钻进至 5585 m 终孔。根据以上情况初步判断钻遇充填的溶洞发育带。

2001 年 1 月进行了热洗作业，用 9 mm 油嘴放喷，获日产液 190 m³，含水 58%。分析产液中所含水分来自漏失井段(5571.5～5577.5 m)。1 月 27 日正式自喷生产。该井于 2001 年 3 月 12 日进行了第一次生产测井，数据见表 3-13。

表 3-13　MK432 井产液剖面测井解释成果表(2001-3-12)

序号	产液井段/m	温度/℃	压力/MPa	产油量/(m³/d)	产气量/(m³/d)	产水量/(m³/d)	相对产液量/%
1	5436.5～5456.0	128.00～128.07	56.8～57.0	13.81	0.0	0.0	6.14
2	5483.0～5529.5	128.10～128.20	57.26～57.74	8.71	0.0	0.0	3.87
3	<5562.0	128.22	58.10	100.58	0.0	101.90	89.99

同年 6 月 25 该井进行了第 2 次生产测井，见表 3-14。

两次测井解释结果基本一致。通过两次生产测井结果分析发现，该井产液主要来自 5574.0 m 以下的泥浆漏失段，该段是本井的主要产液层段，而且产水还有上升趋势。

表 3-14 MK432 井产液剖面测井解释成果表(2001-6-25)

序号	产液井段/m	温度/℃	压力/MPa	产油量/(m^3/d)	产气量/(m^3/d)	产水量/(m^3/d)	相对产液量/%
1	5436.5～5456.0	128.00～128.10	56.2～56.4	9.70	203.62	0.0	5.97
2	5483.0～5529.5	128.10～128.20	56.64～57.10	6.23	130.79	0.0	3.84
3	<5562.0	128.26	57.49	29.77	625.09	124.1	90.19

根据两次生产测井测试结果，2001 年 11 月 15 日～12 月 13 日，该井修井堵水，堵水后对 5433.14～5546 m 自喷生产。在进行的两次堵水作业中，共向井筒注入总液量约 600 m^3，清水约 350 m^3。堵水作业后，该井日产油量明显增加，由堵水前的 10 m^3/d 增加到最高 130 m^3/d 左右，含水率下降到 4%，油压恢复到 8 MPa，以后一段时间几乎不产水，说明堵水起到了很好的效果。图 3-27 为该井堵水前后地层水矿化度变化趋势图。由于堵水后，实际产层段为上部裸眼段 5433.14～5546 m，受到堵水施工注入大量水的影响，矿化度明显下降，后随着注入水的排出，到 2003 年 8 月份又趋于平稳，由于一直低产水，可以认为平稳段注入水基本排出，主要为地层水，但总体上稍低于堵水前矿化度，这一变化过程说明堵水前后的出水可能不是来自同一个水体。

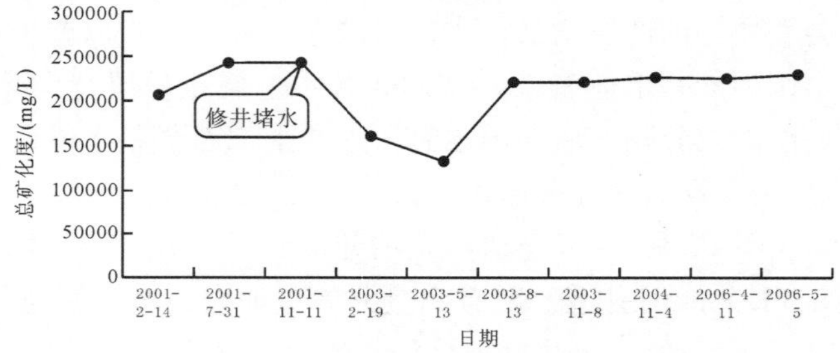

图 3-27 MK432 矿化度变化图

从该井堵水前后水样离子分析结果也可以看到(表 3-15)，堵水前由于产水段主要是 5562 m 以下井段，即下部水体出水，堵水后离子浓度变化大，除矿化度变小外，水密度、Cl^-、SO_4^{2-}、$Na^+ + K^+$、Ca^{2+}、Mg^{2+}、I^- 都有不同程度的变化。所以可以判断，堵水前后水离子成分有差异，可能不是出自同一个水体，堵水后为上部 5433.14～5546 m水体出水。

表 3-15 MK432 堵水前后水样分析数据

取样日期	取样位置	水密度/(g/cm^3)	pH	总矿化度/(mg/L)	Cl^-/(mg/L)	SO_4^{2-}/(mg/L)	HCO_3^-/(mg/L)	$Na^+ + K^+$/(mg/L)	Ca^{2+}/(mg/L)	Mg^{2+}/(mg/L)	I^-/(mg/L)
2001-7-31	5585	1.162	6	242508	148432.7	200	172.7	80224.5	12188.7	1122.5	7
2001-11-11	5585	1.159	5	243080.8	148597.5	150	108.1	83791.2	8924.4	1248.7	5
2003-8-13	5546	1.138	6.0	220733	135240.3	50	233.9	72606.1	11565.1	1027.6	7
2003-11-8	5546	1.111	5.0	220953.5	135282.9	200	218.8	72622.9	11610.6	1040.6	7
2004-11-4	5546	1.149	5.7	227291.2	138922.9	240	201.2	74798.7	11980.3	920.7	8
2006-4-11	5546	1.159	6.0	225815.6	137992.3	300	177.5	74273.3	12389.3	642.1	10

从 MK432 井生产特征来看，该井于 2001 年 1 月 11 日裸眼自喷投产，自然投产开井

见水，初期日产油 100 m^3，含水 58%，后含水率明显上升，日产水达到 160 m^3，日产油急剧下降到 15 m^3 左右。堵水后对 5433.14～5546 m 自喷生产，油压和产量有所增加，油压 8 MPa，日产油稳定在 70 m^3，含水率 4%。到 2002 年底油压下降到 3.5 MPa，日产油 25～30 m^3，日产水不到 10 m^3，堵水取得了很好的效果。后期日产油基本稳定在 25 m^3左右，少量气，日产水量 10 m^3以内。

总体来说，该井开井投产能量大，产量高，但随着含水率的升高产量急剧下降，几乎水淹。堵水后产水得到很好的控制，产量和油压恢复，但产量不高，说明下部产层段能量充足，上部产层段水体有限，能量不高，在储集体发育规模及能量上，下部缝洞体应该大于上部。MK432 过井下方有一明显的串珠状异常体，结合录井放空漏失(5571.5 m)、测井、生产动态特征分析认为，该异常体应该就是下部缝洞体的反应。总体上分析，该井属于缝洞组合型，即上缝下洞型出水形式。

6)单元油水分布形式分析

从该井组产层与见水时间来看(表 3-16)，MK432 井产层深度低于 MK461，且投产较 MK461 早两年，但 MK432 井无水期为 0，远小于 MK461。同样，MK435 井比 MK455 井早投产一年，产层深度较 MK455 低，MK435 的无水期只有 579 天，而 MK455 至今都未见水。从以上分析可知，见水时间与产层深度与投产早晚没有太大的关系。

表 3-16　MK461-MK435-MK455-W65-MK432 井组见水时间

井名	投产时间	见水时间	无水采油期/天	奥陶顶/m	完钻井深/m	生产层段/m
MK461	2003-3-3	2004-9-30	572	5450.5	5604.7	5530～5604
MK435	2001-4-19	2002-11-23	579	5440.5	5600	5440.5～5500
MK455	2002-4-10	(截至 2002-6-5)未见	未见水	5486	5682.5	5486～5548
W65	1999-9-4	2000-2-14	158	5460.5	5754	5460.5～5520
MK432	2001-1-11	2001-1-11	0	5438.5	5585	5438.5～5585

通过前面对该井组单井生产特征以及油水分布形式分析，结合各井的连通性分析、地质、地震以及生产测试情况等，认为该井组油水分布形式如图 3-28。

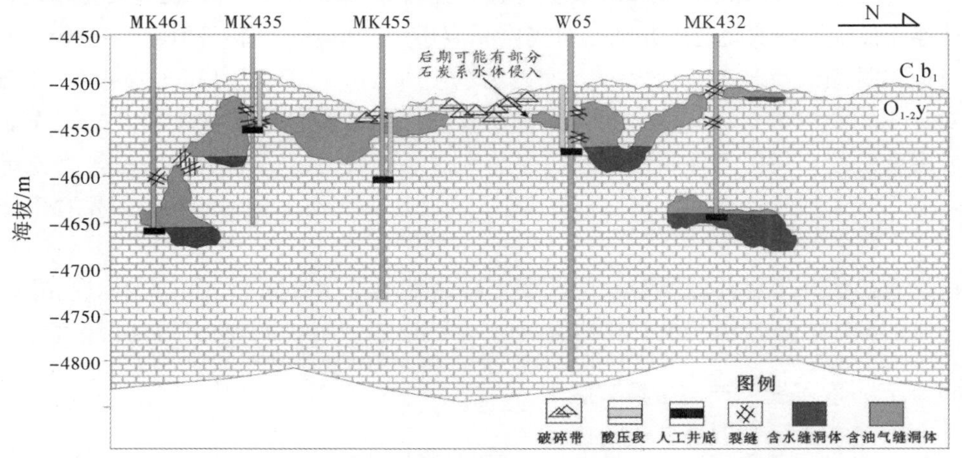

图 3-28　MK461-MK435-MK455-W65-MK432 井组形式示意图

前面连通性分析结果表明，MK432 与 W65 连通性较好，且两井原油性质变化趋势一致，结合地震剖面显示以及缝洞识别，可以认为两井连通同一缝洞储集体。W65 于 1999 年 9 月酸压投产，由于缝洞体内水体的不断锥进，于 2000 年 2 月 14 日见水，产量下降明显。MK432 井 2001 年 1 月 11 日自然投产，由于井底连接一含水为主的缝洞体，井底到达油水界面，开井见水，下部能量较充足，油水同出，上部裂缝产少量油为主。堵水后，MK432 主要为上部缝洞储集体生产，下部水体的侵入得到控制，含水率降低，产量上升，由于 MK432 在下部堵水后上部裂缝段开始大量产出，缝洞体压力扰动，使得 W65 端油水界面下降，含水率受到影响，有降低的现象。后随着 W65 的产出，凹型缝洞体右侧的油水界面下降，原油靠自身的膨胀能进入左侧储集体，使得含水率大幅度降低，以至于一段时间产纯油为主。后期第二次出水，可能有部分石炭系水体的侵入。连通性分析结果表明，MK461 与 MK435、MK55 原油性质变化趋势一致，MK461 注水 MK435、MK455 都见到了很好的反映，三口井连通性较好。MK435 于 2001 年 4 月 19 日酸压投产，由于裂缝产水，产量下降快，但该井下部为一洞内残留水，水体有限，产水量一直不高。MK455 于 2002 年 4 月 10 日投产，投产后一直无水产油，产量稳定。MK461 于 2003 年 3 月 3 日投产后，于 2004 年 9 月 30 日见水，水体不断向上侵入，以致停喷关井改机抽。后该井注水，MK435 与 MK455 的产量和油压明显上升，MK435 由于能量的补充，含水率降低。由于 W65 与 MK455 生产过程中未见到明显的干扰，连通性不明显，可以暂时当作个体对待。另外，结合原始油水界面的计算结果，由于是用 W65 井原始地层压力估算，应反映 W65 井的油水界面，为 5578～5684 m 左右，折算到海拔为－4740 m～－4630。由于 W65 井和 MK432 井连通，且两井下部缝洞体距离近，有可能靠裂缝连通，则计算的结果有可能就是反映下部缝洞体的油水界面，和图中位置有一定的吻合性。由于地质结构特殊，要准确地确定缝洞体的油水界面还需进一步的深入研究。

3. MK832 单元—双层缝洞产出型下水上气

MK832 井钻至井深 5901. 42m 发生井漏，井自 5902. 0 m 已钻遇裂缝发育带，且裂缝或溶孔连通性较好，从而造成井漏。对奥陶系鹰山组($O_{1-2}y$)裸眼 5901. 42～5908. 93 m 井段进行原钻具测试，产水 49. 23 m^3，密度为 1. 13 g/cm^3，Cl^- 为 136000 mg/l，为水层。

对 5712. 52～5775. 0 m 测井解释裂缝发育的裸眼井段进行了酸压完井施工作业。在泵注胶凝酸阶段，泵压下降明显，表明裂缝沟通了储集体。试油期间供液较为充足，未见油，有部分天然气，可能为水层。在 MK832 井地震剖面上显示酸压井段发育串珠状异常体。

可以看出该井下部井漏段为水层，而上部裂缝段产水和天然气，属于双层缝洞产出上气下水的分布特征，由于没有其他资料所以无法进一步认证垂向上的是否连通。

4. W66 单元—双层缝洞产出型具有底水

MK653 井钻至 5587. 87 m 井漏，后钻至 5602. 95 m 共漏浆 84. 2 m^3。钻至 5722. 59 m 放空，井口不返浆，后下钻探至 5725 m，强钻至 5762 m，漏浆 246 m^3。2003 年 7 月 12

～20 日，对 5485.84～5762 m 裸眼井段完井，无酸压，生产井段跨度很大。

根据生产测井中得知该井产层段大致分为 3 个小层(表 3-16)。在第 2 小层处泥浆漏失，第 1 小层处放空，第 2 小层裂缝发育，而第 3 小层有孔洞发育。从各小层相对产液量可以看出，两次生产测井时主力产层发生了相对变化。第 1 小层产液能力下降很大(图 3-29)，储量有限；第 2 小层产液能力略减小，而第三小层产液能力有明显的上升，说明孔洞较发育。

表 3-16　MK653 井生产测井解释成果表(2004—6—29)

序号	综合解释层段/m	压力/MPa	温度/℃	油日产量/(m^3/d)	水日产量/(m^3/d)	相对产液量/%
1	5520.2～5543.3	57.8	129.0	30	0	38.96
2	5579.1～5594.1	58.4	129.3	40	0	51.94
3	<5684.1	59.5	130.44	5.5	1.5	9.10
合计				75.5	1.5	100

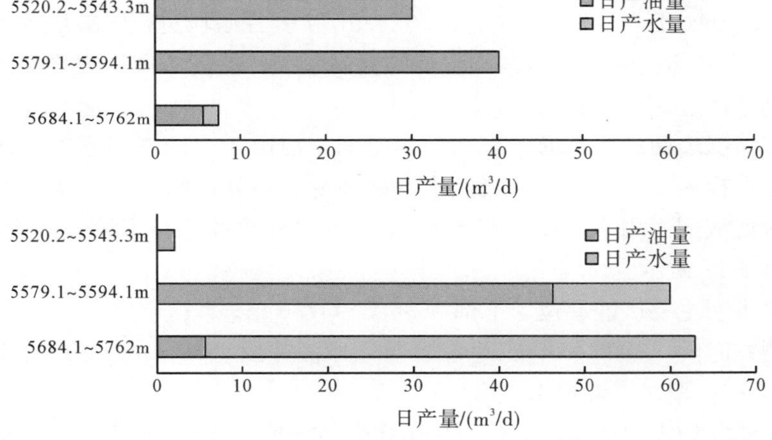

图 3-29　MK653 产液剖面图

该井无水采油 58 天。投产时地层能量充足，但随后产量下降很快含水逐步上升，下降后产液量保持相对稳定。

MK628 井 2001 年 11 月 28 日至 12 月 25 日，对 5505.99～5569.0 m 井段进行了酸压完井，人工井底 5569.0 m。生产井段距鹰山组风化壳上顶面很近，没有放空井漏，裂缝发育。

MK653 和 MK628 的含水特征相似，所以判断两口井间有一定的连通性。另外 MK653 第二层的产层位置相对接近与于 MK628 人工井底位置，从产水顺序可以初步判断 MK653 第二层与 MK628 连通同一个缝洞体。

W66 井 1999 年 10 月 14～15 日对 5496～5501 m、5534～5542 m 两个井段进行酸压施工作业，人工井底 5560 m。生产井段距鹰山组风化壳上顶面很近，没有放空井漏，应该为裂缝发育。

从该井的生产情况来看，无水采油时间 285 天，无水采油 20912.11 t。从含水上升特征看为缝产水特点。

从 W66 井的测井解释以及缝洞解释和综合柱状图结果可以判断，该井在奥陶系为大段裂缝发育，测井解释为油气层。W66 井旁 S-N 向剖面和 W-E 向剖面均未出现一串珠状的异常体，同样可以证明 W66 为微裂缝发育。

MK604 井是人工井底 5549.83 m，2000 年 12 月 13 日对 5502.43～5549.83 m 层段进行酸压，射孔层段：5506～5510 m，5524～5528 m。产层段距鹰山组风化壳上顶面很近，而且该井做了 FMI 成像测井，从结果上可以看出为大段裂缝段。

W88 井 5628.27～5633.97 m 处钻具放空，漏失泥浆 40 m^3。生产井段距鹰山组风化壳上顶面很大，虽有放空漏失现象发生，但未建产能。

W88 直井段从投产时地层能量就不充足，产液量很低，几乎没有产液体。W88CX 侧钻之后有地层能量也很低，没有怎么产液，伴随着机抽后产液量也很低，应该为缝产水。

5. MK816 单元油水形式—单层缝洞油井不同部位反映油水分布差异

MK816 井 2004 年 3 月 15 日对 5608.61～5700 m 裸眼段进行了酸压施工。人工井底在 5700 m，本次酸压沟通了酸压井段附近的缝洞系统，提高了酸压裂缝和天然裂缝的导流能力，达到了改造储层的目的。

本井生产情况表明酸压沟通了有效储集空间，但由于原油体积不大，在用 6 mm 生产一段时间之后换 8 mm 油嘴，造成底水突破井底，油井停喷，油压及产量大幅下降本井进行过两次产液剖面测井，2004 年 8 月 12～15 日对该井进行了第一次产液剖面测井，解释结果如表 3-17 所示。

解释结果表明主要产液层位于下部 5686.5～5700 m。

第二次测井时间：2005 年 4 月 27～28 日，产液井段 5689～5700.0 m，产油 0 m^3/d，产水 103.8 m^3/d；相对产液量 100%。

两次生产测井均表明产液层段位于中下奥陶统一间房组 5686.5～5700 m 地层。

该井地震时间偏移剖面显示在中下奥陶统顶面附近具有串珠状强反射异常体，这是缝洞发育的特征，因此在油水分布形式图上该井附近存在一个缝洞体。

表 3-17 MK816 井生产测井产液数据表(2004-8-12)

序号	综合解释层段/m	产出剖面结论	相对产液量/%	综合结论
1	5609.5～5615.0	可能次产层	18.0	可能次产出层
2	5654.0～5662.0	微产层	10.5	微产出层
3	5686.5～井底	主产层	71.5	主产出层

该井中下奥陶统缝洞较发育，结合录井结果及产液剖面测试资料认为发育多层缝洞，上部为主要产油层段，下部为主要产水层段。

MK831 钻井中发现两次放空并发生漏失，漏失泥浆 180 m^3，放空井段：5688.89～5689.12 m，5693.25～5700.21 m。地质录井结果表明中下奥陶统鹰山组地层溶蚀缝洞发育。

本井生产情况表明油体具有一定能量，水体不活跃，转抽后产水量不高，表现底水推进的特点。

2004 年 11 月 21 日，对该井进行了产液剖面测井，认为该井目前的产液主要来自 5694.5 m 以下井段。

本井地震时间偏移剖面显示在生产井段具有串珠状强反射异常体，这是缝洞发育的特征。本井中下奥陶统鹰山组地层缝洞较发育，生产情况表明具有一定能量，产量不高，说明油体体积不大；结合录井结果及产液剖面测试以及生产特征认为本井储层空间为溶洞。

M815(K)在井深 5654.11 m 钻遇漏失，并在 5656.14～5658.04 m、5658.9～5667.2 m 井段间断放空，后强钻至井深 5676.74 m，井口溢流出地层水，反映缝洞发育，但是测试未建产能。

2004 年 3 月 27 日对该井 O_1 油层 5555～5610 m 裸眼井段进行酸压仍未建产能。2004 年 7 月 5～8 日侧钻前，测试结果表明产出层段：在 5580 m 以下，产出层为水层。

本井侧钻前后共取水样 6 次，分析化验结果表明，侧钻前水样与奥陶系深部洞穴地层水特征相似，侧钻后水样与奥陶系上部地层水样特征相似。MK815 井缝洞发育但都属于孤立的水洞，未建产，侧钻后油水同产。

MK741 钻至井深 5650 m 出现漏失并失返，在井深 5657.62 m 时发生溢流，其间间断放空。通过测试 5504.44～5657.62 m 井段为油层。生产情况表明油水同出。在地震剖面上 S-N 方向，W-E 方向均发育串珠状异常体，剖面上位于 MK741 与 MK831 井之间(图 3-30)。

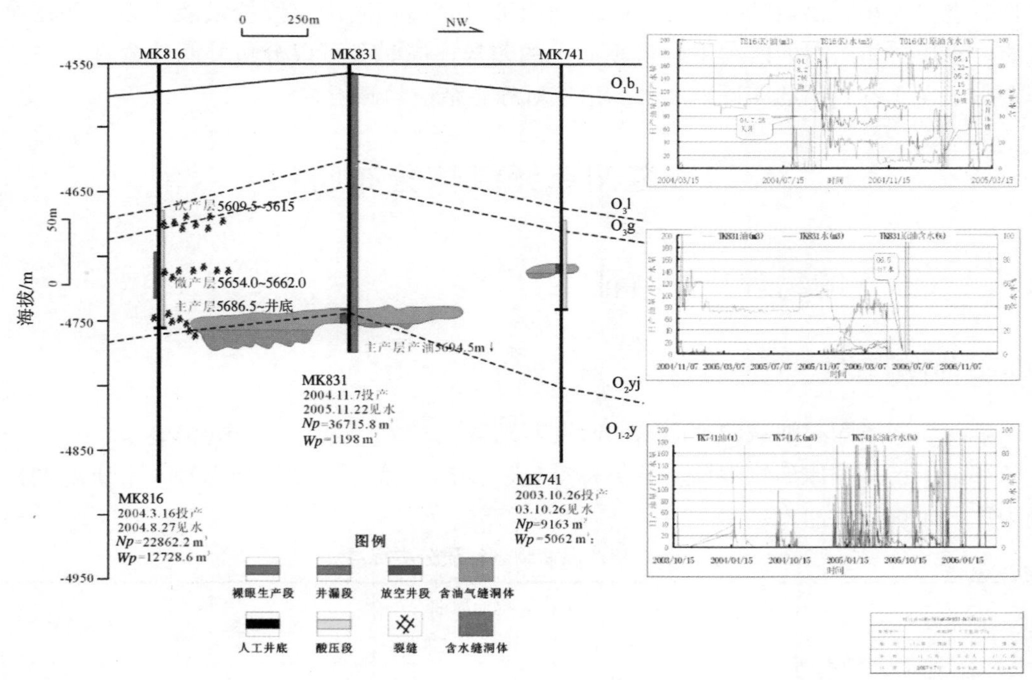

图 3-30　MK816 单元油水分布模式图

该单元 MK816 表现为裂缝生产特征，而 MK831 井是孔洞生产的特点，两者能量特征相近，应该处于同一个缝洞单元，只是位于同一缝洞单元的不同部位，导致产水机理的差异。

不论是单一的还是复杂的缝洞单元，油水分布形式主要取决于缝洞结构以及油气水赋存状态。从上述分析来看，单层缝洞产处型的有M807单元、W65单元、MK816单元，其中M807是典型的水洞，W65单元具有底水特征同时个别井区有残留水体，MK816单元是同一缝洞单元中油井分别以裂缝、孔洞沟通缝洞体，引起生产动态的差异。双层缝洞产出型有MK404单元、M701单元、M808(k)单元、W48单元、W66单元、MK832单元，其中MK404单元垂向上两层洞不连通，下部有残留水体、上部可能有混源水、M701单元垂向上两层洞不连通，上下两层水质有差异、M808(k)单元为双层水洞、W48单元具有相对统一的底水、W66单元具有相对底水，MK832单元垂向连通情况不明，但是上部产气、下部为纯水洞，有上气下水的特点。MK725单元为多层缝洞产出型的纯油洞局部有残留水体；W74单元是有裂缝、断层沟通分散的缝洞体，具有多个水体(或残留水体)；M803(K)单元孔洞依附于断层发育，裂分产水特征具有残留水体。

总体来看，油水分布的复杂性，并不取决于是单井单元，还是多井单元，更重要的是垂向上储集体的分布、连通与否，以及流体赋存决定着油水分布形式。因此，在研究过程中，应在缝洞体钻井、测井、地震解释的基础上，从能量动态、流体性质、产出特征等方面分析油水分布形式。这一问题复杂性还表现在同井不同资料间的多解性甚至是矛盾、井间的多解性和矛盾；在静态资料分析中测井、地震以钻井为标准，尤其是对缝洞段的解释，在动态资料方面，单井生产数据能反映产层段共同的特征，用以判断产水类型、能量大小、供液的变化等，产液剖面可以剥离不同产层段的供液能力，并在原油性质、水质分析资料的匹配下分析垂向上的差异，同时又可以分析井间连通性，注意静态资料于动态资料间的印证以及动态信息对静态结论的修正。

3.3　缝洞单元流体分布特征

3.3.1　油气的物理化学特征

1. 原油的物理性质

塔河油田奥陶系油藏的地面原油密度差别较大最大，为0.81～1.0236 g/cm³，平均0.9318 g/cm³。据原油物理性质分类标准(表3-18)，该区原油部分为轻—中质原油，部分为重—超重质原油。

表3-18　原油物理性质分类标准

地面原油密度分类		地面原油黏度分类		地面原油凝固点分类		硫含量分类		蜡含量分类	
类别	密度/(g/cm³)(20℃)	类别	黏度/(mPa·s)	类别	凝固点/℃	类别	硫含量/%	类别	蜡含量/%
凝析油	<0.706	特低黏度油	<1	低凝油	<0	低含硫	≤0.5	低蜡	<1.5
挥发油	0.706～0.805	低黏度油	1～5	中凝油	0～40	中含硫	0.51～2.0	含蜡	1.5～6.0

续表

地面原油密度分类		地面原油黏度分类		地面原油凝固点分类		硫含量分类		蜡含量分类	
轻质油	0.805～0.870	中黏度油	5～10	高凝油	＞40	高含硫	＞2.0	高蜡	＞6.0
中质油	0.870～0.934	高黏度油	10～50						
重质油	＞0.934	稠油	＞50						

注：地面原油密度、黏度、凝固点分类据《中华人民共和国石油天然气行业标准》(SY/T 5735-1995)

根据塔河地区奥陶系生产井的地面原油分析结果，得到的原油密度分布：

(1)西北源油重，地面原油密度 1.0～1.03 g/cm^3；东南轻，地面原油密度在 0.8 g/cm^3 以下，中部为正常原油；

(2)原油密度这一分布特征与两期成藏有关，已有的研究结果表明，在海西期前，生成的石油早期聚集在西北高部位，在海西早期经抬升剥蚀，氧化形成重油。海西后，特别是燕山等晚期生成运移来的为轻质油(可能有少量气体)，由东南向西北混合，在中部重油与轻油形成正常油分布带。

(3)根据 2、3 区轻质油、4、6、7 重质油区和 8 区原油密度的纵向分布特征表明，总体从向上存在下油重，上油轻现象。说明在油气集聚过程中存在一定的重力分异作用，但具体到缝洞体，因后期轻油的驱替和混合不一定完善，油性变化也大。该区原油运动粘度分布区间较大，最小为 4.34 mPa • s，最大为 18297.51 mPa • s。

原油粘温敏感性分析表明：W76、M805(K)井区原油黏度对 20～40 ℃温度段最为敏感；W91-MK725 井区原油黏度对 40～60 ℃温度段最为敏感；MK719 井原油黏度对 20～50 ℃温度段最为敏感；总体来说，塔河油田奥陶系油藏的原油运动粘度对温度影响最为敏感的温度主要分布为 20～60 ℃，因此，在开采中对原油降粘将会极大降低原油的流动运动阻力，提高开发效果。

奥陶系油藏的原油凝固点最低为－30.67 ℃，最大 21 ℃，平均－10.33 ℃，属于低—中凝原油。原油燃点－1.49 ℃，最大 161 ℃，平均 62.22 ℃，表明该区重质组分含量较高。奥陶系油藏的原油含盐量分布为 7.84～62031.17 mg/L，平均为 7467.34 mg/L。多数井的原油含盐量都在 1000 mg/L 以上，且含盐量高值井区分布在研究区南部，靠近盐下区块，这表明原油样品中含有水分，这些水分正是受到南部盐体的影响。

该区原油含硫量为 0.364%～3.37%，平均 2.013%，据原油物性分类标准，塔河地区低含硫原油、中含硫原油、高含硫原油均有分布，原油中的含硫量与原油的密度呈正相关关系，随着密度增加，原油含硫量也增加，这与硫元素主要在极性组分中富集有直接关系(图 3-31)。即在重质油分布的西北地区，硫的含量高，在轻质油分布的东及东南部地区硫的含量低。原因是塔河油田奥陶系原油曾经遭受过严重的生物降解作用，因此该区重质油区硫含量高并非是未熟油，其成因应为海西完幕构造抬升，古油藏遭受破坏，发生生物降解后形成的。显然，从油气演化的角度出发，有机质演化的早期形成石油含硫量比晚期的轻质油要高。

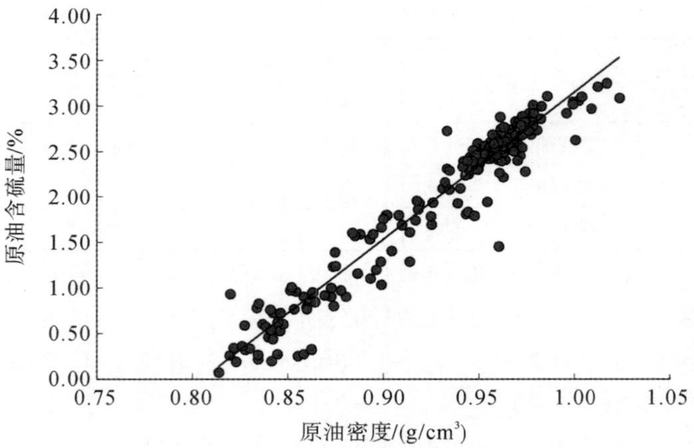

图 3-31　塔河油田奥陶系原油含硫量和密度的关系

该区原油含蜡量最小为 1.38%，最大 13.19%，平均 7.58%。根据原油物性分类标准，该区原油分布区间较大，既有低含蜡原油，也有高含蜡原油。其分布特征与含硫量基本相同。原油初馏点分布为 60.98～131.9 ℃，平均为 89.2 ℃，原油终馏点最小 297 ℃，最大 306 ℃，平均 304 ℃，原油总馏量为 13.1%～57.43%，平均 31.08%。

2. 原油高压物性分析

本书收集了奥陶系油藏 M705、M702B、W86 等 13 口井的 PVT 分析资料。取样点压力均大于饱和压力，达到了取样要求。根据 PVT 测试结果分析有如下主要特征。

地下与地面原油密度对比(图 3-32)，地面脱气后(包括易挥发组分)原油密度变化较小，为 0.94～0.98 g/cm³，而地下原油密度变化较大，为 0.78～0.94 g/cm³，两者呈线性增加关系。这一特征说明，地下原油因轻质油及天然气的混入降低了其密度值，混入前的原油密度是比较大的为重质油。混入后，根据混入量多少，其密度在凝析油到重油之间变化。

地层原油的黏度主要与油性有关，重油黏度高 10～80 mPa·s，轻油黏度低在 10 mPa·s以下。地面原油密度与地下原油黏度有较好的指数相关性(图 3-33)。

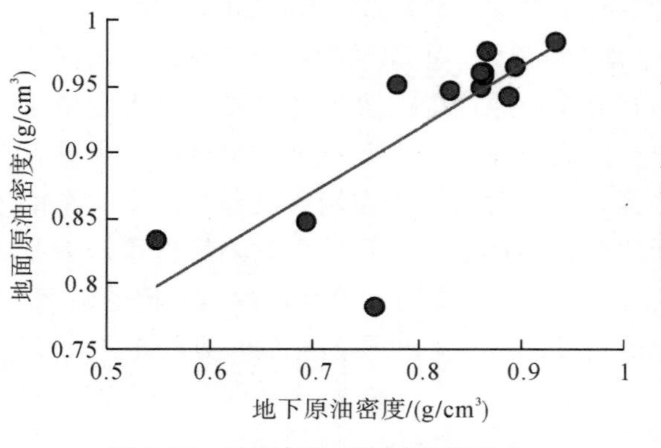

图 3-32　地下与地面原油密度对比

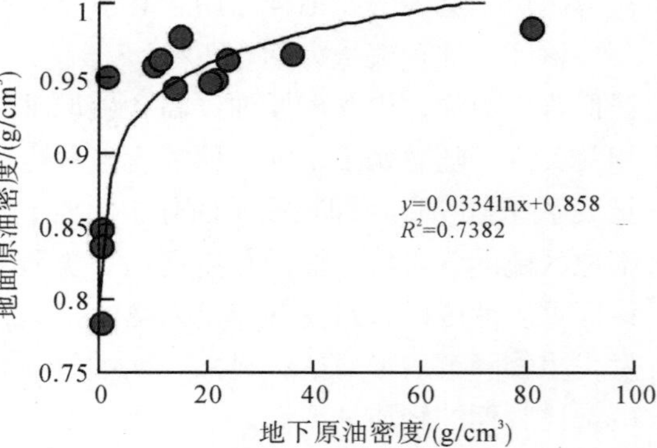

图 3-33　地面原油密度与地下原油黏度关系

从原油的饱和压力特征来看，2、4、6、8 区原油饱和压力主要为 13.56～20.69 MPa，3 区饱和压力为 40～60 MPa，相比高得多。从其与地面原油密度的关系看(图 3-34)，2、4、6、8 区原油性质与 3 区明显不同。从地饱压差看 2、4、6、8 区为 35～50 MPa，3 区则不同在 15 MPa 以下(图 3-35)。

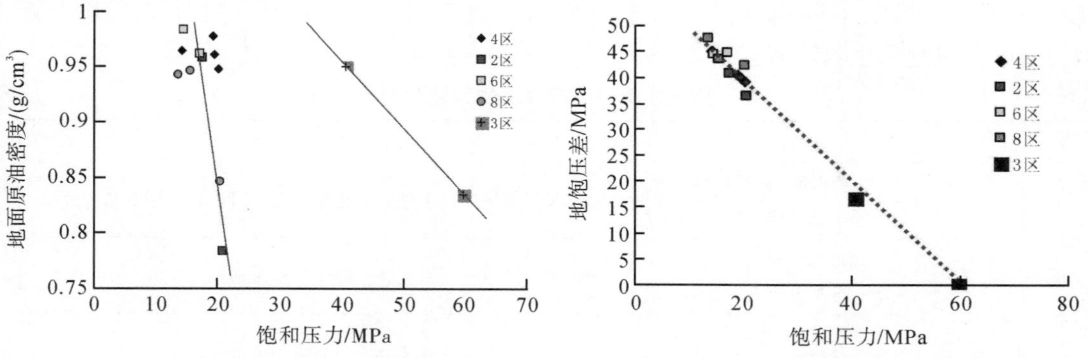

图 3-34　地面原油密度与饱和压力关系　　　图 3-35　原油饱和压力与地饱压差关系

从原油的气油比值特征看，2、4、6、8 区原油气油比值相对较低，一般在 100 m^3/m^3以内，主要分布为 40～60 m^3/m^3，且有随着原油的地面密度的增加而降低的趋势(图 3-36)。3 区的原油气油比值增高，其与原油密度的关系与其他区块不同，显示为不同的油性。

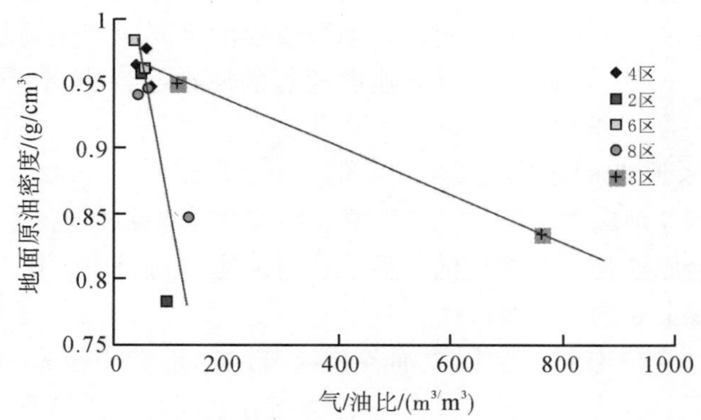

图 3-36　地面原油密度与气油比关系

上述特征反映出，塔河油田东部和南部奥陶系原油受氧化改造等最弱，主要积聚了受后期高成熟度的油气充注；油藏西北部原油受氧化作用增强，主要以残留经氧化改造后的重油等为主，受晚期的油气充注改造影响弱；上述区域之间则是混合带，即早期为经一定改造的重油，后期演化成熟的轻油运移来，逐渐混合。

3. 原油族组成特征

原油族组成(表 3-19)是原油类型、成熟度、来源、运移分异等成因特点的宏观表现，对于塔河油田奥陶系原油而言，其特征为：①1、9、11 区等东部和东南部原油均属于类型Ⅰ，具有高饱和烃(＞80％)、低芳烃(＜15％)、低非烃类(非＋沥)(＜5％)特征，反映出有较高的成熟度或经过充分分异后的油气积聚特点，无明显的后生化学改造；②3、5、10 区原油，主要属于类型Ⅱ，少数属于类型Ⅰ，表明它们有相近的成熟度，并遭受过不同程度的后生变化，总体上反映出经过较弱后生改造；③中部 4 区奥陶系原油大部分属于类型Ⅳ，部分属于类型Ⅲ，反映出原油具明显后生改造或经强烈后生改造，有明显氧化或生物降解特征；④西部或西北部 6、8 等区等奥陶系原油均属于类型 IV，反映出原油经过强烈氧化和生物降解。

表 3-19　原油族组成及后生变化分组表

类型	指标	特征
Ⅰ	饱和烃＞80％ 非烃＋沥青质＜10％	原油保存条件好，未经后生化学改造，可能存在脱沥青作用
Ⅱ	饱和烃＞60％ 非烃＋沥青质 10％～20％	原油经过较弱后生改造
Ⅲ	饱和烃＞40％ 非烃＋沥青质 20％～30％	原油具较明显后生改造
Ⅳ	饱和烃＜40％ 非烃＋沥青质＞30％	原油经强烈后生改造，有明显氧化或生物降解迹象

4. 原油的同位素组成

石油烃类的碳同位素组成继承其母源有机质的组成，一定程度上也受热成熟过程的同位素分馏效应的影响。一般来说，同源原油因成熟度不同而产生的稳定碳同位素组成 ^{13}C差异不超过 2‰～3‰。因此，对于成熟度相近的原油，若稳定碳同位素^{13}C 值相差 2‰～3‰ 以上，则一般认为是非同源的。

塔河油田奥陶系原油的碳同位素 $\delta^{13}C$ 值为－34.42‰～－32.12‰，与黄第藩等(1997)分析的塔里木盆地塔中、塔北、东河塘、英买力等原油碳同位素^{13}C 值为－31.7‰～－34.4‰，与塔河原油是非常相近的。显然，塔河原油与塔中、塔北等主要含油区的原油在碳同位素组成上表现为同源特征。

从族组成碳同位素分布看，常规原油各族组分之间重碳同位素富集的先后顺序是 $\delta^{13}C_{饱}<\delta^{13}C_{芳}<\delta^{13}C_{非}<\delta^{13}C_{沥}$，而重质油中各族组分之间则发生沥青质与非烃碳同位素的倒转，这主要是富^{12}C 的细菌残体转化到了沥青质中的缘故。本区原油各组分中 $\delta^{13}C$ 分布普遍存在倒转现象，即由正常组合倒转为 $\delta^{13}C_{饱}>\delta^{13}C_{芳}>\delta^{13}C_{非}>\delta^{13}C_{沥}$，表明本区原油氧化降解有一定的普遍性。从图上还可以看出，还有一部分原油 $\delta^{13}C_{饱}<\delta^{13}C_{芳}$，表明在后期有成熟度较高的原油的进入，使得其原油的饱和烃和芳烃的富集顺序又趋于正常。

综上所述，塔河地区奥陶系原油明显存在两期集聚。早期原油集聚后经过氧化和生物降解，逐渐形成重油—超重油。晚期原油轻，从西向东运移而来与早期重油混合，在同源性上，3 区原油主要为晚期轻质原油，2、4、6、8 区多为混合原油，显示均有一定同源性，但是早、晚期原油油性明显不同，可能存在异源。

5. 天然气特征

塔河油田奥陶系所产天然气，其烃类组分含量较为丰富，烃类气体中以甲烷为主，还含有乙烷、丙烷、丁烷、戊烷和己烷及更重烃类组分。塔河油田奥陶系天然气相对密度为 0.591～0.943，分布范围较大。显示天然气的成因类型可能存在区别。可能以溶解气或伴生气、凝析气的形式出现。天然气密度和甲烷含量有较好的相关关系(图 3-37)，与重烃也有一定的正相关关系(图 3-38)。

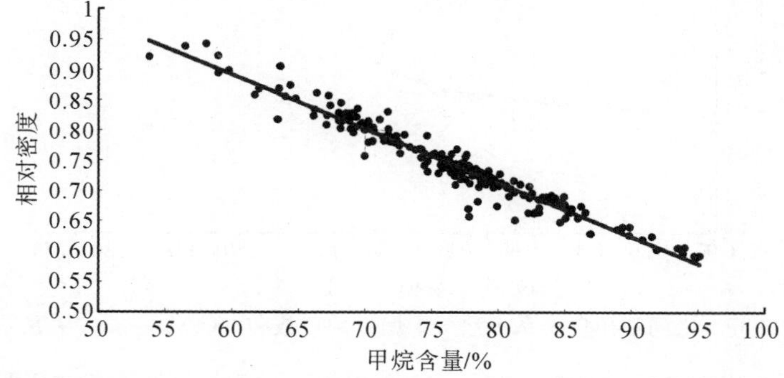

图 3-37　塔河油田奥陶系天然气甲烷含量与相对密度的相关关系图

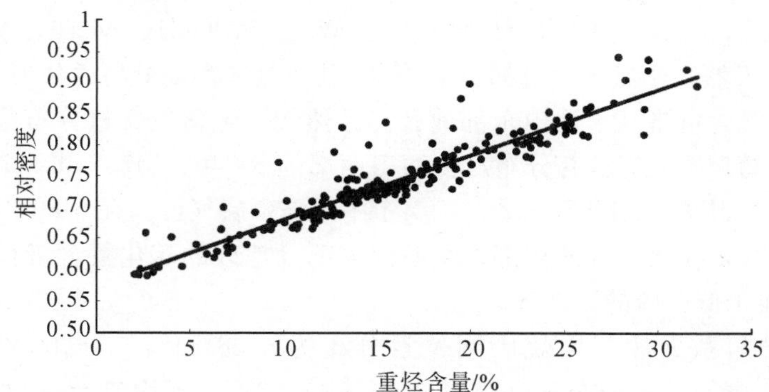

图 3-38　塔河油田奥陶系天然气重烃含量与相对密度的相关关系图

甲烷含量分布范围较大，为 56.104%～95.471%，其分布主要呈现西低东高的趋势，其中以 M740、M739 和 M749 一带甲烷含量最低，其甲烷含量低于 70%，其次是 W80 井到 W76 井一带，甲烷含量分布为 70%～75%，其东面的 MK471X 至 M208 一带甲烷含量 75%～85%，甲烷含量最高的分布在 W14 至 W102 一带，甲烷含量基本大于 90%。但在 W92、M7K41、M817 M817(K)、MK829 一带分布有 70%～80%甲烷含量较高的井。乙烷含量为 1.245%～17.221%，其分布呈现西高东低的趋势，在 W92、MK741、M817(K)、MK829 一带乙烷含量相对较高。丙烷及更重组分含量为 0.516%～19.039%，其分布特征和乙烷含量分布类似。气体组分含量上符合甲烷＞乙烷＞丙烷＞丁烷的规律。

塔河油田奥陶系天然气干燥系数变化范围较大，干燥系数的对数分布为 0.257～1.723，干燥系数是评价天然气成熟度高低的一项重要指标。一般来说随着成熟度的增加、甲烷含量增加干燥系数增大。从干燥系数与 lgC_2/lgC_3 的相关关系(图 3-39)可以看出，塔河地区奥陶系地层中有湿气、干气。显示出，天然气来源有溶解气和有游离气，溶解气是早期集聚的原油中所含气体，高成熟有游离气是晚期生成的。

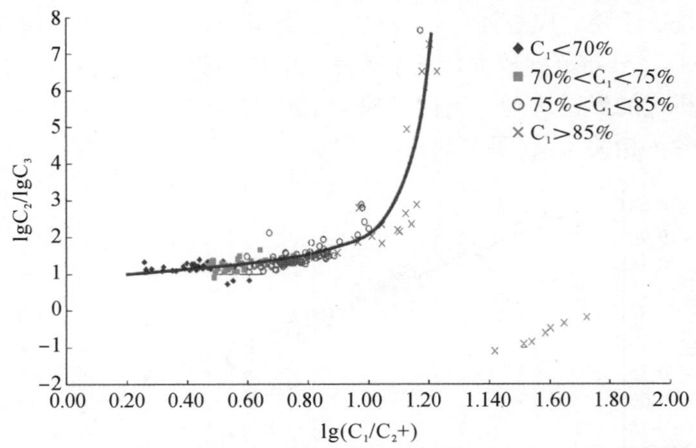

图 3-39 塔河油田奥陶系天然气干燥系数对数和 lgC_2/lgC_3 相关关系图

二氧化碳含量相对较高，为 0.042%～10.906%，高值区主要分布在 MK854、M812(K)和 MK857一带。在油田的东部和南部地区，二氧化碳含量偏低。氮气含量为 0.567%～10.791%，氮气含量较高的井为 MK421、W99、MK631、M901、W22、MK447、MK741，其余井天然气中氮气含量都小于 6%。其中氮气含量最高的井为 MK421 井。平面上油田西部氮气含量略高于油田东部地区。天然气的硫化氢含量分布范围较宽，从几乎不含硫化氢到高含硫化氢都有分布。在油田西部的 M740、M751 和 M738 井一带硫化氢含量较高，为 20179～104397 mg/m^3，属于中—高含硫气区。在 M804(K)、W91 井一带为含硫的天然气，在研究区的东部、东南部大部分地区的硫化氢含量很快衰减到低于 1000 mg/m^3，属于低含硫的天然气。

塔河油田奥陶系天然气甲烷碳同位素分布为－36.11‰～－48.2‰，平均值为－41.91‰；乙烷碳同位素分布于－34.34‰～－41.98‰，平均值为－38.17‰；丙烷碳同位素分布为－32.00‰～－37.86‰，平均值为－34.17‰；丁烷碳同位素分布为－21.08‰～－33.68‰，平均值为－31.82‰；二氧化碳的碳同位素分布为－3.2‰～－12.95‰，平均值为－8.51‰。乙烷与甲烷的碳同位素富集系数(ΔC_2-C_1)变化范围为 0.57‰～9.84‰。从天然气碳同位素组成特征来看，天然气烃类组分都主要是有机成因，天然气碳同位素组成符合 $\delta^{13}C_1<\delta^{13}C_2<\delta^{13}C_3<\delta^{13}C_4$ 的规律，没有倒置的现象。从天然气碳同位素的分布看(图 3-40)，大多数数据点都落在高成熟油系气的区域内，仅有少数点落在成熟油系气的区域内(M739、M720 和 M718 井)，而在油田西部的天然气成熟度较低。说明研究区天然气主要为高成熟气，西部地区存在成熟区生成的天然气。

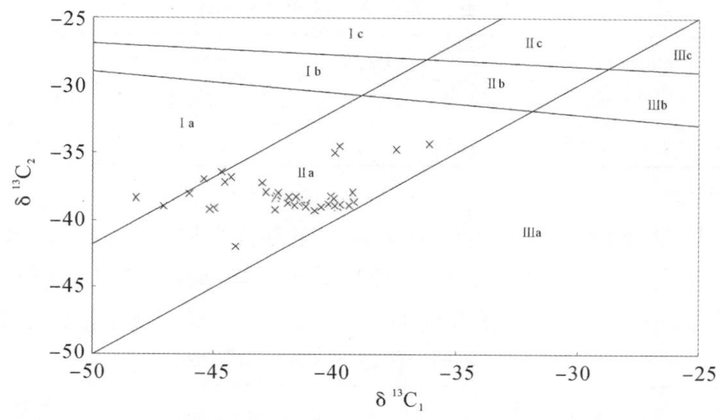

图 3-40　塔河油田奥陶系天然气甲烷与乙烷碳同位素组成相关关系图

Ⅰa. 成熟油系气；Ⅰb. 成熟油系～煤系混合气；Ⅰc. 成熟煤系气；Ⅱa. 高熟油系气；Ⅱb. 高熟油系～煤系混合气；Ⅱc. 高熟煤系气；Ⅲa. 过熟油系气；Ⅲb. 过熟油系～煤系混合气

3.3.2　水化学特征分析

1. 地层水的化学特征

1)矿化度

统计结果表明塔河油田奥陶系地层地层水矿化度为 50～277.11 g/L，石炭系地层水矿化度为 138.49～308.79 g/L，三叠系地层水矿化度为 136.74～223.4 g/L，寒武系地层水矿化度为 159.39～230.54 g/L。与其他油气藏地层水矿化度对比(表 3-20)说明塔河油田地层水属高浓度水，为经长期地层内循环，经水岩作用高度变质的地层水类。

表 3-20　塔河各地层地层水与其他油气藏地层水矿化度特征对比　(单位：g/L)

地层	奥陶系地层	石炭系地层	三叠系地层	寒武系地层	海水	川东石炭系气藏	珠江口第三系油藏	四川三叠系 T_1h^4 卤水	柳州地面水
矿化度	50～277.1	138.49～308.79	136.74～223.4	159.39～230.54	35.0	20.12～298.59	27.48～83.24	100.0～160.0	0.35

2)地层水水型

按苏联地球化学家的分类，氯化钙型水和重碳酸钠型水是油气田水的两种主要类型。塔河油田地层水均是 $CaCl_2$ 型，表现为深层滞留水特征。

3)pH 值

从已有的水分析资料来看，塔河各地层地层水的 pH 值多数为 5.0～6.7，显示弱—中酸性，这在油田水中是十分少见的。众所周知，一般情况下，深盆地中长期处于封闭承压环境的高矿化度的变质水一般不存在酸性水，都以碱性水或弱酸性水为主，即使是地面溶蚀平衡的水，其 pH 值也为 7.0～8.68 显示碱性水特征(表 3-21)。造成这一现象原因可能是部分水样是酸化后的样品，存在残酸的影响，pH 值低。

表 3-21　国内外部分地区水分析 pH 值

油田	德克萨斯 High Isiand	North Coles Lever	四川盆地			塔河油田地层水	地表水			
			$Tc_2{}^2$	$T_f{}^{3-1}$	C_2h_2		伊春	保德	济南	柳州
pH	6.83～7.6	6.75～7.05	6.0～9.0	7.5～9.0	8.0～9.0	5.0～6.7	8.67	7.6	7.7	7.4

4)常量元素特征

一般情况下淡水中阳离子以钙占绝对优势，随着含水层埋深加大，水中的钙不断以 $CaSO_4$ 和 $CaCO_3$ 的形式析出，使水中 Ca^{2+} 离子减小。塔河油田奥陶系地层水中阳离子以 $Na^+ + K^+$ 和 Ca^{2+} 离子占优势，相比其他油田水 Mg^{2+} 离子含量略高(表 3-22)。

表 3-22　不同地区地下水常量组分特征　　(单位：mg/L)

地区、层位		$Na^+ + K^+$	Ca^{2+}	Mg^{2+}	Cl^-	SO_4^{2-}	HCO_3^-
川中雷口坡气藏		1430～103760	24030～42727	945～18137	9108～227600	160～1943	0～3013
川东卧龙河 Tc^5 气藏		110216	2903	218	171789	4436	411
川东铁山	Tc^5 气藏	29517～37767	5025～8615	0～3149	47894～63124	1799～4309	200～1193
	$T_{1f}{}^{3-1}$ 气藏	11294	293	46	16574	1358	830
	C_2h 气藏	6616～10927	781～871	88～102	10521～17847	477～543	829～1573
塔里木盆地奥陶系油藏		19090	2000	180	33420	0	203
珠江口盆地第三系油藏		6950～3350.1	220～3165.5	4.25～770.3	16294.5～57410.6	73.9～4896	0～399.8
塔河奥陶系地层水		12000.55～91753.78	1351.1～75601.1	113～6555.29	20846.73～171134.17	0～2250	14.64～2298.01
海水		11044	420	1317	19324	2688	150
地表水	伊春	5.98	35.33	13.23	4.95	7.0	172.07
	保德	27.16	50.3	20.76	14.18	28.81	253.54

塔河奥陶系地层水中阴离子以 Cl^- 离子为主，它占阴离子的 97%以上，次之为 HCO_3^- 离子，约占阴离子的 1%左右。奥陶系地层水中含较多的 SO_4^{2-} 离子，约占阴离子总数的 0.7%左右。其原因可能是局部地区残余石膏溶解造成，也有可能与塔里木盆地早二叠世的火山活动有关。

5)地层水特征系数

脱硫系数($SO_4^{2-} \times 100/Cl^-$)：通常油气田水中硫酸盐含量甚微，脱硫系数一般低于 1。地层水中脱硫系数低的原因主要是，在埋藏环境下厌氧细菌的还原作用使硫酸盐还原，或在烃类直接参与作用时，变为 H_2S 气体而从水中逐渐逸出。另一方面由于石膏地层中硫酸岩矿物以及火山喷发物的溶解又可以使得部分 SO_4^{2-} 离子进入地层水中。

通过对研究区已取的水样的脱硫系数计算(表 3-23)，显示塔河奥陶系地层水脱硫系数变化很大，个别样品因不含 SO_4^{2-} 离子脱硫系数为 0，而有的达到 10 以上，但其值主要分布在 0.56 左右。个别高值可能是由于样品在地表氧化所致或取样处正好是高含石膏的岩层。而寒武系、石炭系、三叠系的脱硫系数值变化很小，均小于 1。表明奥陶系地层水主要是本层的封闭水，与其他地层的地层水有区别。

表 3-23　塔河油田地层水特征系数

	寒武系	奥陶系	石炭系	三叠系
脱硫系数	$\frac{0.15\sim0.65}{0.27}$	$\frac{0\sim2.66}{0.24}$	$\frac{0.02\sim0.83}{0.23}$	$\frac{0.11\sim0.48}{0.27}$
钠氯系数	$\frac{0.25\sim0.53}{0.44}$	$\frac{0.11\sim0.73}{0.5}$	$\frac{0.5\sim0.56}{0.53}$	$\frac{0.53\sim0.56}{0.54}$
钠钙系数	$\frac{0.76\sim5.99}{3.53}$	$\frac{0.14\sim11.58}{3.04}$	$\frac{0.53\sim11.49}{7.1}$	$\frac{5.73\sim9.48}{6.82}$

注：$\frac{最小值\sim最大值}{平均值}$

钠氯系数：据博雅尔斯基的研究，他将 $CaCl_2$ 型水按钠氯系数进行分类。从这个分类来看，当钠氯系数(Na^+/Cl^-)大于 0.75 时，地层水有外来淡水混合，而油田水处于相对封存条件下钠氯系数应低于 0.75。对于塔河各地层来讲，其地层水属深埋藏封闭条件下变质水，其钠氯系数一般应小于 0.65。实际水样计算结果表明(表 3-23)，地层水 Na^+/Cl^- 值为 0.25～0.73，符合博氏理论。

钠钙系数：一般来讲，地表河、淡水湖及雨水钠钙系数值比较小，在 1 以下，原因是 $Na^+ + K^+$ 离子含量低仅几毫克/升至几十毫克/升，它在阳离子中的浓度仅占第三位，而 Ca^{2+} 离子含量达几百毫克在阳离子中占第一位。沉积盆地浅层水钠钙系数略有增加，为 1～4。深层地下水及油田水一般都超过 5。海水的钠钙比值最高达 23.2。如表 3-23 所示塔河寒武系的钠钙系数低于 5，其平均值为 3.53。而其他地层地层水钠钙系数的平均值均在 5 以上。显示其属于相对独立的水岩系统。

2. 凝析水的化学特征

在地下，水蒸气进入气态或液态烃类物质中，当油气被开采到地面时，因温压条件变化发生凝聚作用而呈液态水，这种水称为凝析水。凝析水在油藏、气藏和凝析气藏中均可形成，但其量差别很大。影响凝析水形成的因素很多：在油气区和油气聚集处水—烃类混合物的温压差、该混合物运移的速度和距离、油气藏大小、圈闭的形态、地层水的水动力条件和水化学成分、烃类的组成和性质以及油气藏的开发性质等。

据实验资料，水在石油中的溶解度只有在天然气中的 1/5～1/20。水在烃类中的溶解，主要取决于温度，温度下降导致水蒸气的凝结。因此，无论是气态还是液态烃都能携带呈溶解状态的水，只是在数量上有所差别。

一般情况下，凝析水应为纯净淡水而不含有任何矿物质，但是由于水蒸气在井筒附近地层中就可能发生凝聚作用而使地层中的残余地层水(也可以是束缚水)混合于其中，因而(或因井筒内不干净等而混合有其他矿化水)具矿化特征。不同含油气区的凝析水化学组成有很大的差别。通常它们的矿化度小于 15 mg/L，离子成分中以 Na^+ 和 Cl^- 为主，且 Na^+/Cl^- 常大于 1，多属 $NaHCO_3$ 或 Na_2SO_4 水型，有时凝析水中 HCO^{3-} 或 SO_4^{2-} 的含量很高，成为该水中的主要组分。

研究区的凝析水因地层水等的渗入的影响，其所含矿物的成分变化大，造成水型变化也大。混入的其他水量多少不同，其矿化度也有变化，但总的来讲因凝析水是溶液，可以使渗入水的矿化度降低，呈现低矿化度特征。阳离子方面，这类水的 Ca^{2+}、Mg^{2+} 离子比正常地层水平均减少了 10～16 倍。氯离子含量平均只等于奥陶系地层水 5.86%，而 HCO_3^- 和 SO_4^{2-} 离子量同样如此。

3. 有残酸液混合的地层水化学特征

为了达到增产、解堵的目的往往要对产层进行酸化压裂。一方面酸液不可能完全与地层反应，另一方面酸液与地层反应必然要产生新的生成物。而在返排施工过程中又不能将这些液体完全地排出，导致相当一部分液体滞留在地层中与地层水混合。而这必然会对地层水的特征性质产生一定的影响。我们将这种混合液称为残酸液。在其后的生产过程中伴随着地层水的产出滞留酸压液也会慢慢地被带出，地层水所受的影响也会逐渐地减少直至最后变成“纯”的地层水。根据酸化后 HCl 的残余量为 3%～5%的情况，按照酸与白云岩及方解石反应式对残酸液的矿化度进行了计算(表 3-24)。基本反应式如下：

$$4HCl+CaMg(CO_3)_2 \leftrightarrow CaCl_2+MgCl_2+2H_2O+2CO_2\uparrow$$

$$2HCl+CaCO_3 \leftrightarrow CaCl_2+H_2O+CO_2\uparrow$$

表 3-24　酸化后残酸的矿化度计算成果表

消耗 HCl 浓度/%	白云石/(g/L)	方解石/(g/L)
20	243.61	310.29
16	188.39	238.50
12	136.74	172.12

从计算结果可知，当酸后残酸余量在 3%～5%时，其平均消耗量约 16%，计算出的残酸液矿化度，对于白云石来讲为 188.39 g/L，而方解石高达 238.5 g/L。所以在酸化施工后，如果酸液经一定时间的较充分反应，酸化残液的矿化度不可能低于 100 g/L，当然如果反应不完全，其反应率越低残酸矿化度就越低。由于酸化残液矿化度较高其与地层水矿化度对比具有相当的范围，一般情况下酸化后所取的水样矿化度均有增加的趋势。

通过酸化后 1 个月内所取水样与后期所取水样的离子特征对比分析(图 3-41)，反映出奥陶系地层水与含有残酸液的地层水存在明显的区别，表现在有残酸液的地层水 Ca^{2+}、Ma^{2+}、HCO_3^-、Cl^- 含量偏高，与酸化反应生成物一致。

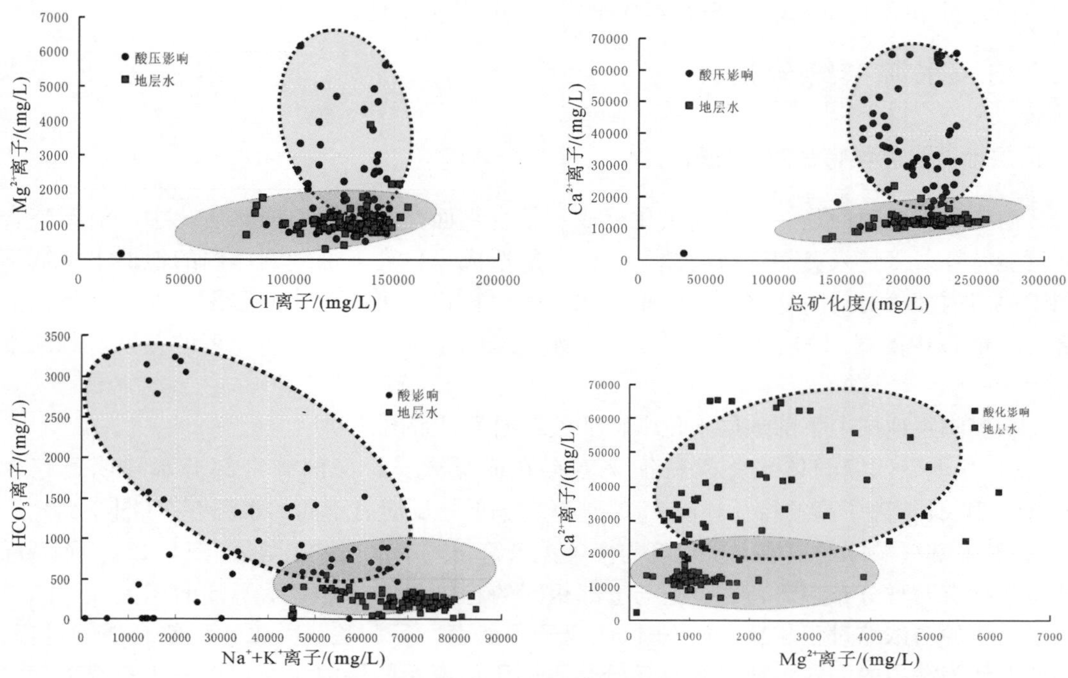

图 3-41　塔河地区奥陶系酸化影响的水、地层水各种离子关系图

4. 各类水的识别标志

参考周文等(1996)对靖边气田马五1地层水类型的划分标准。确定出塔河奥陶系区分这些水类的物理化学标准(表3-25)。通过本次研究，研究区的水样主要有以下类型。

表 3-25　塔河油田奥陶系地层各类水的判别指标汇总

水类		地层水	残酸混合液	凝析水
矿化度/(g/L)		>80	>100	<30
Br^-离子含量/(mg/L)		>40	<60	≈0
I^-离子含量(mg/L)		>4	<10	<4
特征系数	脱硫系数	<0.8	>0.1	>1
	Na^+/Cl^-	<0.55	<0.6	变化
	Na^+/Ca^{2+}	>3	<2	变化
水型		$CaCl_2$	$CaCl_2$	变化大

地层水：矿化度大于50 g/L，水型为$CaCl_2$型水，脱硫系数小于0.8，Na^+/Cl^-系数小于0.55，Na^+/Ca^{2+}值在3以上，Br^-离子含量大于40 mg/L，I^-离子含量大于4 mg/L。

残酸混合液类2：其水型为$CaCl_2$，脱硫系数大于0.1，Na^+/Cl^-和Na^+/Ca^{2+}值均在0.6和2以下。二者的区别是脱硫系数，残酸液矿化度与地层水相当大于130 g/L，Br^-离子含量变化很大，一般小于60 mg/L。I^-离子含量一般小于10 mg/L。

凝析水：矿化度低，一般小于30 g/L，水型变化大，主要为：$NaHCO_3$、$CaCl_2$两种水型。脱硫系数大于1，Na^+/Cl^-大于0.6，Na^+/Ca^{2+}变化很大，几乎不含Br^-离子，

I^-离子含量小于 4 mg/L。微量元素含量均比上述各类水低。

3.3.3 水源系统分析

1. 同层地层水化学特征对比分析

由于奥陶系顶面是一个长期风化形成不整合界面，在后期的埋藏演化中，沿不整合面可能有外来水侵入奥陶系缝洞体，因此可能造成风化壳下部缝洞体内的地层水特征不同于地层内部相对封闭缝洞体内的地层水。为对比这种可能存在的差别，根据奥陶系上部 100 m 以内的缝洞体水化学特征与下部水化学特征的对比，分析二者的差别，判断水源。

从奥陶系地层上下部地层水化学特征关系图可以看出：

(1)从上下部缝洞体水化学特征来看存在明显差异，深部洞穴部分水样明显存在 HCO_3^- 和 Ca^{2+} 离子高的特征，Na^+/Ca^{2+} 系数偏低，反应有不同的水源存在(图 3-42)。

(2)上部缝洞体的地层水矿化度与离子关系符合同一水浓缩趋势线(图 3-42)；而下部地层水这有两种分布趋势，一个是与上部相同的趋势，另一个显示不同的相关性，Ca^{2+} 离子反应的与浓缩过程相反，$K^+ + Na^+$ 离子虽然存在另一趋势关系，但符合浓缩过程。因此，认为深层的洞穴中地层水有部分是不同于奥陶系同层演化水，在一些断裂带存在外来水的影响。反映出下部或深部缝洞体中地层水有同层和下伏深层(混入)两个水岩系统。

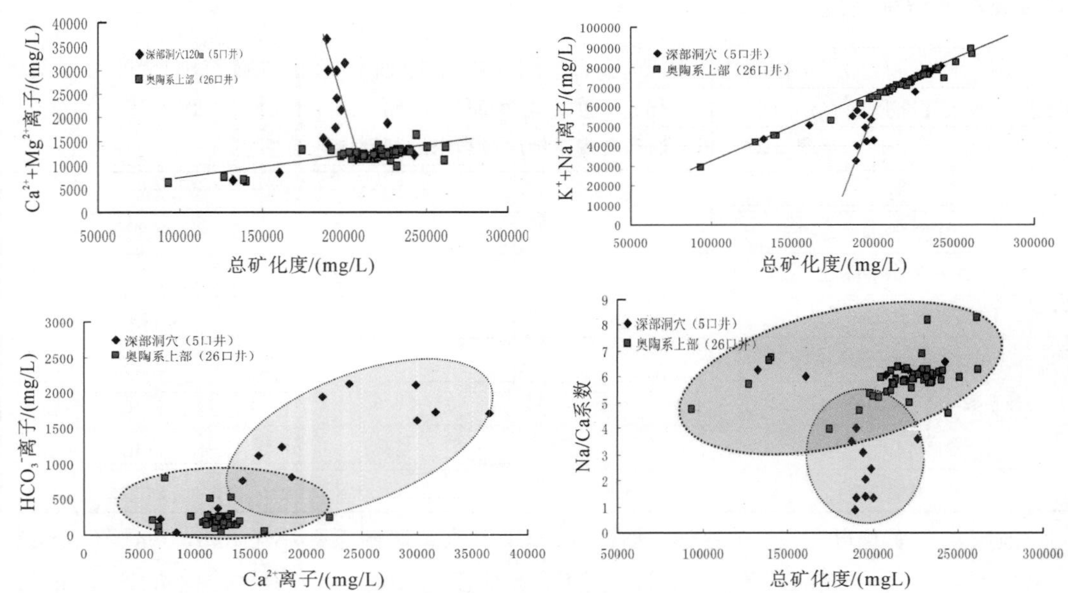

图 3-42 奥陶系上部、深部缝洞体地层水特征对比图

2. 不同地层水化学特征对比分析

不同的地层，在地质演化历史时期中，其水岩过程不一定相同，形成不同的水岩系统。在水化学特征上也有一定的区别。

通过不同层位的地层水化学特征对比，主要认识如下：

(1)奥陶系地层水与上覆石炭系地层水的水岩系统不同，主要特征表现在矿化度与 Ca^{2+} 离子的浓缩关系线不同(图 3-43)，部分样品 $Na^{+}+K^{+}$ 含量偏低，变质系数偏高，三叠系地层水与石炭系地层水化学特征有相似之处，这些特征是生产动态中区分水源的重要依据之一；

(2)从图中可以看出，部分奥陶系上部缝洞体中的地层水与石炭系水化学特征有相识性，说明古岩溶裸露区的奥陶系溶蚀缝洞体有石炭系的地层水混入的痕迹；

(3)奥陶系下部地层水的化学特征和参数之间的关系与下覆寒武系地层水有相似之处，寒武系地层水也呈现两个分布趋势线，说明目前的部分深部缝洞体中地层水有下部盆地基底深处地层水混入可能性；

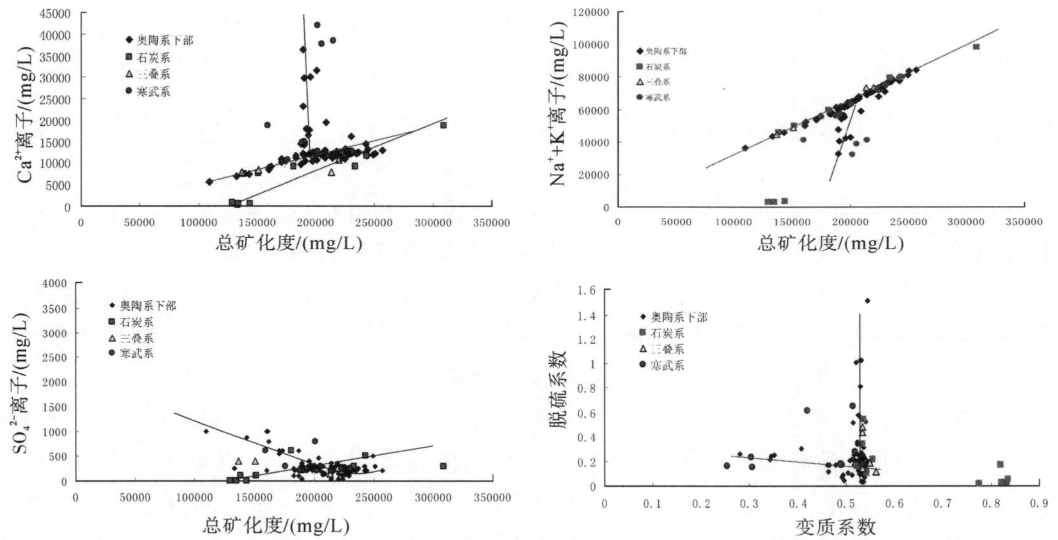

图 3-43　奥陶系深部缝洞体地层水与其他地层水化学特征对比图

(4)通过 T78 顶面断裂带附近缝洞体与深部缝洞体的地层水特征对比分析，两者的特征有较为相似之处，说明断裂带是造成深部地层水向上运移的通道。

3. 产水井的水源分析

综上所述，目前奥陶系缝洞体生产中产出的地层水有可能的来源有三大部分(图 3-44)：①本身的缝洞体封存水和附近连通缝洞体中的水；②有上覆地层(主要为石炭系)来源的混合水；③有可能沿断裂来源的深部地层水的混合水。

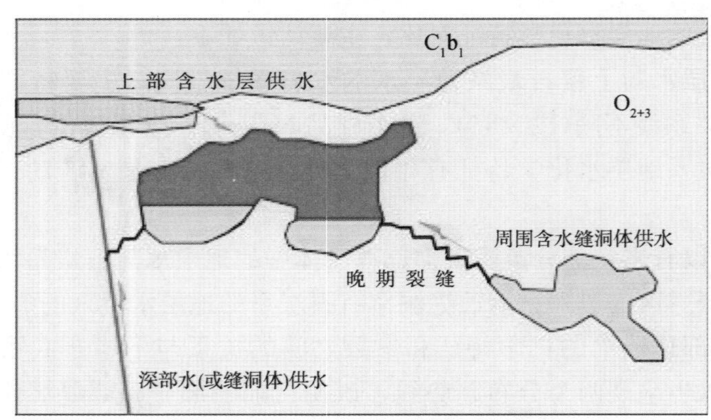

图 3-44 奥陶系生产井地层水可能来源的示意图

4. 地层水的演化过程分析

根据奥陶系沉积、构造演化历史，结合地层水特征分析。奥陶系缝洞体中水的演化过程分析如下：

(1)加里东晚期—海西早期，随着阿克库勒隆起，抬升地层剥蚀、风化，缝洞体的不断形成，此时在缝洞体中充注的是大气淡水经过对岩石侵蚀后的残留水。

(2)随着盆地基底下降，海水的不断侵入，沉积泥盆系东河塘组地层，在隆起相对高部位裸露区碳酸盐岩边缘经历海蚀作用，海水最后漫过研究区，缝洞体早期的封存水被海水所置换(因胶结等作用形成的孤立缝洞体可能未发生置换作用)。

(3)东河塘组沉积末，这一时期，处于第一次生油高峰期，运移而来的石油通过分异积聚在研究区西北部相对构造高的部位(包括缝洞体、志留系砂岩、东河塘砂岩等)的储层中。由于再次发生构造活动，地层抬升剥蚀，对于与大气环境连通的缝洞体，陆表水或大气水再次置换早期的残余海水。早期充油缝洞体(志留系、东河砂岩油藏)则经受破坏、氧化、生物降解作用，形成重油分布。

(4)随着沉降，石炭系地层的沉积，逐渐从陆表水(C_1b_1段沉积时)过渡为海水，连通的缝洞体(可能主要为位于隆起相对高部位的未完全充油的缝洞体)中的陆表水大气水的侵蚀残留水又再次被海水置换。在这以后，奥陶系缝洞体整体上由开放系统逐渐转变为封闭体系。缝洞体内的水进入相对稳定的封闭状态下水岩作用体系。石炭系埋藏后逐渐有压实水进入与奥陶系连通的缝洞体，造成水的混合。

(5)到二叠系时期，由于火山活动，大型断裂的形成与活动，再次使部分(断裂带附近或影响带)缝洞体受到影响，沿断裂带有深部流体的侵入(气、水等)，使得缝洞体内封存水再次受到混合的改造。这一时期，是寒武、奥陶系烃源岩再次生油高峰时期，轻质油经过运移(断层是石油充注主通道，不整合面是辅助通道)，在有重油之处与重油混合，或在无重油缝洞体中排水积聚形成了目前初步的油藏体系。

(6)从海西晚期开始，充油缝洞体因排水注油，残余有缝洞体残留水，无通道联系的缝洞体未充油，保存了早期缝洞体中的封存水。这一时期后，虽然又经过多次构造活动，缝洞体中油水又经过一定调整，但总的来看，缝洞体又处于相对稳定的水岩作用期，一直演化至今。整个油藏，在燕山等相对较晚时期，有烃源岩演化形成的天然气运移进入(主要从东部、东南部)，进而逐渐形成目前的塔河油藏。

5. 主要的水岩反应

1)开放体系中奥陶系水岩反应

在加里东晚期—海西早期、东河塘组沉积末等时期，奥陶系处于开放体系的岩溶时期，大降水和地表水源源不断的渗入补给。前期缝洞水逐渐被渗入水流置换，逐渐递变为混合水体系到单一渗入水流体系。这一阶段的水质主要为重碳酸盐型淡水。

在开放体系中，在大气、淡水的作用下可以造成奥陶系地层产生溶蚀，这一时期主要水—岩反应如下：

(1)淡水(CO_2)与方解石(灰岩)的溶蚀平衡系统。

$CaCO_3\downarrow + CO_2 + H_2O \leftrightarrow Ca^{2+} + 2HCO_3^-$

(2)淡水(CO_2)与白云石(云岩)的熔蚀平衡系统。

$MgCa(CO_3)_2\downarrow + CO_2 + H_2O \leftrightarrow Ca^{2+} + Mg^{2+} + 2HCO_3^-$

在开放体系中，矿物的溶解量与CO_2量有关，水溶液中平衡CO_2与空气中的CO_2气体分压及温度关系密切。已有的实验成果表明，随着温度的升高，水溶液中平衡CO_2含量降低，溶液的溶蚀能力下降，当大气中CO_2分压升高，水溶液中平衡CO_2含量增加，溶液的溶蚀能力上升(图 3-45)。上述作用结果可使地层孔隙水中Ca^{2+}、Mg^{2+}、HCO_3^-增加。

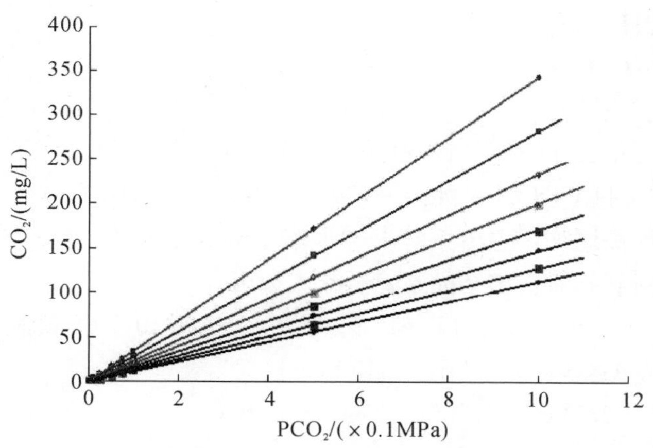

图 3-45　不同温度和PCO_2条件下水中平衡CO_2含量变化曲线

奥陶系地层属台地相沉积环境，可能形成含有石膏灰岩地层。在地层中孔隙水为沉积时的海水，在开放环境条件下，石膏的溶蚀，造成水性的变化：

$CaSO_4 + H_2O + CO_2 \leftrightarrow SO_4{}^{2-} + Ca^{2+} + HCO_2{}^- + H^+$

溶蚀后，地层水中，增加的离子主要有：$HCO_2{}^-$、SO_4^{2-}、Mg^{2+}、Ca^{2+}。

开放系统中，地表水本身含有$SO_4{}^{2-}$离子；在有芒硝的地层中因芒硝的溶解，主要表现在C_1b_1沉积时期，可以带来大量SO_4^{2-}离子，而消耗$MgCl_2$、$CaCl_2$，使地层水成为Na_2SO_4型。

$MgCl_2+10H_2O+4NaCl+CaCl_2+2Na_2SO_4\cdot 10H_2O \rightarrow 2SO_4^{2-}+8Na^++Mg^{2+}+Ca^{2+}+8Cl^-+30H_2O$

这种增加后的缝洞体水，经过后期的改造，被替换，特征是无法保留的。仅在及少数封闭的缝洞体中可能残留相对高 SO_4^{2-} 离子地层水。

2)封闭体系的水岩反应

从石炭系沉积后，奥陶系缝洞体就处于相对封闭的体系中，在这种封闭体系中灰岩与水的溶蚀平衡作用如前所述。

在二叠系时期，由于岩浆活动可以带来大量的硫化物和 H_2S 同样可以形成 SO_4^{2-} 离子。存在硫化矿物时反应如下：

$2S+3O_2+2H_2O \longrightarrow 2H_2SO_4 \longrightarrow 4H^++2SO_4^{2-}$（天然硫）

$2FeS_2+7O_2+2H_2O \longrightarrow 2FeSO_4+2H_2SO_4 \longrightarrow 2Fe^{2+}+4H^++4SO_4{}^{2-}$（硫铁矿）

应该说，研究区中一大型断裂发育的地区缝洞体地层水中 SO_4^{2-} 离子含量高，与这一时期深部热液活动有关。

在埋藏期，浅埋藏 C_1b_1 层的压释水阶段也会影响缝洞体中地层水的性质。到下付烃源岩再次热演化成熟期，形成烃类的过程中都能够析出大量的水，这些水中常伴随有大量的有机酸及 CO_2，具有较强的侵蚀性，通过排出进入奥陶系储层后，其一是可以进一步造成溶蚀；其二也改变了原来的地层水性质。这种水通常称为有机水，反应式为：

干酪根 $\rightarrow CH_4+CO_2+H_2O$……

复杂原子 $\rightarrow CO_2+H_2O+C_2H_4$……

胶质 $\rightarrow CO_2+CH_4+H_2O$……

芳烃、饱和烃 $\rightarrow CH_4+H_2O+CO_2$……

例如：乙酸的反应

$CaCO_3+CH_3COOH \rightarrow Ca^{2+}+HCO_3^-+CH_3COO^-$

$MgCa(CO_3)_2+CH_3COOH \rightarrow Mg^{2+}+Ca^{2+}+HCO_3^-+CH_3COO^-$

另一方面随着埋深增加，志留系等上部地层中的黏土矿物发生转化，也要脱出结晶水。蒙脱石转化为伊利石时析出结晶水，转化式如下：

$4.5K^++8Al^{3+}+KNaCa_2Mg_4Fe_4Al_{14}Si_{38}O_{100}(OH)_{20}.10H_2O$(蒙脱石)

$\rightarrow K_{5.47}Mg_2Fe_{1.5}Al_{22}Si_{35}O_{100}(OH)_{20}$(伊利石)

$+Na^++2Ca^{2+}+2.5Fe^{3+}+Mg^{2+}+3Si^{4+}+10H_2O$

或：

$3.9K^++1.57KNaCa_2Mg_4Fe_4Al_{14}Si_{38}O_{100}(OH)_{20}.10H_2O$(蒙脱石)

$\rightarrow K_{5.47}Mg_2Fe_{1.5}Al_{22}Si_{35}O_{100}(OH)_{20}$(伊利石)

$+1.57Na^++3.14Ca^{2+}+4.28Mg^{2+}+4.78Fe^{3+}+24.66Si^{4+}+571O^{2-}+11.40H^-+1.57H_2O$

上述反应说明 1 克分子蒙脱石转变为 1 克分子伊利石过程中，可析出 10 个(或 1.57)克分子量结晶水。而生成的水中 Na^+、Ca^{2+}、Mg^{2+}、等离子含量增加。

地层中高岭石可转化为绿泥石，其中也可以析出结晶水。

在上述作用后，一旦水岩反应达到平衡，缝洞体中地层水保持一定的稳定，随着埋深增加，水逐渐浓缩，经过油气排水积聚，形成目前的缝洞体残留水体系。

3.4　缝洞单元油水分布特征评价

3.4.1　缝洞单元地层水分布模式

1. 缝洞单元地层水分布模式

综合上面的研究成果，结合地质条件，再根据典型缝洞单元的油水分布特征分析，归纳出研究区缝洞单元中水的分布类型有如下几类(图 3-46)。

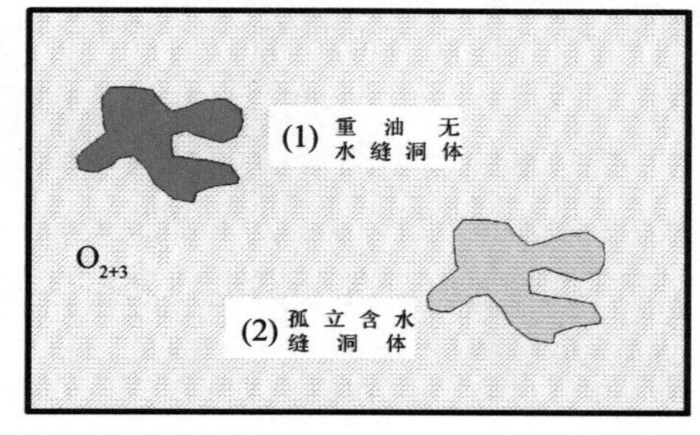

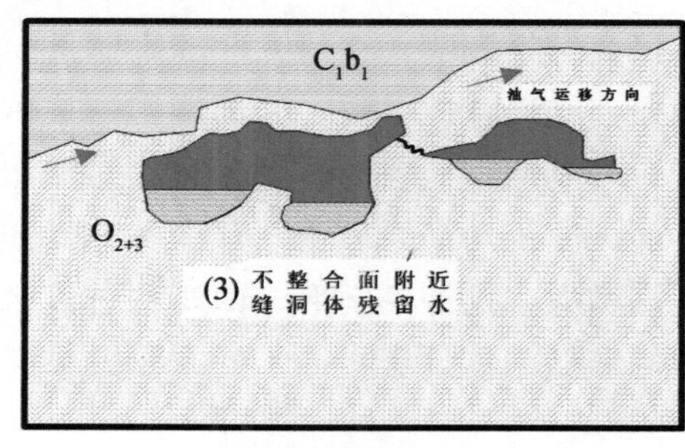

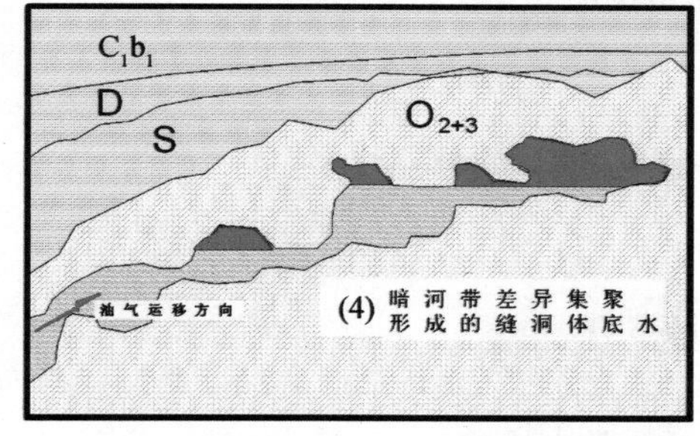

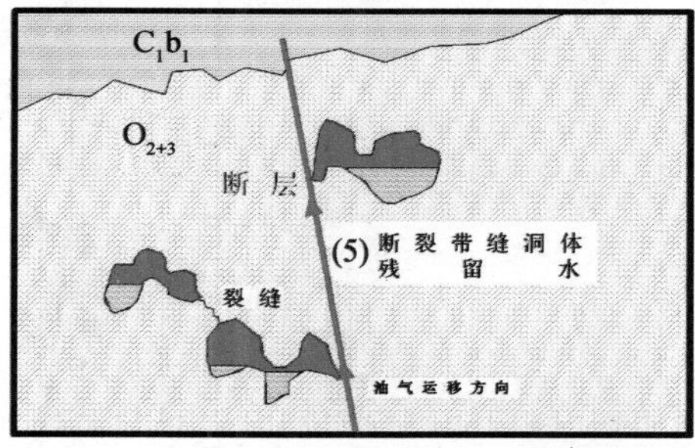

图 3-46　塔河奥陶系油藏地层缝洞体油水分布模式示意图

(1)西北部重油无水缝洞体：在西北重油分布区的少部分缝洞体，由于早期积聚的重油在部分缝洞体中可能充注完全，因油水密度差小，后期构造变动对其中油水调整影响小，轻质油也未影响到该区。缝洞体中保持了相对无水状态。

(2)含油范围内孤立的含水缝洞体：在大的含油范围内，因岩溶期形成的孤立的含水缝洞体，后期因成岩等作用与周围不连通或在油气运移过程中不能进入其中形成的含水缝洞体。如 MK243、MK419、M807(K)、M808(K)井缝洞体。

(3)不整合面附近岩溶形成的逢洞体残留水：在不整合面附近形成的缝洞体，当油沿不整合面运移而来时，进入缝洞体排水积聚后，在下部缝洞体弯曲部分可能残留有地层水。这是研究区主要的油水分布形式之一。

(4)古岩溶暗河带按差异聚集后形成的缝洞体局部地层水：对于岩溶形成的暗河缝洞带，在油气运移进入缝洞体过程中(特别是晚期轻质油进入缝洞体)，油水按重力分异进行差异积聚，在同一缝洞系统中可以形成油水界面不同的含油带。这种情况在研究区是较为普遍的。当然，在研究区西北部早期的重油充注缝洞体，后期轻质油运移而来时，是逐渐向上进行混合，在扩大缝洞体含油范围的同时，向低部位排水。

(5)断裂构造带岩溶缝洞体残留水：在研究区大型断裂存在的地区，一方面这些断层控制了缝洞体的形成，另一方面也控制了断裂带的缝洞体的油水分布。当油气沿断层运移进入缝洞体时，在不同缝洞体的低部位残留地层水。这种形式也应是研究区主要的油水分布形式之一。

3.4.2 影响地层水分布的地质因素分析

1. 岩溶作用与地层水的关系

研究结果表明，在研究区的主体部位(前称裸露区)从向上存在两期岩溶旋回，与前人的研究结果基本一致。两期旋回形成两套暗河溶洞系统。上部早期暗河系统，因后期继续台升剥蚀，残留的体系分布相对局限，控制了该套系统的中缝洞体的油水分布，油水界面深度统计结果表明，其深度主要分布为5650～5800 m(图 3-47)。下部晚期暗河分布范围增大，延伸到南部、西南部过渡区或桑塔目地层覆盖区，其分布也控制了该套系统缝洞体的油水分布，油水界面深度统主要分布为5900～6050 m。

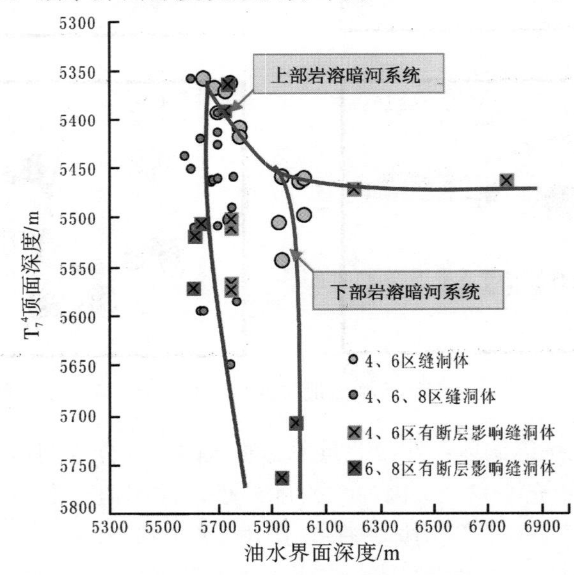

图 3-47 塔河地区 4、6、8 区缝洞体油水界面深度与所处的 $T_7{}^4$ 界面深度关系

溶蚀暗河带或逢洞带是控制油水分布的基本地质条件。

2. 断裂作用与地层水分布关系

断裂特别是大型断裂形成期较早(加里东或海西早期)，其控制了部分缝洞体的发育。当生成的油气沿断裂带运移进入缝洞体时，形成油藏，断裂带上不同位置的缝洞体中，有各自的油水系统，油水界面分布高低不一致，在研究区变化也最大。

另一方面，由于断裂的存在，沟通了下部地层(包括缝洞体)，造成深部的地层水可以沿断裂向上运移混入奥陶系油藏的缝洞体中，也可以在生产时侵入生产井所处的缝洞体，成为生产时的重要水源之一。

在研究区，这类大型断裂带只要是油气运移通道，其控制的在 T_7^4 界面以下较深的部位的缝洞体可以含油，油水界面也深，不受区域构造高低的限制，如 MK110-W112 井区和西南部 MK1010 井区等。

3. 构造作用与地层水分布的关系

在阿克库勒隆起上，目前已完钻的井经测试、生产，总的来看，4 区等构造高部位缝洞体含水情况相对较弱，向南部、西南部构造低部位，缝洞体产水、含水有增强的趋势。这一特征与总体上油气从西南、南部、东南部向构造高部位运集过程中重力集聚有关。

就目前实际勘探、开发结果和研究的认识来看，在构造底部位虽然缝洞体含水特征加强，但不存在区域性的边、底水特征。主要原因：缝洞体是相对独立的储集单元，在中下奥陶系地层中不存在大范围的孔隙性含水层。即使在深部可能存在寒武系较好的孔隙性储层，除断裂带外，在研究区大部分地区油藏内缝洞单元与这些层之间有较厚的致密灰岩层分隔，也构不成同一个开发层系。因此，也不能认为油藏存在统一的边、底水。奥陶系系油藏的水的性质，准确说是缝洞体内的参留水(局部底水或边水)。主要局部上受缝洞体分布控制、区域上受一定的构造背景制约。

3.4.3　缝洞单元油水分布特征评价

根据目前缝洞单元含水情况。缝洞单元的地区水分布特征如下：

(1)研究区内，目前发现缝洞体几乎多少都有地层水产出；

(2)发现的完全含水缝洞体 4 个，分布在塔河 8 区、4 区，具有随机性；

(3)在塔河西北部重油区，从目前的勘探、开发情况看，可能存在无水的缝洞体；

(4)大断裂带的附近缝洞体存在从向多个缝洞体，具有多层的水体分布；

(5)塔河西南和南部构造低部位地区，缝洞体含水强度加大，不存在区域性的边、底水。

第 4 章　缝洞单元内油水界面评价

油气藏的形成经历了漫长的地质历史，油气水在连通的油藏内总是处于相对稳定的平衡状态，按密度呈重力分异状态分布，即自上而下按气、油、水分段分布，自然存在气油、油水或气水界面。对常规砂岩油藏而言，油气水在油藏内按统一的气油、油水或气水界面存在时，说明在油气藏形成过程中，这一储层系统是相互连通的，称为一个油气水系统。一个油田可以是一个单一的油气水系统，也可以存在很多个油气水系统。油气水系统的分布和产状直接关系到储量计算和开发部署的决策，因而油气水系统的确定和描述，是油田开发中非常重要的内容。

油藏原始油水界面是原油运移进入油藏后的产物，前人在对塔河油田奥陶系油藏成藏过程的研究表明，现今油藏为异源油藏多期次充注，并经历了多期的充注和破坏。在油藏形成之前储集空间为水体充满，异源油气进入储层后选择高部位聚集，并向下排出储层中的水体。由于溶洞和高角度裂缝的存在，油水替换容易并充分，最终形成了现今的油藏，油水分布总体上符合上油下水格局。鉴于塔河油田储层的特殊性，缝洞单元作为一个独立的油藏，是缝洞型碳酸盐岩油藏的基本开发单元，各单元都有自己独立的压力系统和油水关系。

4.1　估算原始油水界面的方法

原始流体界面实际上不是一个截然分界面，储层内两种流体在纵向上是一种渐变过渡接触关系，一般存在一个过渡段。油水接触关系同样存在过渡段，但一般厚度较小，可以忽略不计。确定原始油水界面的方法有很多，主要包括现场资料统计法，实验室测定法以及其他的间接计算法等。常用方法有以下几种。

1. 现场统计法

根据岩芯观察、钻井、测井资料和试油资料，找出产纯油段最低底界标高和水层最高顶界标高，取二者平均值，即为油水界面。确定原始油水界面最重要最直接的资料就是早期试油资料，其他资料如钻井、岩芯、测井等资料通常是作补充和辅助用，需要和试油资料结合分析。

2. 测井解释

通过油水层识别可以对油水层判别，初步判断油水界面的位置。

3. 用压汞资料研究油水界面

近年来国内外迅速地发展了毛细管压力曲线研究技术。利用油层岩芯的毛细管压力曲线，再结合油水相对渗透率曲线，能够较准确地划分出油水界面，油层自上而下地被划分为 3 个带：产油带、油水过渡带和产水带。

4. 压力梯度法计算油水界面(区域压力梯度法)

由于压力梯度反映流体的密度，不同的流体密度不一样，反映在压力梯度图中的斜率就不一样。因此，就可以用在不同深度油、水层测得的原始地层压力，与相应深度绘制压力梯度图，反映不同地层流体密度的压力梯度线的交点，即为地层流体界面的位置。

对于一些钻井较少的油田，可以用测压资料求取压力梯度，而压力梯度反映流体的密度不一样，反映在压力梯度图中的斜率就不一样。因此，利用各种测压方法(试油、RFT、DST 测试等)，在不同深度测试油、水层其原始地层压力，与相应深度绘制压力梯度图，反映不同地层流体密度的压力梯度线的交点，即为地层流体界面的位置。如图 4-1所示，该压力梯度是由两个不同斜率(即压力梯度)的直线所组成，第一条直线段的梯度和密度分别为 0.006223 MPa/m 和 0.6223 g/m^3，第二条直线段的梯度和密度分别为 0.010137 MPa/m 和 1.0317 g/m^3。由两个直线段的地层流体密度可以知道，第一直线段反映的是油层，第二直线段反映的是水层。在第一和第二直线段的交点处，既是所要求的油水界面位置，得到的油水界面位置为 2067 m。同样，可以用相应的公式计算油水界面：

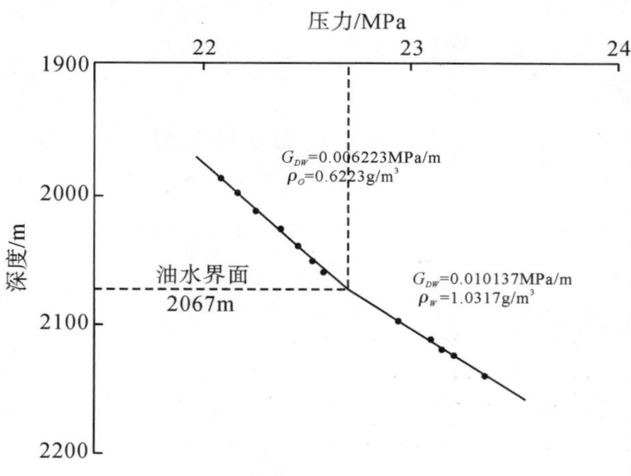

图 4-1 压力梯度图

$$D_{OWC}=\frac{(G_{DW}D_W-G_{DO}D_O)-(p_{wi}-p_{oi})}{G_{DW}-G_{DO}} \tag{4-1}$$

式中，D_{OWC}为油水界面的位置，m；G_{DW}为水层的压力梯度，MPa/m；G_{DC}为油层的压力梯度，MPa/m；p_{wi}为水层压力梯度线上任一点的原始地层压力，MPa；p_{oi}为油层压力梯度线上任一点的原始地层压力，MPa；D_W 为与 p_{wi} 相应的深度，m；D_O 为与 p_{oi} 相应的深度，m。

以上几种方法有的虽然可靠性较高，但所需的资料较多，在生产实践中很难完整地提供这些资料。塔河奥陶系碳酸岩盐储层复杂，利用上述统计法和实验室方法确定油水界面难度很大。塔河奥陶系油藏直接钻遇水体的井很少，特别是在 4 区缝洞单元中直接钻遇水体根本就没有，整个塔河油田获得的水体压力资料是极其有限的。另外油层的静压资料获取也有一定的局限性，能不能取得油层压力资料还受到稠油压力恢复缓慢的限制。总之，使用压力资料来计算油水界面难度也是很大的。

由于油水界面是一个十分关键的参数，关系到油藏的储量、开发井的完井深度设计、油井合理产量确定，塔河油田油水界面的问题一直没有解决。鉴于该地区特殊的情况，通过对资料的分析与可行性评估，本书主要尝试用压力资料求取原始油水界面的方法，对 4 区的原始油水界面进行分析和计算，寻求一种适用于该地区的方法，以下是压力资料求取原始油水界面的方法原理。

对于古潜山式裂缝性碳酸盐岩油气藏，或块状砂岩油、气藏，当其具有底水或边水时，若探井没有打穿油水界面，可通过探井测试压力恢复曲线确定原始地层压力。如图 4-2，是一口打在古潜山裂缝性底水碳酸盐岩油藏顶部的井。打开油层井段中部的深度为 Do、关井测得的原始地层压力为 P_i。假定油藏的油水界面(OWC)位置为 $Dowc$，从打开油层井段中部到油水界面的距离为 X，并假定油水界面上的原始地层压力为 $Powc$。根据取样测试的地层流体密度资料，就可以计算油水界面(或气水界面)的位置。如图 4-2 所示，在静止条件下，油藏距油水界面任意一点的地层压力，可由下式表示：

$$\int_{Pi}^{Powc} \mathrm{d}p = \int_{D_o}^{D_{owc}} 0.0098\rho \mathrm{d}h \tag{4-2}$$

则油水界面的原始地层压力与打开油层井段中部的原始地层压力可表示为：

$$P_{owc} - P_i = 0.0098\rho_o (D_{owc} - D_o) \tag{4-3}$$

式中，ρ_o 为地层原油密度，g/cm^3。

同样，可以假设同一深度，打到水层，则油水界面的原始地层压力与打开油层井段中部的静水柱压力差为：

$$P_{owc} - P_{wD} = 0.0098\rho_w (D_{owc} - D_o) \tag{4-4}$$

式中，ρ_w 为地层水的密度，g/cm^3。

式(4-4)与式(4-3)相减得：

$$P_i = P_{wD} + 0.0098(\rho_w - \rho_0)(D_{owc} - D_o) \tag{4-5}$$

由于 Do 处的地层静水柱压力可以表示为：

$$P_{wD} = 0.0098\rho_w D_o \tag{4-6}$$

由式(4-5)除以式(4-6)可以得到压力系数的表达式：

$$\eta_o = \frac{p_i}{p_{wD}} = 1 + \left(\frac{\rho_w - \rho_o}{\rho_w}\right)\left(\frac{D_{owc} - D_o}{D_o}\right) \tag{4-7}$$

则确定原始油水界面位置的公式为：

$$D_{owc} = D_o\left[1 + \frac{(\eta_o - 1)\ \rho_w}{\rho_w - \rho_o}\right] \tag{4-8}$$

也可以变形为：$D_{owc} = \dfrac{P_i - 0.0098 \times \rho_o \times D_o}{(\rho_w - \rho_o) \times 0.0098}$ (4-9)

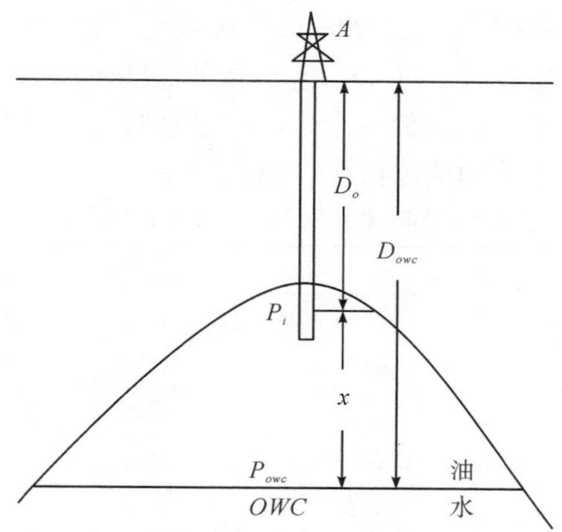

图 4-2　原始油层压力和流体密度确定油水界面示意图

塔河油田奥陶系油藏 4 区没有直接钻遇水体，也就是没有实际钻遇到油水界面。该区完钻井大部分采用长井段裸眼酸压测试、投产，虽然部分井在测试时或投产一段时间后见水，由于是长井段裸眼且酸压投产，而酸压往往会将其他缝洞体水体引入井底（如 W64、MK426、MK472 井），资料难以说清具体出水层段。部分下套管的深井（如 T416、MK418 井）也没有进行找水测试，因此，后期分析、认识原始油水界面缺乏可靠资料，比较困难。用压力资料计算原始油水界面也受多方面因素影响，加之压力资料有限，下面就以上几种方法进行塔河油田 4 区主力缝洞单元原始油水界面进行分析。

4.2　估算塔河 4 区主力缝洞单元油水界面及变化趋势

4.2.1　估算主力缝洞单元油水界面

1. 实钻的油水界面分析

W48 单元各井均未直接钻遇水层，DST 测试等试油资料也未显示钻遇水层。从该单元的钻井井深来看，钻井最深的是 MK426（完钻井深 5660 m，人工井底 5580 m），其次为 MK411 井（完钻井深 5622 m，人工井底 5501 m）以及 MK408（完钻井深 5600 m，人工井底 5480 m）、M402（完钻井深 5602 m）以及 MK429 井（完钻井深 5600 m，人工井底 5519 m）。MK426 测井解释 5545～5567.5 m 为油气层，录井显示 5564～5590 m 有良好的油气显示，M402 井测井解释 5548.4～5598.0 m 为裂缝较发育的油气层，MK411 测井资料显示 5598.0～5609.0 m 为裂缝较发育的油气层。其他井也都未出现水层段，录井都有油气显示，说明该单元 5600 m 以上可能都是产油段，也就是该单元的纯油段。另外，由于大多数井都是生产一段时间进行的生产测井，产液剖面数据是水体运移的结果，出水深度不能代表原始油水界面，因此，用产液剖面数据计算原始油水界面是无效的。另外选取了该单元几口生产层段较深的井，对见水情况做了分析，如表 4-1 所示。从表中可见，M402 井完钻井深 5602 m，自然投产 104 天后见水，说明原始油水界面应该在 5602 m 以下。MK426 完钻井深 5660 m，人工井底 5580 m，投产见水，由于该井为酸压投产井，可能是压开连接水体的裂缝而出水，油水界面的位置不能确定。所以，通过生产资料初步判断，原始油水界面应该在 5602 m 以下。

表 4-1　W48 单元生产井段较深井生产情况

井号	投产时间	完钻井深/m	生产井段/m	投产方式	见水时间	无水采油期/天
M401	1998－10－13	5580	5379～5424	自然	2001－12－8	1144
M402	1998－12－14	5602	5358.4～5602	自然	1999－3－28	104
MK411	1999－11－19	5622	5432.4～5500	酸压	2000－11－2	333
MK426	2000－9－24	5660	5493～5580	酸压	2000－9－24	投产见水
MK429	2000－8－17	5600	5418.4～5519	酸压	2001－3－21	376
MK440	2001－5－3	5597	5370～5440	自然	2003－9－18	817

W65 单元共包括 7 口井，其中 MK442 位于 6 区。目前为止，全区有 6 口井都不同程度地出水。从该单元的钻井井深来看，最深的是 W65 井(完钻井深 5754 m，人工井底 5520 m)，其次为 MK455(完钻井深 5682.5 m，人工井底 5548 m)。W65 井酸压投产，在 5451.5～5520 m 井段酸压，无水采油期为 158 天，测井解释段 5723～5727 m 可能为水层。MK455 目前尚未见水，一直无水自喷。表 4-2 是该单元的井深及出水情况。生产井段最深的 MK461 自然投产，无水期 572 天，说明油水界面应该在 5604 m 以下。MK432 井产液底界为 5585 m，开井见水，但钻井过程中 5571.4～5577.5 m 时发生井漏，共漏失钻井液 67 m^3，后放喷，分析产液中所含水分来自漏失井段 5571.4～5577.5 m 的漏失钻井液。后经注热油、油套管交替放喷、关井等措施后，2001 年 1 月 27 日开始 9 mm油嘴自喷生产，日产原油达到 99 m^3/d，原油含水平均在 52%，经分析为地层水，初步判断该井油水界面的位置应该在 5585 m 以下。以上分析可知，MK461 晚于 MK432 投产，产层深度大于 MK432，但无水期却远大于 MK432，说明该单元可能没有统一的油水界面。

表 4-2　W65 单元各井生产情况

井名	生产时间	奥陶顶/m	完钻井深/m	生产方式	生产井段/m	见水时间	无水期/天
W65	1999－9－4	5460.5	5754	酸压	5460.4～5520.0	2000－2－14	158
MK432	2001－1－11	5438.5	5585.0	自然	5438.4～5585	2001－1－11	0
MK435	2001－3－19	5440.5	5600.0	酸压	5440.4～5500	2002－11－23	579
MK447	2001－10－6	5467.0	5485.0	自然	5467～5485.0	2003－3－23	980
MK455	2002－3－10	5486.0	5682.5	酸压	5486.3～5548	无水截至 2002－6－5	未见
MK461	2003－3－3	5450.5	5604.7	自然	5530～5604.6	2003－9－30	572
MK442	2001－5－16	5458.0	5533.6	自然	5461～5533.55	2002－9－23	370

MK409 单元共包括 6 口井。到目前为止，除 MK474 外，其他 5 口均见水。该单元井除 MK480 和 MK460H 外，其他井均为酸压投产，完钻最深井 MK409，井深 5670 m，未钻遇水层，早期 DST 测试结果 5670 m 以上均为含油气层。从生产层段数据来看(表 4-3)，生产井段最深的井 MK466 和 MK480，分别为 5541.0～5590.28 m 和 5444.43～

5593.1 m，无水采油期 141 天和 26 天。MK480 为自然投产井，说明该单元的油水界面应该在 5593 m 以下。另外，MK460H 井虽开井见水，但该井为一口水平井，钻遇 5771.3～5784.4 m 发生放空漏失，由于该井揭开石炭系厚度 56 m，出水原因有可能是引入上覆地层中的水。综合考虑，该单元油水界面应该在 5670 m 以下。

表 4-3　MK409 单元各井生产情况

井名	生产时间	奥陶顶/m	完钻井深/m	人工井底/m	投产方式	生产井段/m	见水时间
MK409	1999-7-29	5419.0	5670.0	5500	酸压	5446.4～5500	2003-5-26
MK439	2001-6-20	5405.5	5600.0	5509	酸压	5405.4～5497	2006-2-4
MK460H	2002-10-3	5568.5	5784.41/斜 5478.95/垂	/	自然	5531.3～5784	2002-10-17
MK466	2002-12-9	5418.5	5590.3	/	酸压	5541～5590.3	2003-4-29
MK474	2003-8-1	5389.0	5586.0	5459	酸压	5391～5458.7	无水截至 2006-5
MK480	2005-8-9	5447.0	5593.1	/	自然	5444.3～5593	2005-9-5

MK407 单元共包括 3 口井，到目前为止，都有不同程度的出水。该单元中除 MK407 以外其他两口井均为酸压投产，在钻进过程中均未直接钻遇水层。MK407 为该区第一口开发井，投产日期为 1999 年 6 月 27 日，完钻井深 5480 m，1999 年 8 月 12 日生产测井解释 5471.5 m 以上均为油层，该井自然投产，无水采油期为 178 天(表 4-4)。综合分析，该单元的原始油水界面应该在 5480 m 以下。

表 4-4　MK407 单元各井生产情况

井名	开井生产时间	奥陶顶/m	完钻井深/m	人工井底/m	投产方式	生产井段/m	无水期/天
MK407	1999-6-27	5393.5	5480.0	5480	自然投产	5393.4～5426.0	178
MK434	2001-4-7	5427.0	5620.0	5477	酸压投产	5427～5477.5	0
MK479	2004-12-19	5413.5	5600.0	5539.47	酸压投产	5403～5539.47	0

2. 压力法预测油水界面

1)运用区域压力资料进行预测

为反映 W48 单元的原始油水界面，就必须测到在该单元不同深度油、水的原始地层压力。由于 4 区没有直接钻遇的水层，其水层原始压力及梯度值无法确定。本书选取了邻区几口钻遇并测试为水层的井。经过筛选，选取了以下几口井的水层静压及其深度值，如表 4-5 所示。在单元油层原始压力的选取上，由于很多井开井生产时间较晚或生产一段时间才测试地层压力，此时的地层压力已经代表不了单元的原始地层压力，只能作为该单元的目前地层压力。为反映单元的原始油层压力及梯度情况，选取了该单元早期 4 口井的测压资料，如表 4-6 所示。由压力梯度法原理可以绘制油和水的梯度图，两条直线的交点即原始油水界面的位置，如图 4-3 所示。图中 W48 单元两梯度线的交点，5670 m 处即W48 单元的原始油水界面位置。同样 MK416 单元原始油水界面位置在 5640 m，见表 4-6。

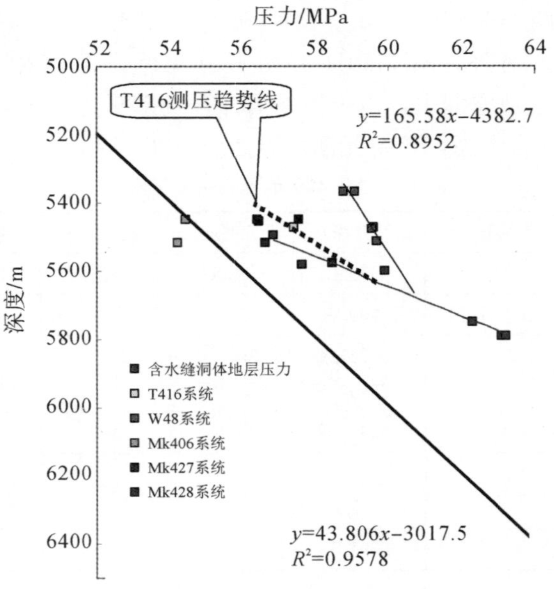

图 4-3　4 区压力梯度法交会图

表 4-5　区域水层压力统计表

井号	测层井段/m	日期	压力计下深/m	实测压力/MPa	油层中部深度/m	油层中部压力/MPa
W113	5782～5798	2003-4-10	5700	62.12	5790.00	63.101
W113	5782～5798	2003-4-15	5700	62.28	5790.00	63.210
M808K	5562～5610	2003-2-20	5500	58.98	5586.00	59.88
PMK320	5452.4～5534.0	2002-4-11	5300	54.76	5493.25	56.85
MK845CH	5496.71～5738.90	2003-2-25	5400	55.72	5580.17	57.61

表 4-6　4 区区域压力梯度法计算油水界面

井号	缝洞单元	测压时间	油层中部深度/m	地层压力/MPa	油/水层	油水界面位置/m
W48	W48	1994-10-27	5366.75	58.75	油层	5670
W48		1995-3-28	5366.75	59.078	油层	
M401		1995-10-19	5471.5	59.574	油层	
M402		1999-1-18	5477.46	59.53	油层	
M403		1999-1-18	5515.47	59.67	油层	
M416	M416	2000-3-30	5451	56.4244	油层	5640
M416		2000-4-27	5474	57.41	油层	
MK406CH	MK406CH	1999-12-6	5517.36	54.21	测压时为干层，2001 年 12 月侧钻油水同层	数据无效
MK468		2003-1-25	5448	54.4384	油水同层	

续表

井号	缝洞单元	测压时间	油层中部深度/m	地层压力/MPa	油/水层	油水界面位置/m
MK427	MK427	2000-3-28	5578.3	58.46	油层	MK483 井 2006 年 1 月 9 日酸压施工，测压时间位于酸压之后，数据点无法使用；仅 MK427 井单点无法判断
MK483		2003-3-18	5519.68	56.64	水层	
MK428CH	MK428	2003-4-22	5450.07	57.52	油水同层	油水同层，5450～5456 m MK446 酸压后油水同产，其油水界面不好界定
MK446		2001-9-27	5456.5	56.43	油水同层	
M704		2002-9-14	5200	57.69		5749.18

2)运用单井原始油层压力和流体密度资料确定原始油水界面

用该方法计算原始油水界面，需要该单元原始地层压力，即第一口井测的静压值。在压力值的选取上，为避免人为或地质因素造成的误差，W48 单元选用 W48 井测的最大一次压力值，即 1998 年 4 月 22 测压恢压力值，油藏中部深度 5366.75 m，油层中部压力值 58.82 MPa。另外，原油地层密度选用 W48 井的 PVM 测试结果 0.8604 g/cm^3，地层水密度选用 2004 年西北石油局测得结果 1.1016 g/cm^3，数据如表 4-7 所示，将以上数据带入式(4-9)，计算结果为 5734 m。

表 4-7　W48 单元原始油水界面计算所需数据表

井号	测试时间	压力计下深/m	地层静压/MPa	百米梯度	中部深度/m	中部压力/MPa	地层水密度/(g/cm^3)	地层原油密度/(g/cm^3)
W48	1998-4-28	4700	53.148	0.85	5366.8	58.82	1.1016	0.8604

W65 单元选用 W65 井最早期静压值，计算所需数据如表 4-8 所示，代入计算得油水界面深度 5578 m。

表 4-8　W65 单元原始油水界面计算所需数据表

井号	测试时间	压力计下深/m	地层静压/MPa	百米梯度	中部深度/m	中部压力/MPa	地层水密度/(g/cm^3)	地层原油密度/(g/cm^3)
W65	1999-9-10	5300	57.75	0.89	5485.9	59.4	1.1016	0.8951

MK409 井单元选用该单元 MK409 井最早一次测静压值，1999 年 6 月 9 日所测静压值，计算所需数据见表 4-9，由于该井原油地面密度和 W48 原油地面密度值接近，地理位置离 W48 较近，在没有测得该井原油地层密度的情况下，选用 W48 的 PVT 测试结果 0.8604g/cm^3，代入式(4-9)计算得油水界面深度 5774m。

表 4-9　MK409 单元原始油水界面计算所需数据表

井号	测试时间	压力计下深/m	地层静压/MPa	百米梯度	中部深度/m	中部压力/MPa	地层水密度/(g/cm^3)	地层原油密度/(g/cm^3)
MK409	1999-6-9	5357.4	58.82	0.85	5459.5	59.68	1.1016	0.8604

3. 缝洞单元油水界面分布规律

4 区 5 个主要缝洞单元计算结果。由各单元原始油水界面位置计算结果来看，各单元之间并不存在统一的油水界面，单元之间油水界面差别比较大(表 4-10)。从计算的界面位置看，北部 MK409 单元原始油水界面深度最大，向南有逐渐减小的趋势，到西南边 W65 单元的原始油水界面深度最小，见图 4-4、图 4-5。

表 4-10　塔河 4 区主要单元原始油水界面计算结果

单元名	实测资料推测/m	压力梯度法/m		单井与区域压力资料计算结果差/m
		区域压力资料	单井压力资料	
W48	>5602	5670	5734	64
W65	>5604/≥5585	5684	5578	106
MK407	>5480	5706	5702	4
MK409	>5670	5724	5774	50
MK413	>5587	5713	5727	14

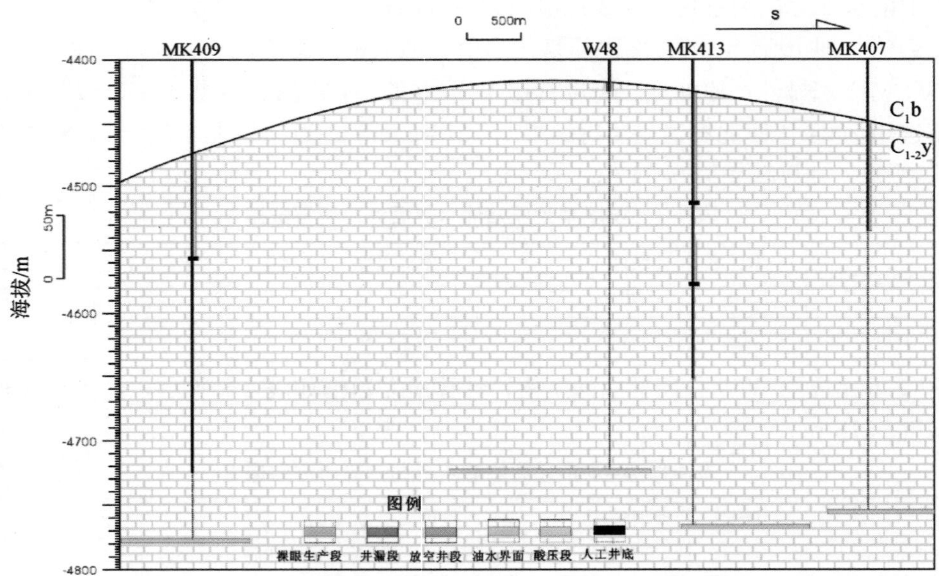

图 4-4　4 区 MK409-W48-MK413-MK407 原始油水界面分布剖面图

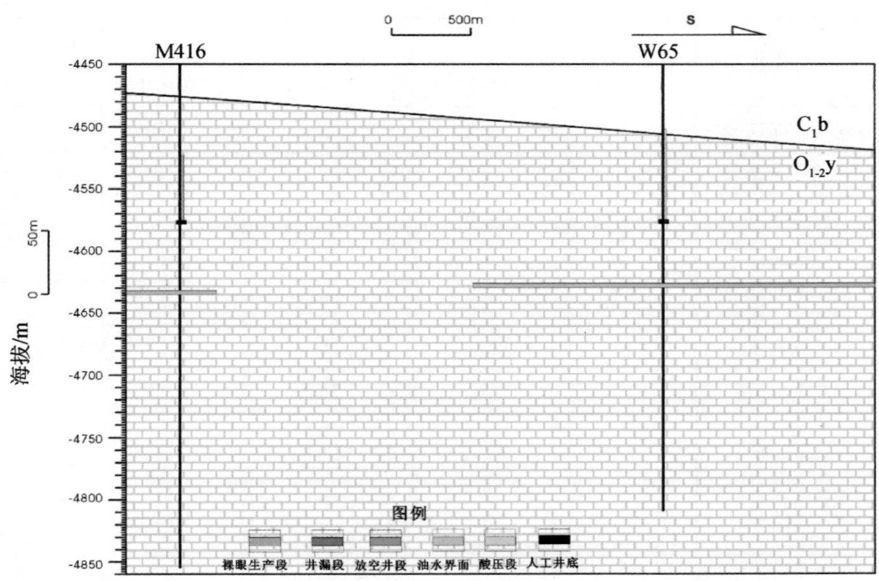

图 4-5　4 区 M416-W65 原始油水界面分布剖面图

另外，各方法计算的结果也有一定的差别。其中 W65 单元用实测资料推算的界面不统一，MK461 井推测界面在 5604 m 以下，而早期投产的 MK432 井推测的油水界面在 5585 m 附近；W65 单元区域压力梯度法与单井压力梯度法计算差别也最大，达到了 106 m，其余各单元计算差别不大，MK407 单元仅相差 4 m。

结合前面缝洞识别成果以及地质岩溶背景发现，塔河油田 4 区由于位于岩溶高部位，受风化剥蚀以及岩溶作用明显，缝洞体分布极不规则，在同一缝洞单元内，连通的各井缝洞体在空间上分布就更加复杂，相应的油水分布也没有一定的规律可言。因此，在某些情况下，缝洞单元内部可能就存在两个或多个油水界面，如以上计算的 W65 单元。所以，各单元没有统一的原始油水界面，复杂多井单元内的原始油水界面也可能存在一定的差别。

从图 4-4 看出，在 MK409-W48-MK413-MK407 剖面上，原始油油水界面在本区相对比较一致，W48 单元界面稍高；在 M416 到 W65 单元界面也比较一致，但是比东部的界面高 50～100 m(图 4-5)。

表 4-11　4 区油水界面数据汇总表

缝洞单元	井名	产层段		实钻/试油	压力梯度法	
		顶深/m	底深/m		区域压力/m	单井压力/m
W48	W48	5363	5370		5670	5734
	M401	5379	5424			
	M402	5359	5602	5602		
	MK440	5378	5600			

续表

缝洞单元	井名	产层段		实钻/试油	压力梯度法	
		顶深/m	底深/m		区域压力/m	单井压力/m
M416	M416	5468	5480		5640	
MK413	MK406CH	5390.5	5780		5713	5727
	MK468	5406	5490			
	MK413	5370	5508			
W65	MK432	5438	5585	5585	5684	5578
	MK461	5530	5604.6	5604		
MK409	MK460	5570	5784	5670	5724	5774
	MK409	5446.5	5466.6			
Mk407	MK407	5393.5	5426.1		5706	5702
	MK434	5427	5477.6			
	MK479	5404	5539.48			

特征表明统一连通缝洞体可以有一个油水界面、也可以存在多个油水界面。油水界面的分布局部上来讲不受构造高低的制约，油水界面分布特征与缝洞体发育的不规则性及在油气运聚过程中的方向、排流点分布、配置关系、油气的多次充注等有关。

4.2.2　主力缝洞单元油水变化趋势

1. 油水界面变化分析方法研究

由于碳酸盐岩油藏的缝洞型储层的复杂性，具有多样的水体分布形式，同时在生产过程中产生严重的水窜，更造成水体的不均匀推进，因此投产后使得油水界面分布更趋于复杂。即使具有类底水的缝洞体，由于沿裂缝水窜现象比较普遍，也产生了油水界面的不均匀推进，因此只能从总体上结合生产情况对单元内的油水界面的变化进行分析。另外对于连通范围小、相对孤立的缝洞体，油水界面的推进(甚至下降)完全取决于定容体的油水体积比以及累计产油量与累计产水量之比。本书重点分析连通范围大、水体能量比较充足的缝洞体。

生产测井获得的产液剖面反映了在现有的工作制度条件下水体侵入到井底的情况，体现了生产对油水重新分布的影响，只是产液剖面揭示的动液面的分布情况，并不是油藏实际的油水界面(静液面)推进的反映，但是由于生产时水窜严重，动液面对生产的指导更具有实际价值，本书首次采用产液剖面结合生产动态资料的方法，分析碳酸盐岩缝洞油藏油水动液面的变化趋势。

产液剖面给出了不同深度产液井段的绝对产液量、相对产液量，这不仅能为我们提供主产层、次产层、无产出的层段深度，还可以有各产层段分层的含水率，更直观地反映井口含水率的主要供液产层深度。因此根据产液剖面估算目前生产井的油水动液面深度，并用一口井多次的生产测井计算出的油水界面深度加以对比，估算单井这一阶段产液量对应的油水界面推进高度。

从图 4-6 可以看出，单井多次的产液剖面对比可以比较直观地反映油水界面推进的特点，但是具体推进的高度完全依靠产液剖面还不能定量计算，本书提出了这样一种估算方法。首先需要 3 个假设条件：①生产井的压降漏斗是一个规则的圆锥体；②油水界面是平直或近似平直的；③原油分布在地层水体之上。产层段中油水同产的顶底深度为 H_1 到 H_2，井底产层段的压降漏斗的水体也是一个小的圆锥体，位于全井压降漏斗的下部(图 4-6)，已知产层高度 $H=H_1-H_2$，根据产油量及产水量体积比、含水率 f 推导出水柱高度$\triangle H$。

$$\Delta H=(f)^{1/3}H \tag{4-10}$$

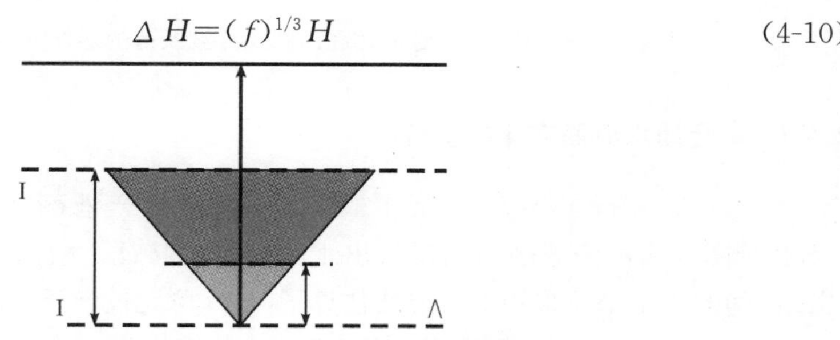

图 4-6　油水同产井压降漏斗中油水分布示意图

那么在生产条件下井点处油水界面的高度 $H'=H_2-\triangle H$。随着油井生产含水率，逐渐上升，水体推进井点处的油水界面高度 H'不断上升，从生产测井资料上可以清楚地知道，含水上升的贡献不是全井段，而来自产层的下部某段，因此可以通过生产测井中，油水同产的层段估算出井点油水界面的高度和推进速度。作为该理论模型对应的实际物理模型有两种情况，一是缝洞储集体在压降漏斗波及范围之内，如图 4-7；另外一种是缝洞储集体在压降漏斗波及范围之外，如图 4-8。对于前文所述的洞产水、缝产水、条带状储层产水的情况均可分为上面两种情况，其水柱高度、产层高度和含水率之间的关系在 3 个假设条件下关系具有统一性，仍然符合式(4-10)的关系。因此，运用该方法可以对这些产水类型的实际储集类型进行油水界面的计算。

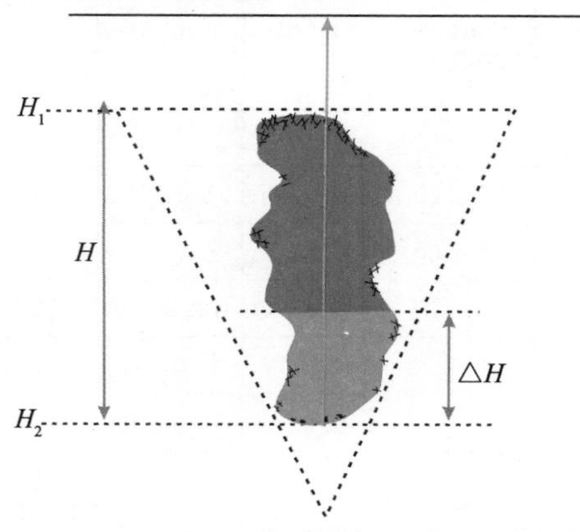

图 4-7　缝洞体在压降漏斗波及范围之内空间模型

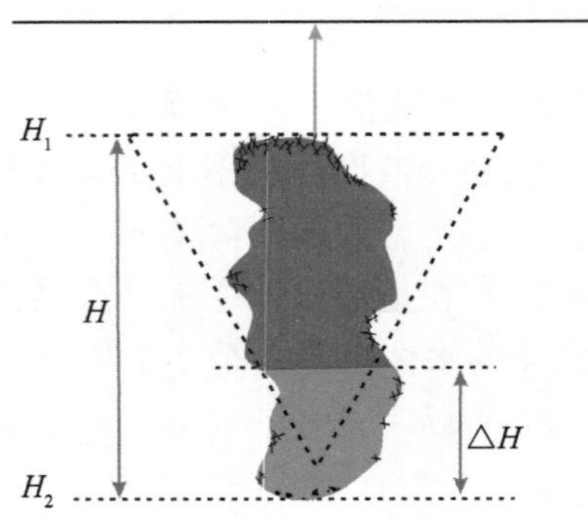

图 4-8　缝洞体在压降漏斗波及范围之外空间模型

2. W65 单元油水界面变化趋势分析

本次对比分析了 W65 单元 5 口井 10 井次的产液剖面。MK432、W65、MK435、MK461(图 4-9)的产液剖面均反映出水体推进的特征。根据产液剖面的测试结果，结合测试期间的含水率，采用上述方法估算了 W65 单元投产至今油水界面的深度(表 4-12)。

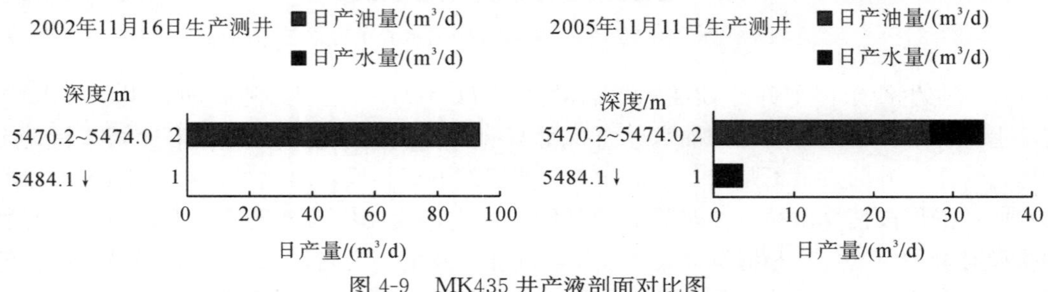

图 4-9　MK435 井产液剖面对比图

表 4-12　塔河油田四区 W65 单元估算油水界面数据表

井名	测试时间	累积产量		阶段产量		含水率/%	油水界面深度/m	油水界面海拔/m
		油产量/(m³/d)	水量/(m³/d)	油产量/(m³/d)	水量/(m³/d)			
W65	1999-8-12					0	5471.5	−4526.63
	1999-10-24	12009.10	9.50			0.00	5426.00	−4481.13
	2000-4-3	48403.40	1970.60	36394.30	1961.10	24.00	5476.66	−4531.79
MK432	2001-2-25	2667.00	3738.00			45.30	5468.40	−4522.80
	2001-6-25	12735.90	15953.10	10058.90	12215.10	73.00	5450.19	−4504.59
	2006-4-17	67054.67	50967.72	54318.77	35014.62	66.30	5484.66	−4539.06
	2007-1-8	76562.02	71011.87	9507.35	20044.15	76.90	5447.57	−4501.97
MK435	2002-11-16	69835.60	329.00			0.03	5473.75	−4527.43
	2005-11-11	107678.23	7830.97	37842.63	7501.97	17.40	5471.88	−4525.56
MK461	2003-6-28	9321.40	265.40			0.78	5593.02	−4649.09
	2006-7-27	46608.79	23498.69	37287.39	23233.29	97.50	5510.19	−4566.26

结合原始油水界面位置，绘制了估算的W65单元油水界面海拔随含水率变化的曲线图(图4-10)，从图中可以看出，W65单元随着含水率动液面在一个区间内变化，总体上来说初期油水界面上升较快，反映了水窜的特征。

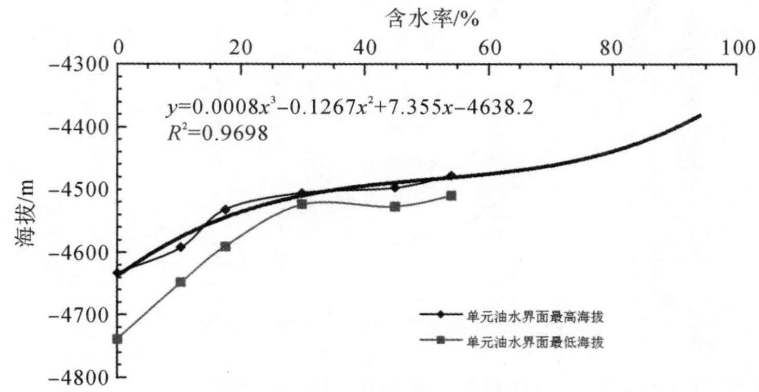

图4-10　W65单元油水界面随含水率变化曲线图

4.3　缝洞体水体大小评价方法

塔河奥陶系油藏主力缝洞单元内溶洞大小、充填情况、裂缝性质、延伸展布等情况十分复杂，在分析4区主力缝洞单元的生产资料、动态监测资料的基础上，经过仔细研究筛选，本书主要采用亏空体积曲线法、生产指示曲线法、物质通式方法、压降法(储罐模型)和水油体积比法对W48、W65两个缝洞单元影响范围内的水体进行了定量评价分析。

4.3.1　亏空体积曲线法

水压驱动未饱和油藏的物质平衡方程可以表示成：

$$N_pB_o=NB_{oi}C_t\Delta p+We+W_iB_w-W_pB_w$$

上式改写成：

$$N_pB_o+W_pB_w-W_iB_w=NB_{oi}C_t\Delta p+We \tag{4-11}$$

式中，N_p为累计产油量；B_o为地层原油体积系数；N为地质储量；B_{oi}为原始条件下原油体积系数；C_t为总压缩系数；Δp为压降；We为油气藏水侵量；W_iB_i为油藏累计注入体积；B_w为地层水体积系数。

由式(4-11)可以看出，$N_pB_o+W_pB_w$为油藏累计采出体积，而W_iB_w为油藏累积注入体积，二者之差为净采出体积，即油藏亏空体积，用符号V_V表示。油藏亏空体积是一个可计算量。用亏空体积表示，式(4-11)变为

$$V_V=NB_{oi}C_t\Delta p+We \tag{4-12}$$

把式(4-12)绘制成油藏亏空体积变化曲线(图4-11)。

在油藏开采初期，压降较小，边底水还来不及侵入油藏，因此式(4-12)可以写成：

$$V_{Ve}=NB_{oi}C_t\Delta p \tag{4-13}$$

由于开采初期为弹性驱动，因此式(4-13)使用符号 V_{Ve} 来表示弹性驱动过程中的亏空体积。式(4-13)表明弹性驱动的亏空体积曲线为一直线(图 4-11)。

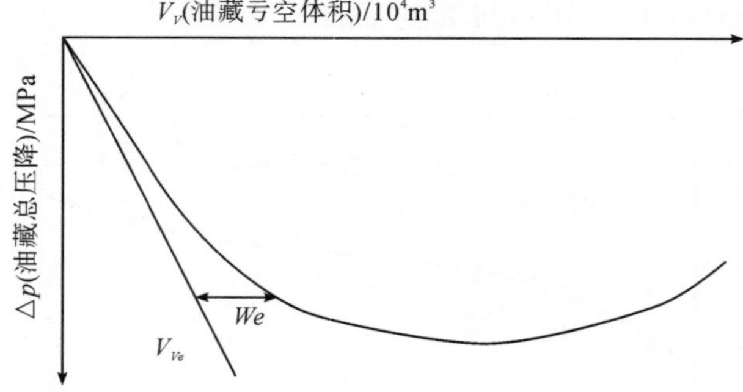

图 4-11 油藏亏空体积变化曲线示意图

式(4-12)与式(4-13)相减，即得到油藏水侵量的计算公式：

$$We = V_V - V_{Ve} \tag{4-14}$$

根据式(4-14)需要整理的参数：

(1)地质参数：原油储量。

(2)流体参数：原油原始体积系数 B_{oi}、综合压缩系数 C_t。

(3)测压数据：原始地层压力、目前地层压力。

(4)生产动态数据：累积产油量 N_p、累积产水量 W_p。

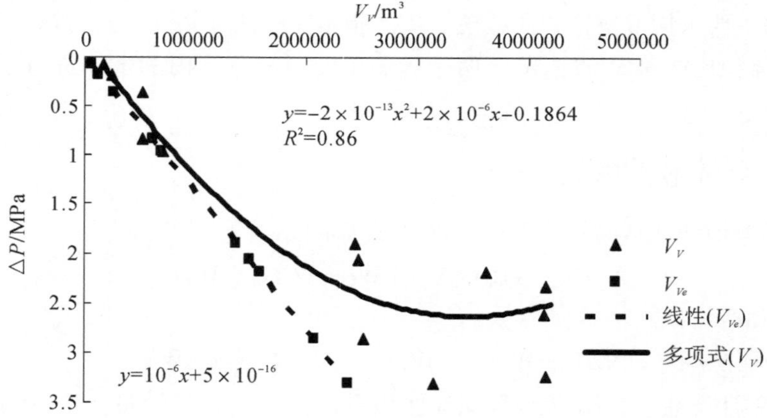

图 4-12 W48 单元亏空体积曲线

图 4-12 为 W48 单元亏空体积曲线，拟合出弹性驱动亏空体积 V_{Ve} 的线性方程和油藏亏空体积 V_V 的多项式方程，利用生产数据、测压数据和流体参数，应用式(4-14)即可求出 W48 单元的水侵量 $We=2261671.49\ m^3$。

图 4-13 为 W65 单元亏空体积曲线，拟合出弹性驱动亏空体积 V_{Ve} 的线性方程和油藏亏空体积 V_V 的多项式方程，利用生产数据、测压数据和流体参数，应用式(4-14)即可求出 W65 单元的水侵量 $We=450660.0847\ m^3$。

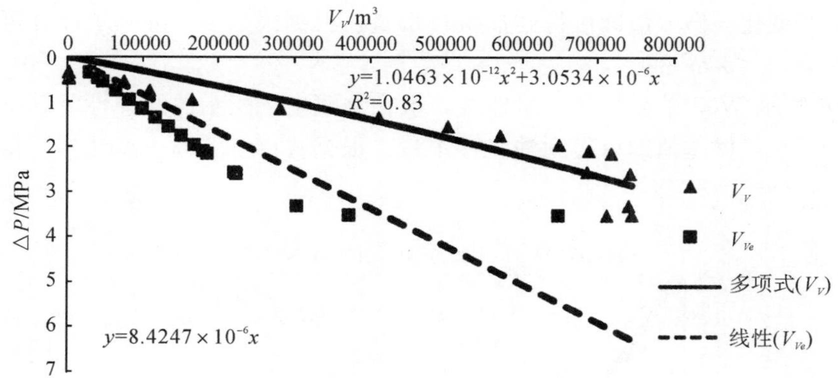

图 4-13　W65 单元亏空体积曲线

4.3.2　生产指示曲线法

把式(4-12)改写成：$N_pB_o=NB_{oi}C_t\Delta p+W$　(4-15)

式中，$W=We+W_iB_w-W_pB_w$，$We+W_iB_w$ 为油藏外来水量；W_pB_w 为油藏产出水量；二者之差(W)为净外来水量，称之为油藏存水量。

$W_iB_w-W_pB_w$ 在矿场上通常被称为注入水的存水量。油藏存水量一部分来自边底水，一部分水来自注入水。把式(4-15)绘制成为油藏生产指示曲线(图 4-14)。

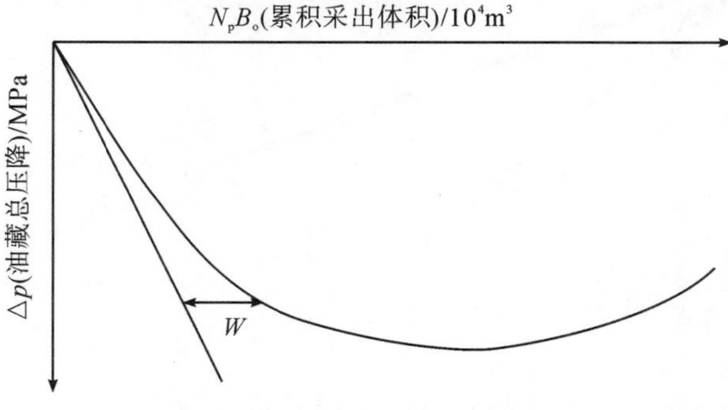

图 4-14　油藏生产指示曲线示意图

开采初期，油藏以弹性驱动为主，油藏存水量为 0，此阶段式(4-15)可以写成：

$$N_pB_o=NB_{oi}C_t\Delta p \quad (4\text{-}16)$$

式(4-16)表明，弹性驱动的油藏生产指示曲线为一直线，式(4-15)与式(4-16)之差就是油藏存水量(图 4-14)，由油藏存水量可进一步计算油藏水侵量 We：

$$We=W+W_pB_w-W_iB_w \quad (4\text{-}17)$$

由以上计算可以看出，油藏的水侵量可以从油藏生产指示曲线直接计算得到，只需要生产数据资料即可。

那么，根据式(4-17)需要整理的参数：

(1)测压数据：原始地层压力、目前地层压力。

(2)生产动态数据：累计产油量 N_p、累计产水量 W_p。

图 4-15 所示为 W48 单元生产指示曲线，拟合油藏生产指示曲线弹性驱动下生产变

化和水驱生产变化，做差值即可得到油藏存水量，根据式(4-17)进一步计算可得到水侵量 $We=2261671.49\ \mathrm{m}^3$。

图 4-16 所示 W65 单元生产指示曲线，拟合油藏生产指示曲线弹性驱动下生产变化和水驱生产变化，做差值即可得到油藏存水量，根据式(4-17)进一步计算可得到水侵量 $We=443560.2\ \mathrm{m}^3$。

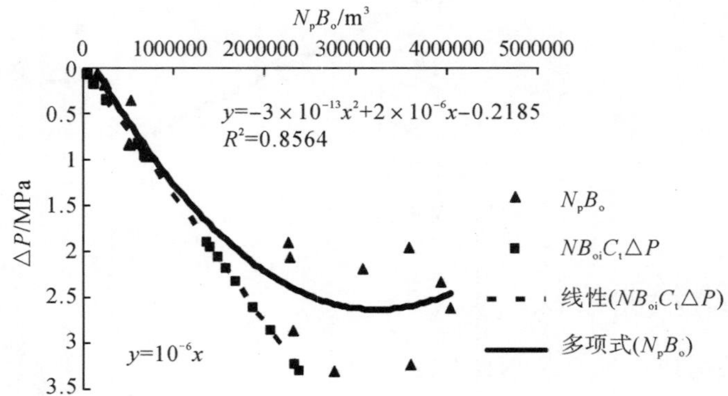

图 4-15　W48 单元生产指示曲线

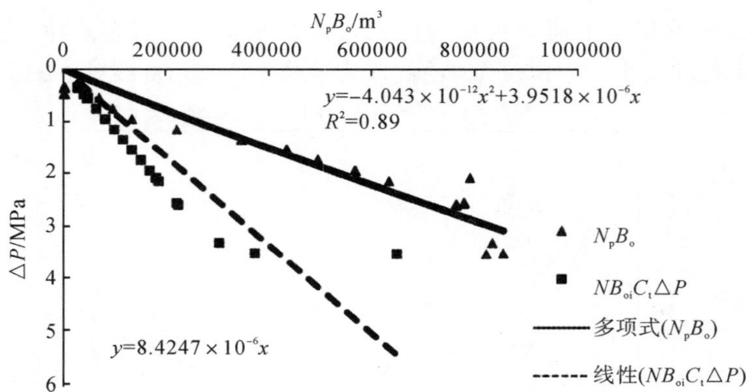

图 4-16　W65 单元生产指示曲线

4.3.3　物质平衡式

对于利用天然水驱能量开发的油藏，其物质平衡方程式

$$\frac{N_pB_o}{\rho_o}+\frac{W_pB_w}{\rho_w}=\frac{N_oB_{oi}}{\rho_o}C_t\Delta p+We$$

地层水体积系数和地层水密度可近似为 1，即发生在计算阶段的累计水侵量为：

$$We=\frac{N_pB_o}{\rho_o}+W_p-\frac{N_oB_{oi}}{\rho_o}C_t\Delta p \tag{4-18}$$

那么，根据式(4-18)需要确定的参数：

(1)地质参数：地质储量 N_o；

(2)流体参数：原始和目前压力下地层原油体积系数 B_{oi}，B_o；地面原油密度 ρ_o；

(3)测压数据：阶段压力降；

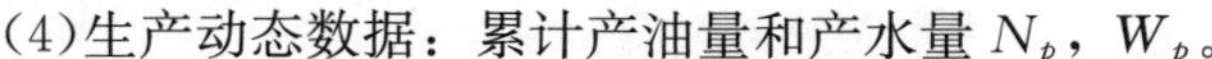

(4)生产动态数据：累计产油量和产水量 N_p，W_p。

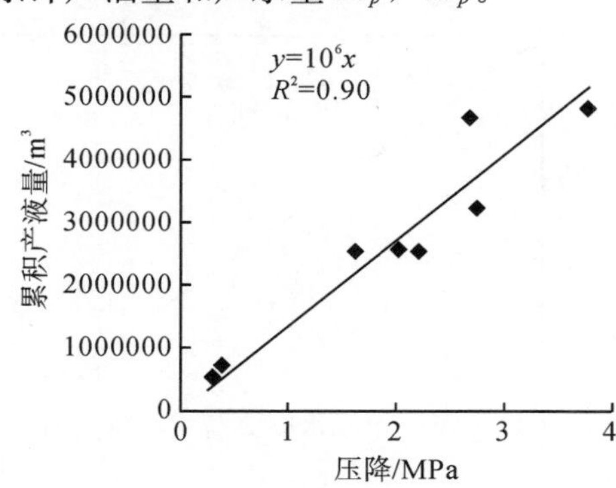

图 4-17　W48 单元压降与累计产出体积图

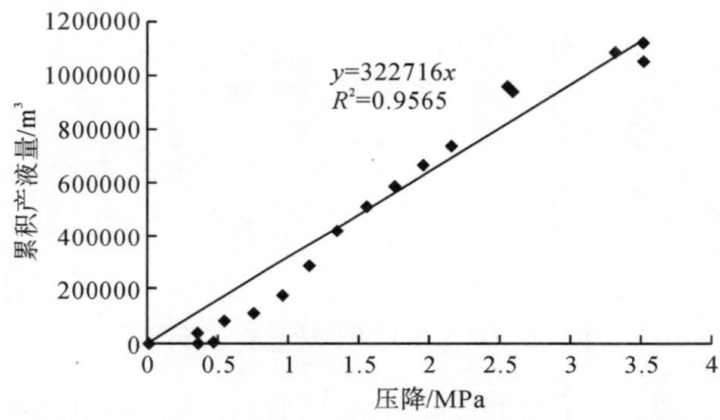

图 4-18　W65 单元压降与累计产出体积图

4.3.4　压降法(储罐模型)

油藏底水不活跃，表现为定容封闭型有限小水体。在此条件下，油藏开采所引起的地层压力下降可以很快地波及整个天然水域的范围，达到有限封闭水域的拟稳态供水条件，此时，天然水域对油藏的累积水侵量可忽略时间的影响表示为：

$$We=-C_{wt}V_w\Delta P \tag{4-19}$$

式中，C_{wt}为(水＋岩石)的总压缩系数，1/MPa；V_w为水体的孔隙体积，m^3。

需要确定的参数：

(1)地质参数：面积、厚度。

(2)流体参数：(水＋岩石)的总压缩系数 C_{wt}。

(3)测压数据：原始压力，目前地层压力。

对于塔河油田缝洞型油藏，地质参数是很难确定的。根据地层压降与累计产液量的关系图中，拟合直线的斜率在水驱生产情况下和在弹性驱动生产情况下的差值为 $C_{wt}V_w$，于是再结合测压资料即可得出水侵量大小。

如图 4-19 和图 4-20 所示，根据式(4-19)采用累计产液量和压降数据分别拟合 W48 单元水驱驱动条件下和弹性驱动的生产压降线性关系，分别得到相应的斜率 B_1、B_2，二者差值即为 $C_{wt}V_w$，再代入 W48 单元压降值即可得出水侵量 We＝2474797.237 m^3。

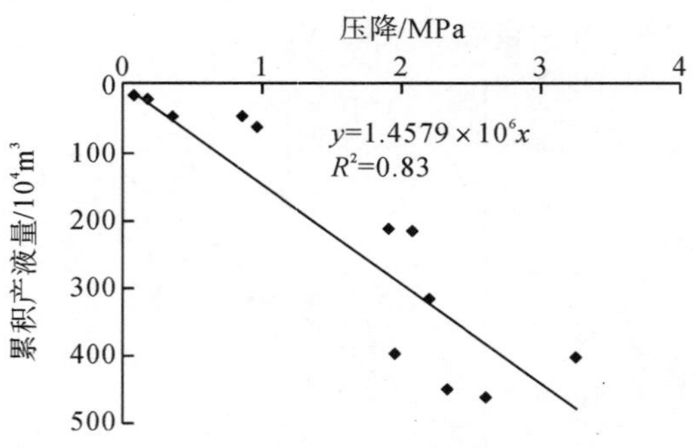

图 4-19　W48 单元水驱驱动生产压降图

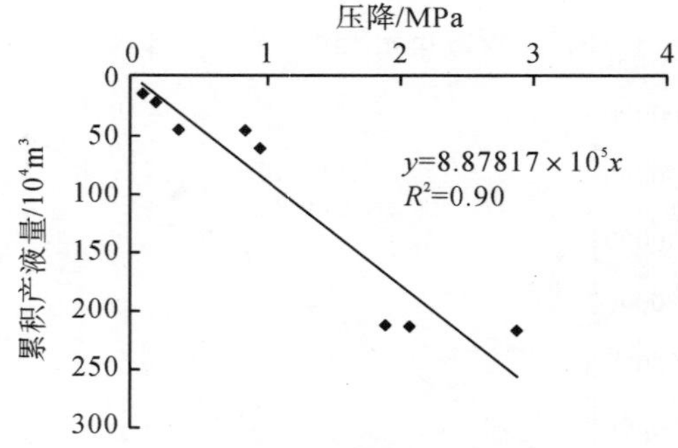

图 4-20　W48 单元弹性驱动生产压降图

根据式(4-19)采用累计产液量和压降数据分别拟合 W65 单元水驱驱动条件下和弹性驱动的生产压降线性关系，分别得到相应的斜率 B_1、B_2，二者差值即为 $C_{wt}V_w$，再代入 W65 单元压降值即可得出水侵量 We＝253917.3 m^3。

综上所述，上述 4 种方法计算 W48 和 W65 两个单元的水侵量，结果汇总如表 4-13。

表 4-13　4 区主力缝洞单元水侵量计算结果　（单位：m^3）

缝洞单元	亏空体积法	生产指示曲线法	物质平衡	压降法
W48 单元	2261671.49	2261671.49	4046217.07	2474797.237
W65 单元	450660.0847	443560.2	850508.5882	253917.3

4.3.5　水油体积比法计算水体储量

1. 无因次弹性产量比值

$$N_{pr}=N_p \cdot B_o/\left[N \cdot B_{oi}C_t(P_i-P)\right] \tag{4-20}$$

研究连通的 W48 缝洞系统的弹性驱动能力，参数取值如下：N_p＝344.65×10^4 t；B_o＝1.172；N＝7900.36×10^4 t；B_{oi}＝1.162；P_i＝59.47MPa；C_t＝78.5×10^{-4}(MPa)$^{-1}$。

计算得到 W48 缝洞无因次弹性产量比值 N_{pr}＝2.13。

研究连通的 W65 缝洞系统的弹性驱动能力，参数取值如下：N_p＝75.92×10^4 t；B_o＝1.1264；N＝5162×10^4 t；P_i＝59.87Mpa；C_t＝78.5×10^{-4}(MPa)$^{-1}$。

计算得到 W65 缝洞无因次弹性产量比值 N_{pr}＝1.69。

N_{pr}反映了开发初期，油藏中存在的天然能量与弹性能量之间的关系。N_{pr}越大，说明其他能量越大。

2. 每采出 1%地质储量的平均地层压降

$$D_{pr}=(P_i-P)N/(100N_p) \tag{4-21}$$

对于 W48 单元，计算得到每采出 1%地质储量的平均地层压降 $D_{pr}=0.5980$。

对于 W65 单元，计算得到每采出 1%地质储量的平均地层压降 $D_{pr}=0.7548$。

D_{pr}反映了油藏初期天然能量充足的程度，D_{pr}越小，油藏的天然能量越充足，如果油藏具有边底水，说明边底水越活跃。

对于孔隙型砂岩油藏天然驱动能力的分级如下：

(1)$D_{pr}<0.2$，$N_{pr}>30$，那么油藏的天然能量充足，初期采油速度可以大于 2%。

(2)$0.2\leqslant D_{pr}<0.8$，$N_{pr}=10\sim30$，那么油藏的天然能量较充足，初期采油速度可取 $1.5\%<V_o<2\%$。

(3)如果 $0.8\leqslant D_{pr}<2.5$，$N_{pr}=2\sim10$，那么油藏具有一定的天然能量，采油速度可取 $1.0\%<V_o<1.5\%$。

(4)$D_{pr}\geqslant2.5$，$N_{pr}<2$，那么天然能量不足，初期采油速度 $V_o<1\%$。

根据上述能量分级标准，W48 单元 $D_{pr}=0.5980$，$N_{pr}=2.13$，D_{pr}处于第二类，天然能量较充足，N_{pr}处于第三类，说明具有一定天然能量。W65 单元 $D_{pr}=0.8370$，$N_{pr}=1.69$，D_{pr}处于第三类，天然能量较充足，N_{pr}处于第四类，说明具有一定天然能量。

3. 水体量计算

目前水体计算方法主要有容积法、水油体积比估算水体和储罐模型。塔河油田奥陶系碳酸盐岩油藏属于缝—洞型复合油藏，储层为受多期构造裂缝、古地貌、古水系共同作用形成的缝—洞系统，储集空间以裂缝、溶蚀孔隙、孔洞及大型洞穴为主。对于塔河奥陶系油藏缝洞单元这种复杂储集空间，各种参数复杂难以取准，具有定容体的特征更适合于采用水油体积比和储罐模型估算水体。因此，本书选取水油体积比方法和储罐模型对塔河油田奥陶系碳酸盐岩油藏典型缝洞单元 W48 和 W65 的水体进行了估算。

1)水油体积比方法

水油体积比方法研究基本思路是确定典型缝洞单元 W48 和 W65 的原油储量和两个单元的水油体积比，最后根据二者计算水体规模。

而原油储量计算方法主要有物质通式、产量递减法、试井法和水驱曲线法。物质通式中含有一项水侵量是我们本书需要确定的，另外储量是未知的，一个方程式中有两个未知数无法求解，所以不采用物质通式。对于 W48 单元和 W65 单元，各单井生产过程中不断进行各种稳产或控制产量递减的措施，所以产量递减法可用的生产数据极为有限，本书没有采用产量递减法。在 W48 单元和 W65 单元进行压力恢复试井和压降测试的单井不多，无法计算整个单元的储量。最终选用水驱曲线法，水驱曲线法数据只需生产数据，而且水驱曲线法是一种宏观动态储层评价方法，是分析整个生产过程水驱趋势即水驱条件下生产总体规律性，比较适合于塔河油田奥陶系碳酸盐岩油藏。

W48 单元水驱曲线见图 4-21，W65 单元水驱曲线见图 4-22，当水驱比较稳定时，反映在水驱曲线上为中间的直线段，用生产数据拟合中间直线段，求取水驱曲线直线表达式，根据直线的斜率和截距来预测储量，W48 单元储量 3069×10^4 t，W65 单元储量 775×10^4 t。

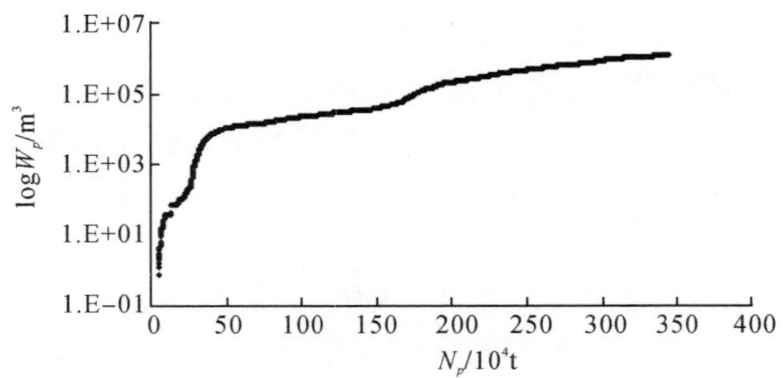

图 4-21 W48 单元甲型水驱曲线

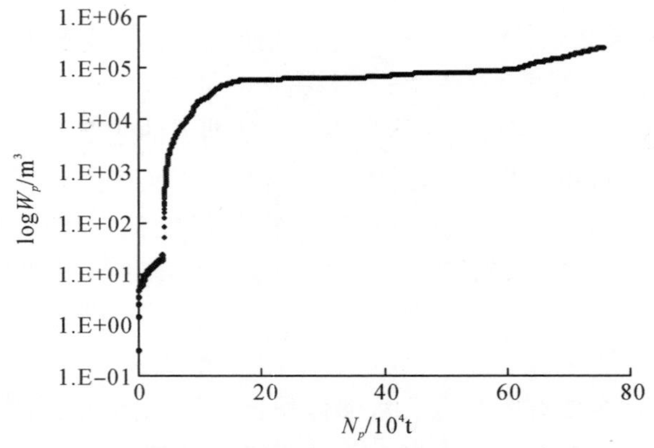

图 4-22 W65 单元甲型水驱曲线

前人研究结论认为塔河奥陶系油藏为有限底水，另外依据 W48 单元的无因次弹性产量比值 N_{pr} 和每采出 1%地质储量的平均地层压降 D_{pr} 综合评价 W48 单元天然能量较为充足，为此综合分析确定 W48 单元水油体积比为 10。而根据 W65 单元的无因次弹性产量比值 N_{pr} 和每采出 1%地质储量的平均地层压降 D_{pr} 综合评价 W65 单元具有一定天然能量，要比 W48 单元能量要弱些，结合生产数据分析 W65 单元产油能力和出水情况，最终确定 W65 单元的水油体积比为 5。

应用水油体积比法对 W48 和 W65 两个缝洞单元的水体量计算数据和结果汇总于表 4-14。

表 4-14 水油体积比法计算 4 区主力缝洞单元水体结果

缝洞单元	储量/10^4 t	水油体积比	水体储量/10^4 m^3	天然能量分类
W48	3069	10	27900	Ⅱ
W65	775	5	3523	Ⅲ

2)储罐模型(压降法)

对于塔河奥陶系油藏缝洞单元，储集空间具有定容体的特征更适合于采用储罐模型估算水体。

前面提到的压降法即储罐模型，式(4-19)中水体孔隙体积 V_w 实际就是我们要求取的天然水体大小。那么根据式(4-19)，在地层压降与累计产液量的关系图中有两种情况，水驱驱动生产压降来拟合的直线斜率 B_1 和弹性驱动生产压降来拟合的直线斜率 B_2 的差值即为 $C_{wt}V_w$，于是再结合流体资料即(水＋岩石)的综合压缩系数 C_{wt} 即可得出水体大小 V_w。

图 4-19 和图 4-20 为拟合 W48 单元水驱驱动条件下和弹性驱动下的生产压降线性关系图，分别得到相应的斜率 B_1、B_2，做差值即为 $C_{wt}V_w$，再代入 W48 单元(水＋岩石)的总压缩系数 C_{wt} 即可得出 W48 单元水体 V_w 为 $27904\times10^4\,m^3$(表 4-15)。同理，拟合 W65 单元水驱驱动条件下和弹性驱动下的生产压降线性关系图，分别得到相应的斜率 B_1、B_2，做差值即为 $C_{wt}V_w$，再代入 W65 单元(水＋岩石)的总压缩系数 C_{wt} 即可得出 W65 单元水体 V_w 为 $3216\times10^4\,m^3$(表 4-15)。

表 4-15　储罐模型计算 4 区主力缝洞单元水体结果

缝洞单元	水驱驱动生产压降直线斜率(B_1)	弹性驱动生产压降直线斜率(B_2)	水体体积/$10^4\,m^3$	天然能量分类
W48	1457902.596	887817.31	27904	Ⅱ
W65	286007.1	226956.5	3216	Ⅲ

4.3.6　水体计算结果分析与评价

计算水侵量方法主要有亏空体积曲线法、生产指示曲线法、物质通式方法、压降法(储罐模型)。比较这几种方法计算水侵量的结果，存在一定差异。下面对这几种方法计算的水侵量大小进行分析评价。

1. 原理和使用条件不同

压降法公式推导的假设条件：油藏底水不活跃，表现为定容封闭型有限小水体。地层压力下降可以很快地波及到整个天然水域的范围，达到有限封闭水域的拟稳态供水条件，天然水域对油藏的累积水侵量可忽略时间的影响。所以，该方法又被称为“储罐模型”。塔河奥陶系油藏缝洞单元正好具有定容体生产特征，因此压降法非常适合该区计算水侵量。

无论是亏空体积比法和生产指示曲线法，还是物质通式法，公式推导的假设条件是均质地层，而塔河奥陶系油藏缝洞交错复杂，储层非均质极强，所以应用这 3 种方法计算水侵量必然有一定的误差。

2. 资料不同

压降法这种方法所用的数据仅仅需要高压物性资料和测压资料，不需要对水体几何形态和边界做任何工作，因而消除了繁琐的试算和水侵量计算过程中的不确定性，资料易于获取，在计算中减少了累积误差。方法简单，快捷。

亏空体积比法和生产指示曲线法仅应用生产资料即可计算气藏的水侵量大小，该方法同样不需要对水体形态和大小做任何猜测，方法简便、快捷。但这两种方法仍然和物质通式一样需要地质储量，如果储量没有详细核实，那么对计算精度就会有一定的影响，将会给计算结果带来累计误差。

物质通式因为参数复杂，在计算中具有多解性和不确定性，势必带来一定的误差。

比较这几种方法的计算结果(表 4-15)，压降法和亏空体积比法与生产指示曲线法计算结果比较接近，物质通式计算结果较前三者偏大些。综上所述，认为压降法计算的水侵量结果更适合本区。

本书水体研究主要采用了油水体积比方法和压降法(储罐模型)。

3. 使用条件比较

针对塔河奥陶系油藏缝洞储层特点，水油体积比方法和压降法都是比较适合的。水油体积比方法是在天然能量分析和判断底水规模的基础上，确定水油体积比，进而计算水体大小。可以说，水油体积法实用性很广。如果能更好地确定缝洞几何尺寸以及其中的油水赋存比例，使用水油体积法计算水体大小将大大提高计算精度，因资料有限这次研究没有做这方面的工作。压降法(储罐模型)适用于封闭储集体，塔河奥陶系油藏缝洞单元就具有定容体特征，所以是比较适合塔河。

4. 数据比较

水油体积比方法不需要诸如容积法所用的含水区面积、厚度等一系列地质资料，而水油体积比方法计算水体结果准确与否，关键在于水油体积比和原油储量两项参数。前人在该区的研究表明，塔河奥陶系油藏属于有限底水，但在深层(寒武系)可能存在大的水体。从目前生产数据统计来看，4 区两个主力缝洞单元 W48 和 W65 累积产水量不是很大，综合前人研究和天然能量评价，可以判断塔河奥陶系油藏属于有限底水是可靠的，据此确定 4 区两个主力缝洞单元 W48 和 W65 水油体积比 10 和 5。在前人对原油储量计算的基础之上，这次对 4 区两个主力缝洞单元 W48 和 W65 储量采用水驱曲线进一步进行了验证和核实。而储罐模型同样避开了对含水区几何尺寸的确定，其计算水体结果准确与否，关键在于生产数据、测压数据和总压缩系数 C_{wt} 的准确程度，这三项参数获取比较容易，而水油体积比不确定性和人为性却要比生产数据、测压数据和总压缩系数 C_{wt} 三项参数大得多。两种方法计算虽然存在一定差异但结果还是比较接近的。总而言之，从数据整理过程和精确程度来看，压降法(储罐模型)计算水体结果更为适用塔河奥陶系油藏。

第 5 章　缝洞单元开采技术对策

5.1　不同部位油井出水机理

按照各井的投产方式和见水时间，可将见水井划分为以下 4 种类型：自然投产即见水型；酸压投产见水型；自然投产一段时间见水型；酸压投产一段时间见水型。分别讨论单一缝洞单元和复杂缝洞单元出水机理。

5.1.1 单一缝洞单元不同部位油井出水机理

1. 自然投产即见水型

单一封闭单元中只有 M701 属于自然投产即见水型。M701 位于岩溶过渡区，地层为恰尔巴克组。2001 年 8 月 28 日 14：00 开井求产，在 7 mm×20 mm 的工作制度下，至 9 月 6 日 14：00，折算日产油从 349.8 m^3降至 52.52 m^3，含水由 5%升至 49%。求产测试期间最高含水率已达 50.0%以上，在求产测试的 10 天内，共产液 1580 m^3，产气 193000 m^3，9 月 7 日停产修井。生产特征表现初期水量较大，含水率较高，后期产油量、产水、油套压均下降，反映能量不足；在该井在 5652.98～5655.5 m、5691～5693.5 m 发生钻具放空现象，据以往研究确定该井断裂不发育、与周围井连通差，可能是局部定容体。综上所述，M701 产水特征属于洞存残留水。

2. 酸压投产见水型

封闭单元 W76 井、M704 井为酸压投产见水型。

M704 井产水特征类似于 M701 井属于洞存残留水，经过酸压裂缝沟通残留水体。2002 年 6 月 21 日～7 月 11 日对奥陶系 5710.0～5790.0 m 裸眼段酸压完井，7 月 9 日酸压施工，挤入地层总液量 520 m^3，自喷排液 145 m^3停喷。2002 年 7 月 11 日抽液 210.6 m^3自喷，2002 年 7 月 24 日用 5 mm 油嘴日产油 24 m^3，含水 75%～90%，至 7 月 29 日因含水高而停喷。10 月 24 日用 8 mm 油嘴油管掺稀套管自喷采油至 12 月 31 日，油压 11.5 MPa，日产油 8～10 m^3，含水 15%～20%。3 月 1～14 日和 6 月 5 日～7 月 14 日两次关井压水锥，含水仍达 90%以上，日产油下降到 0.6t/d。2003 年 8 月 13 日～9 月 2 日修井转稠泵采油，抽稠泵下深 1514.77 m，从 9 月 3 日机抽至 11 月上旬，日抽原油 1～2 m^3，含水在 96%以上。11 月上旬至 12 月底停抽。M704 井含水高，油井水淹，属于缝产水特征，这是酸压造缝的缘故。

W76 井于 2000 年 9 月 24 日用 8 mm 油嘴投产，油压 9.5 MPa，日产液 230 m^3，含

水 50%。油压、套压基本保持稳定，此后日产液综合含水率基本稳定在 50%～55%。表明地层能量较为充足，水体较大。生产测井表明上部层段主要产油，水主要来自于下部层段 5682 m 以下。在过该井的地震时间偏移剖面上可以见到该井西侧有一沟通深部地层的断裂，并且沿断裂有“串珠状”反射异常体存在，这说明产出水可能为沿断裂上升的深部水体。

5.1.2 复杂缝洞单元不同部位油井出水机理

1. 自然投产即见水型

当钻井揭露水体或油井直接钻遇裂缝与水体直接沟通的情况下，都会出现一投产即见水的现象。W48 单元 M402 井、W65 单元 MK432 井、s74 单元 MK652 井、M804 单元 M817 井属于自然投产即见水型。

MK432 井进入奥陶系的深度为 5438.5 m，设计井深 5600 m，完钻井深 5585 m，生产层段 5433.14～5585 m。钻至井深 5571.5 m 时井漏，共漏失钻井液 67 m^3，后放喷获日产液 190 m^3，含水 58%，分析产液中所含水分来自漏失井段 5571.5～5577.5 m 的漏失钻井液。后自喷生产日产原油达到 99 m^3/d，原油含水平均在 52%，经分析该阶段水为地层水。该井自然投产即产水，虽早期产水含有部分钻井漏失液，但漏失量不大，基本属于地层水。MK432 井开井见水前期含水率上升快，后关井修井后降低又缓慢上升，估计先为缝后为洞产水。

所以，对于自然投产就见水的油井部位一般位于裂缝附近，由裂缝直接沟通水体。

2. 酸压投产见水型

此种产水类型的井主要是靠酸压裂缝与水体直接沟通，出现一投产即见水的现象，如 W48 单元 MK426 井、M705 单元 MK719 井等。

MK426 井完井深度 5660 m，人工井底 5450 m。该井酸压后投产就含水 20%，日产水 40 余 m^3，但很快又回落到 20 多 m^3，表明与水体直接沟通，可能水体能量并不很强。MK426 井酸压投产即见水、含水率高、稳定等产水特征说明了其产水类型是先缝后洞。

酸压投产见水型这类油井含水率初期高，后来回落，产水稳定。即这类油井靠酸压裂缝直接沟通附近水体。

3. 自然投产一段时间见水型

此种产水类型主要是自然投产井开井生产后，有一定的无水采油期。自然投产井大多数都属于此种类型，包括 W48 单元的 W48、M401、M402、MK412、MK440、MK448、MK467，MK430H 等。

4 区早期投产的井大都有一段较长的无水采油期，且有一些井投产后相当长时间一直以自喷产油为主。如 4 区的 M401 井，该完井深度 5580 m，自 1998 年 10 月 13 日自然投产后一直无水自喷，后于 2001 年 12 月 7 日开始产水，无水采油期为 1144 天，无水期采油近 27 万吨。M401 井产水特征就是反映了洞产水的特点。W65 单元 MK461 井产水特征也很类似于 M401 井，放空经证明为未充填洞穴，井漏 60 m，有无水采油期，后见水后含水率上升快，后期有注水，估计为先洞后缝产水类型。

可以看出，这类投产一段时间见水的井投产后都有相当长的一段时间自喷产油，且产量较大，显示出了天然能量充足，说明了此类生产井的部位或者位于溶洞发育带或者直接与水体连通。

4. 酸压投产一段时间见水型

此种产水类型的井主要是酸压施工后，开井生产一段时间后见水的井，有一定的无水采油期。如 W48 单元的 MK429，MK411，MK408 等。

MK435 井于 2001 年 4 月 19 日酸压投产后，一直无水自喷，日产油量最高达 200 m^3/d，但油压和产量下降较快。到 2002 年 11 月 23 日该井见水，其后油压稳定在 1.0～1.5 MPa，日产油最低 15 m^3，最高 65 m^3，一般在 25～35 m^3/d，少量气。总体上看，该井产量迅速递减，能量下降快，正是裂缝产出的特征，但产水量不高，日产水最高仅为 40 m^3左右，一般在 10 m^3左右。

这类油井多数位于洞缝附近。

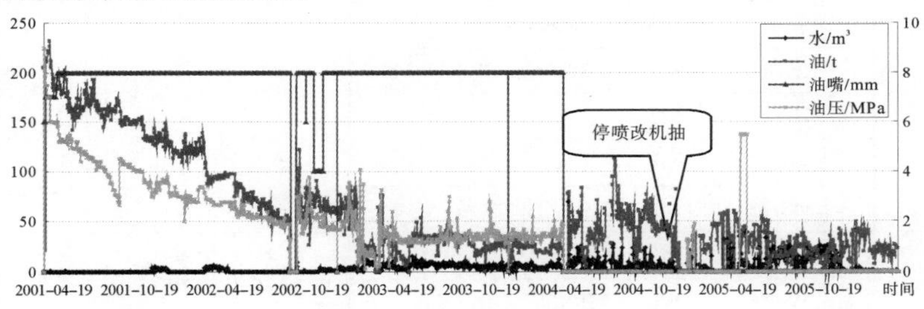

图 5-1　MK435 生产曲线

5.1.3　不同见水速度井的产水特征

依据生产见水时间快慢情况和生产动态特征，即按产水变化趋势分类：缓慢出水型，突发性见水型，间隙出水型。

1. 缓慢出水型

缓慢出水型这类产水井生产特征主要表现在：油井出水后含水缓慢上升，含水率相对较低，此类油井以自喷生产为主，多数井都有一定的无水期采油期，出水后可以在较长一段时间内保持相对较低的含水率油水同产，含水率上升稳定。此类油井一般产量较高，含水稳定上升，反映能量充足。

此类出水类型的油井主要有，W48 单元的 W48、M401、MK410、MK467、MK448H、s74 井、MK611 井等。W48 井 1997 年 10 月 27 日投产，后一直无水自喷，后于 2000 年 8 月 23 日见水，无水期 1031 天，见水后含水率上升缓慢，从 0%增加到 50%，后基本稳定在 40%左右，平均日产水量 43 m^3/d，图 5-2 为 W48 井的含水率曲线。MK611 与类似 W48 井有放空，日产油 240.5 m^3，自然投产一段时间见水，含水稳定，属于洞产水特征。s74 酸压投产一段见水有无水采油期，含水变化快，有可能是缝—洞产水类型。缓慢出水型单井一般产量较高，含水稳定上升，反映能量充足，属于典型的洞产水特征。

表 5-1　塔河奥陶系油藏主要缝洞单元不同部位油井出水机理表

出水机理	缝洞单元	井名	产水特征	不同构造部位
自然投产即见水型	W48	M402	前期含水率上升快，后关井修井后降低又缓慢上升	缝—洞
	W65	MK432		
	W74	MK652		
	M804	M817		
酸压投产见水型	W48	MK426	含水率初期高，后来回落，产水稳定，即这类油井靠酸压裂缝直接沟通附近水体	缝—洞
	M705	MK719		
自然投产一段时间见水型	W48	W48、M401、MK412、MK440、MK448、MK467、MK430H、MK424	相当长的一段时间自喷产油，且产量较大	洞—缝、洞—洞
	W65	MK447、MK461		
	s66	MK653、MK627H		
	s74	MK608、MK609		
	MK611	MK614、MK636、MK611、M606		
	M705	M705		
	M804	M804		
	M815	MK741		
酸压投产一段时间见水型	W48	MK429、MK411、MK408	前期含水率稳定，后减少，最后又缓慢升高	缝—洞—缝 缝—洞—洞
	W65	W65、MK435、MK447		
	M815	M816		

图 5-2　缓慢出水型—W48 井含水率曲线图

2. 含水突发上升型

此类油井的含水率曲线表现为台阶状，第一个台阶可以是含水为零，如 W48 单元的 MK408、MK412、MK449H 井等；也可以是相对低含水，然后突然含水上升一个台阶，如 W48 单元的 M402、MK440，W65 单元的 MK461 井等。此类油井出水后，伴随水的迅速产出，含水快速上升，油产量急剧下降，很短时间内油井以出水为主。这是由于塔河油田碳酸盐岩储层主要是由多条溶缝和多个溶洞组成的缝洞组合体，当水体进入新的一条溶缝或一个溶洞，就可能是含水上升进入新的含水台阶。

MK404 井完钻井深 5612.7 m，人工井底 5480 m，进入奥陶系深度为 5410 m。射孔酸压后于 1999 年 7 月 29 日投产，2000 年 3 月 30 日见水，产水由 0.3 m^3/d 猛增为 47.4 m^3/d，含水率由 0%上升为 20.6%，随着含水的上升，日产油量由 560.9 m^3/d 迅速降至 181.8 m^3/d。由于该井为酸压投产井，多数为单条酸压缝，油井一旦出水，整个裂缝均出水，从而形成突然性含水上升。

M402 井是一口未经酸化而直接投产的油井，完钻井深 5602 m，为裸眼完井。进入奥陶系顶面深度为 5358.5 m。该井于 1998 年 12 月 14 日投产。1999 年 3 月 31 日由 0.4%，陡然上升为 16%。原油产量 196 m^3/d 下降为 169 m^3/d，此后含水缓慢上升至 2000 年 1 月 31 日含水上升为 31.4%。但 2000 年 2 月 1 日含水突然上升为 46%，最高含水达到 62.4%。虽然此后含水有所下降，但仍使含水进入一个新台阶。至 2000 年 10 月 23 日，含水已达 35%，原油产量已降为 49.4 m^3/d。到 2002 年 7 月份，含水率又突然上升，从 40%上升到 80%以上，含水率又进入一个新的台阶，同时日产油也急剧下降，最后基本在 10 m^3/d(图 5-3)。

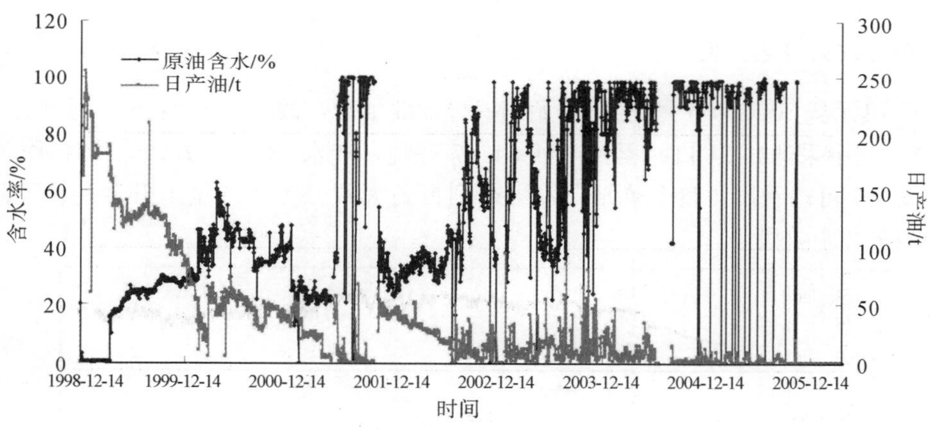

图 5-3　突发出水型－M402 井含水率曲线图

从上述含水突发上升型的各个单井出水特征来看，绝大部分井是缝产水。

3. 间隙出水型

这是碳酸盐岩储层特有的出水类型，自然出水时有时无，一般水量也不大，这可能与溶洞水体能量有限有关。在 4 区中，有部分油井在缓慢出水后，通过一段时间的自喷油水同产，含水逐渐降低，再次转为产纯油，表现为间隙出水型。如 W65 井(图 5-4)、M817(K)、MK725 等，还包括一些单井控制的封闭缝洞单元，如 M701 井等。

W65 井完井深度 5754 m，人工井底 5520 m，进入奥陶系顶面深度为 5451 m，裸眼完井。该井的出水属于典型的间隙出水型，如图 5-4 所示，W65 井在第一次出水后含水保持在 20%，在 2001 年 1 月 14 日停喷后改为机抽，机抽初期含水率较高，在经过一段时间油水同产后，水产量逐步下降，日产油量增加，后基本不含水产纯油，一段时间后含水率又逐渐上升，出现第二次出水。含水率上升，但产水量不大，基本在 10 m^3/d 左右。从生产特征来看，该井多次停喷机抽后又自喷，其产水过程为一典型的间歇型产水。

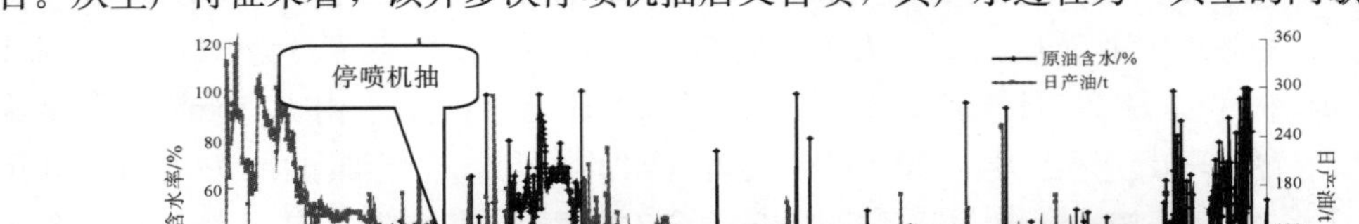

图 5-4　间隙出水型—W65 井含水率曲线图

5.2　典型缝洞单元注水效果

5.2.1　典型缝洞单元的注采井组开发特征及对比

1. W80 单元注采井组开发特征

W80 单元从 2000 年 9 月 23 日开始第一口油井生产，截至 2013 年 6 月到目前共有井数 27 口，其中采油井 24 口。累计产油 343.7 万吨，产水 71.5 万方，累计注水 76.5 万方。从图 5-5 可以看出，整个单元开始生产到目前大致分为：产量上升、产量下降、产量保持稳定 3 个阶段。

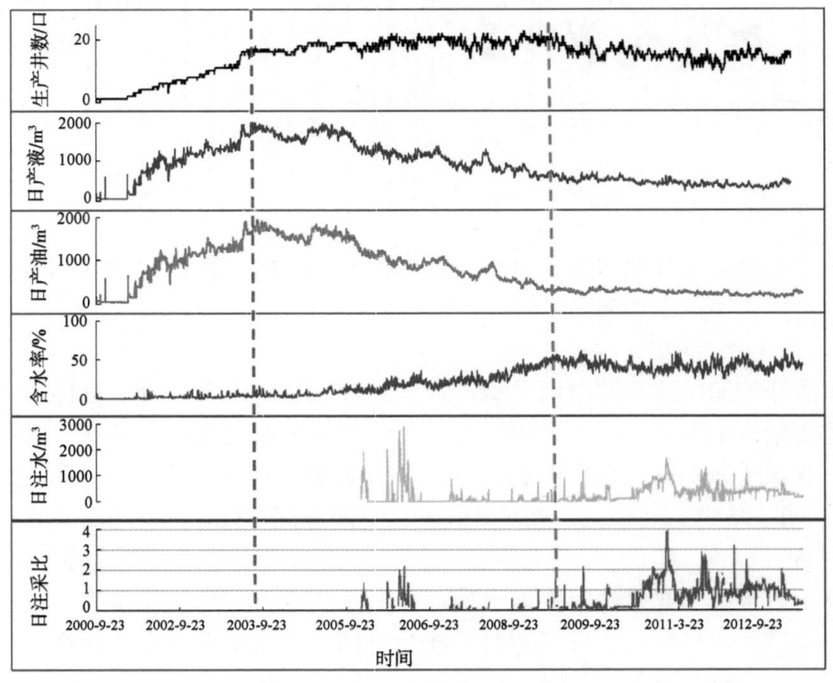

图 5-5　W80 单元采油曲线

第一个阶段：2000 年 9 月～2003 年 7 月，这期间随着采油井数的增加，产油、产液快速上升，到达峰值时日产液量 2170 t，日产油量 2040 t，含水率保持在较低水平。

第二个阶段：2003 年 8 月～2008 年 12 月，随着采油井数保持在一定数量生产，能量损失增大，整个单元的产能快速下降，含水率稳定上升。到 2008 年底，日产液量已经下降到 600 t 左右，含水率上升至 50%左右。

第三个阶段：2009 年 1 月～2013 年 6 月，由于地层能量的损失、产能降低及含水率的上升，整个单元进入了注水开发阶段。从图上看出，注水开发效果明显，产能保持稳定，含水率上升减缓。

根据连通性分析以及注水响应，将 W80 单元划分为 4 个井组：MK642 井组、MK663 井组、MK664 井组和 MK713 井组。各井组所包括井见表 5-2。

MK642 井组位于 W80 单元的中部，包括 MK634、MK642、MK647、MK648 四口井，该井组从 2002 年 5 月 24 日开始生产。经过劈分后，截至 2013 年 6 月累计产油 27.7 万吨、产水 10 万方，注水 20.4 万方。如图 5-6 所示，该井组初期产能上升阶段最大产液量 300 t/d，最大产油 270 t/d。随着含水率的快速上升，产能下降快，到 2009 年 5 月，产液量已经下降到 30 t/d 左右。在之后随着换向注水、连续注水的进行，该井组的产能保持稳定。

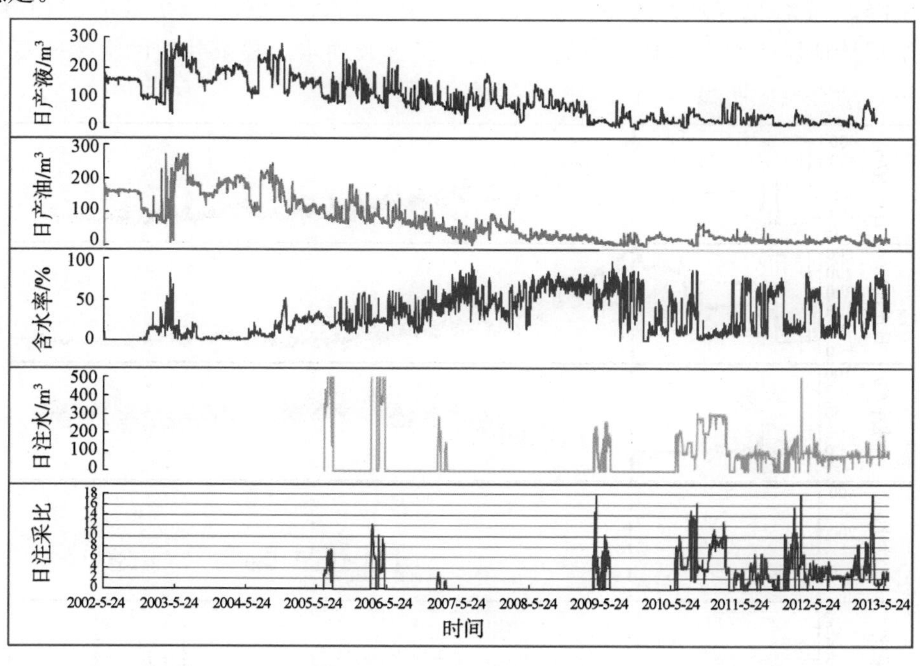

图 5-6　MK642 井组采油曲线

表 5-2　W80 单元井组划分

井组名称	MK642	MK663	MK664	MK713
包含井	MK634 MK642 MK747(1/2) MK648	W80 MK636H MK611(1/3) MK635H MK663 MK626CX(1/2)	M606 MK611(2/3) MK614 MK626CX(1/2) MK630 MK664	M7-607 MK772 MK712CH MK713 MK715 MK716 MK744 MK747(1/2)

MK663 井组位于 W80 单元北部，包括 W80、MK636H、MK611、MK635H、MK663、MK626CX 这些井，该井组从 2000 年 9 月 23 日开始生产，经过劈分后，截至 2013 年 6 月累计产油 68 万吨、产水 20.8 万方，注水 16.7 万方。从图 5-7 可以明显看出，该井组的生产历史可以明显地分为：产量上升、产量下降、保持稳定 3 个阶段。其中第一个阶段时间比较短，达到产能峰值时，产液量为 600 t/d 左右，且含水率不到 2%。第二阶段从 2003 年 9 月开始，随着地层能量的下降，含水率快速上升，产液、产油快速下降。到 2008 年底产液量不足 100 t/d。第三阶段为 2009 年 1 月至 2013 年 6 月，期间为了保持地层能力，提高驱油效率，进行了连续注水。整个井组的含水降低，压力保持稳定、动态响应明显。

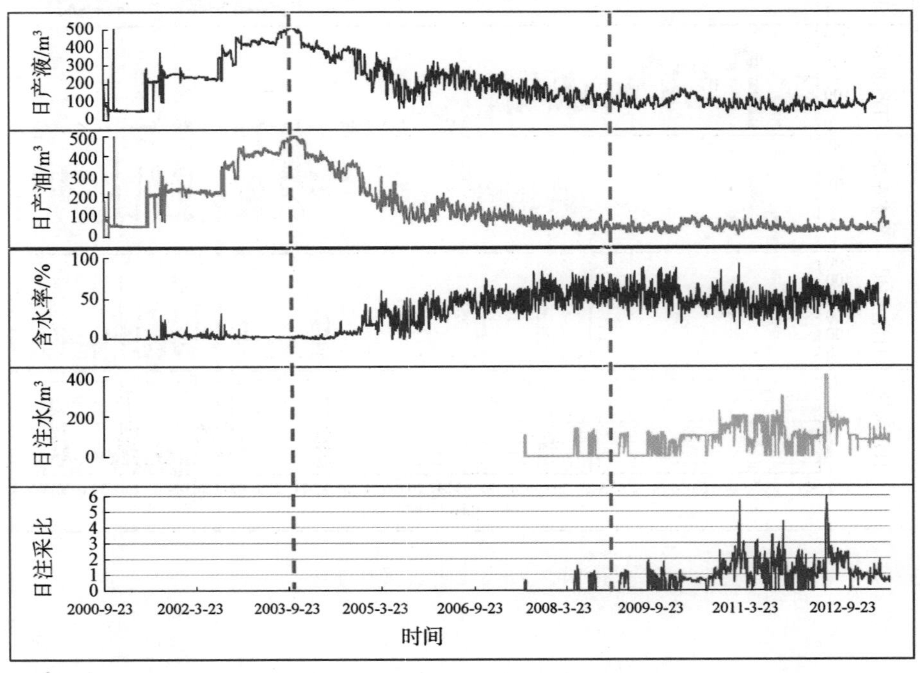

图 5-7　MK663 井组采油曲线

MK664 井组位于 W80 单元北部，包括 M606、MK611、MK614、MK626CX、MK630、MK664 这些井，该井组从 2001 年 4 月 19 日开始生产，经过劈分后，截至 2013

年 6 月累计产油 95.3 万吨，产水 18.5 万方，注水 10.3 万方。从图 5-8 可以明显看出，该井组的生产历史可以明显地分为：产量上升、产量下降、保持稳定 3 个阶段。其中第一个阶段时间很短，达到产能峰值时，产液量为 830 t/d 左右，产油量 770 t/d，含水率很低。第二阶段为 2002 年 3 月～2007 年底，这段时间产液、产油稳定下降，含水率上升速度慢，几次间歇性注水对井组的驱油效率明显。第三阶段为 2008 年 1 月至 2013 年 6 月，这段时间产能降低速度变缓，能保持稳定生产，间歇性注水时间延长对井组的含水率、产能影响显著。

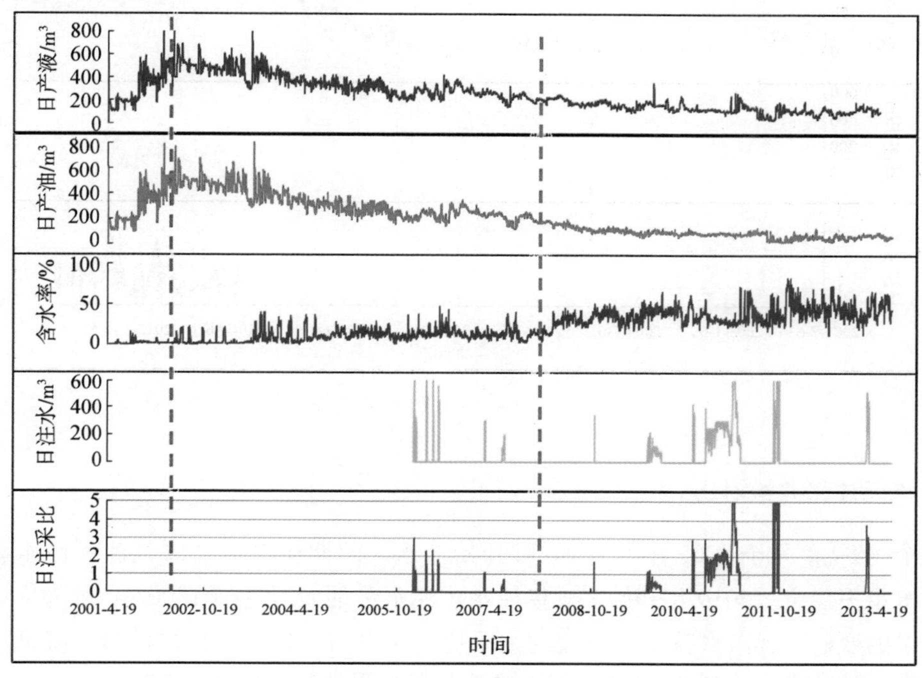

图 5-8 MK664 井组采油曲线

MK713 井组位于 W80 单元南部，包括 M7-607、MK712CH、MK713、MK715、MK716、MK744、MK747、MK772 这些井，该井组从 2001 年 7 月 6 日开始生产，经过劈分后，截至 2013 年 6 月累计产油 105.7 万吨，产水 17.7 万方，注水 16.7 万方。从图 5-9可以明显看出，该井组的生产历史可以明显地分为：早前稳产、产量上升、产量下降、保持稳定 4 个阶段。其中第一个阶段为 M7-607 单井生产，截至 2003 年 3 月。第二阶段为 2003 年 4 月至 2004 年 12 月，这一阶段随着采油井的陆续投产，产量快速上升，达到产能峰值时，产液量为 700 t/d 左右，产油量 680 t/d，含水率很低。第三阶段为 2005 年 1 月至 2010 年 6 月，这段时间属产能递减阶段，产液、产油不稳定下降，2007 年 8 月至 2010 年 6 月含水率快速上升至稳定。第四阶段为 2010 年 7 月至 2013 年 6 月，这段时间产液保持在 160t/d 左右。MK712CH、MK713 位于 W80 单元边部底水发育区，所以通过注水抑制底水推进，实现保持压力、横向驱油的目的。

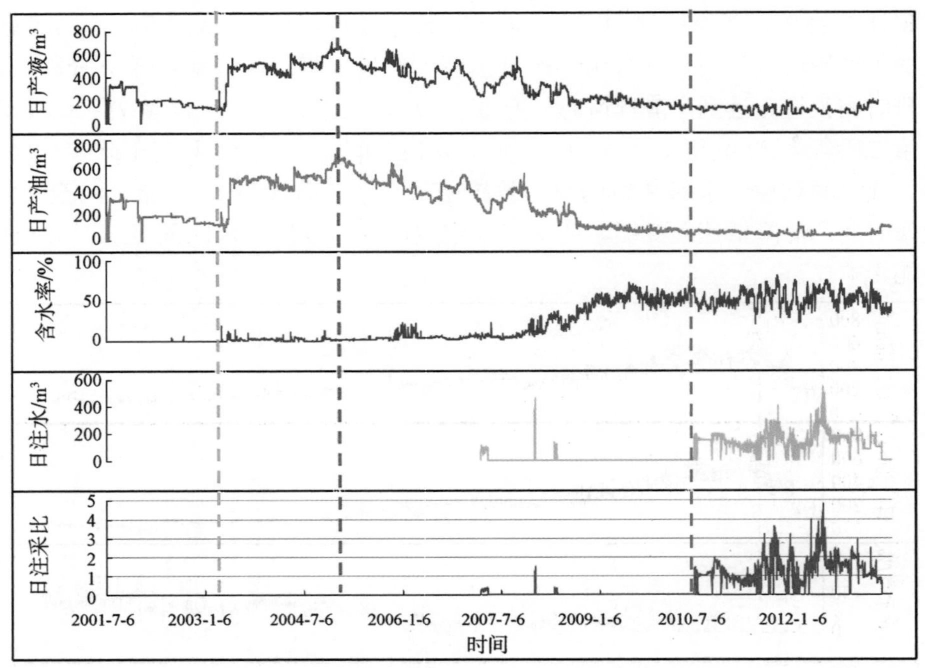

图 5-9　MK713 井组采油曲线

2. W80 单元注采井组对比

整个 W80 单元于 2005 年 6 月 30 日开始注水，前期注水主要以试注和注水替油为主，注水量不稳定。2010 年开始大规模注水，注水量最大时达到 1600 m^3/d 左右，随着注水效果的变好，逐渐调整整个单元的注采比在 1 左右，保持了地层能量，降低了产能递减速率。从开水注水到 2013 年 6 月，整个单元的累计注采比为 0.3587。

MK642 井组于 2005 年 7 月 1 日开始注水，该井组中的注水以换向注水为主，井间存在高渗通道，渗透率高，注水响应明显，能有效提高驱油效率。从开水注水到目前，整个井组的累计注采比为 1.0166。连续注水期间的日注采比一般在 2.0 以上。

MK663 井组于 2007 年 7 月 14 日开始注水，间歇性注水次数少，日注采比在 1.0 左右；2009 年 6 月整个井组开始连续注水，初期注入量在 100 m^3 左右，后增大注入量，注水压锥效果明显，注采比在 1.0 以上。2013 年 6 月注采比在 1 左右。整个井组的累计注采比为 0.6877。

MK664 井组 2006 年 1 月 19 日开始注水，间歇性注水次数多，日注采比在 2.0 左右；整个井组连续性注水时间短，单次注入量大，层间吸水性较好，注水受效明显。整个井组的累计注采比为 0.1928。

MK713 井组 2007 年 3 月 14 日开始注水，前期注水量少，时间短。2010 年 6 月开始连续性注水，注采比在 1.0 左右。2011 年 5 月～11 月和 2012 年 2 月～12 月增加注水量，注采比在 1.5 以上，含水率及产液量变化明显。2013 年 6 月注采比在 1.0 左右，整个井组的累计注采比为 0.3598。

根据示踪剂指示连通性和动态响应连通性等级划分注水井组注水受效井等级，划分标准如表 5-3。

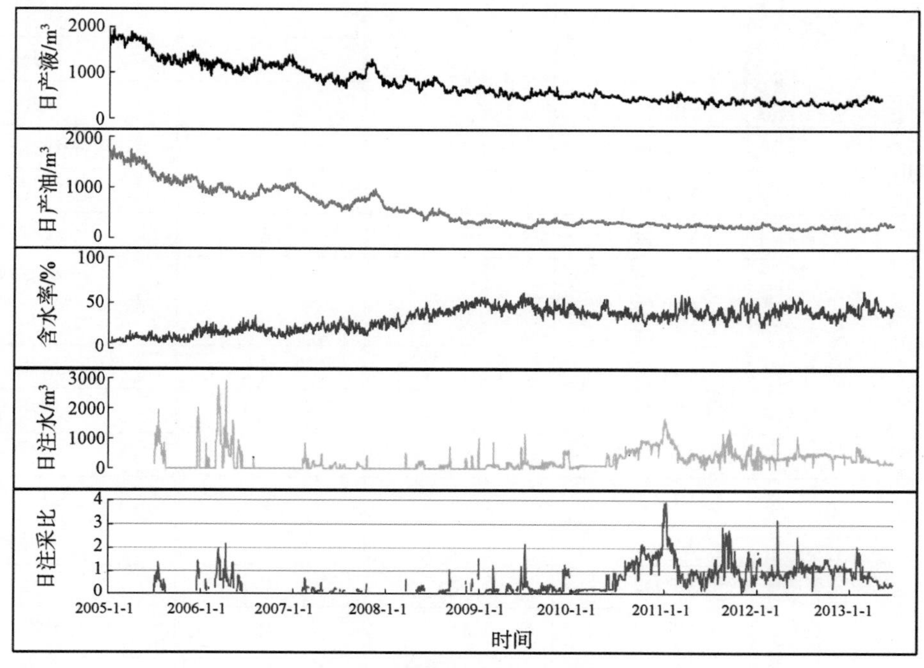

图 5-10　W80 单元注采曲线

表 5-3 注水受效等级划分标准

注水受效井等级	动态响应连通等级	示踪剂连通等级
一线井	1、2	1、2、3、无
	2	1、2、3
二线井	2	无
	无	1、2、3

根据 W80 单元示踪剂测试解释与动态分析结果，划分注水受效井等级结果如表 5-4 所示。即以注水井与其对应采油井的注采关系为原则将注水井对应的采油井划分为一线井、二线井。

表 5-4 W80 单元注水受效井受效等级

注水井	采油井	示踪剂	动态响应	受效井等级
MK664	M606CX	1	1	一线井
	MK626CX	3	1	一线井
	MK611	3	无	二线井
MK663	W80	1	1	一线井
	MK611	3	无	二线井
	MK626CX	3	2	一线井
	MK635H	1	无	二线井

续表

注水井	采油井	示踪剂	动态响应	受效井等级
MK636H	W80	2	无	二线井
	MK611	无	2	二线井
	MK663	1	无	二线井
MK642	MK634	—	1	一线井
	MK648	3	2	一线井
MK713	MK744	2	无	二线井
	MK772	3	无	二线井
	MK715	2	无	二线井
	MK747	2	无	二线井
	MK716	2	1	一线井
	M7－607	3	2	一线井
MK712CH	MK747	1	无	二线井
	M7－607	3	2	一线井
	MK715	1	无	二线井
	MK744	3	无	二线井
MK715	MK716	—	1	一线井

注：“—”指未进行示踪剂测试；“无”指无动态响应。

如图 5-11 所示，为 W80 单元各井组所包含的一线井数、采油井数以及累计注采比。由图可以看出，一线井数所占采油井数比例越大，注采比越大。相对来说，井组间的一线井越多，井间渗透率越高，越容易注入水，也更容易注水见效。MK642 井组生产井数少，一线井数所占比例大，累计注采比为 1.02，对地层能量的保持较好。MK664 井组一线井数占采油井数比例较小，累计注采比小，对地层能量的补充不足，整个井组连续性注水时间短，单次注入量大，主要以注水替油为主，在注水后产能较高。

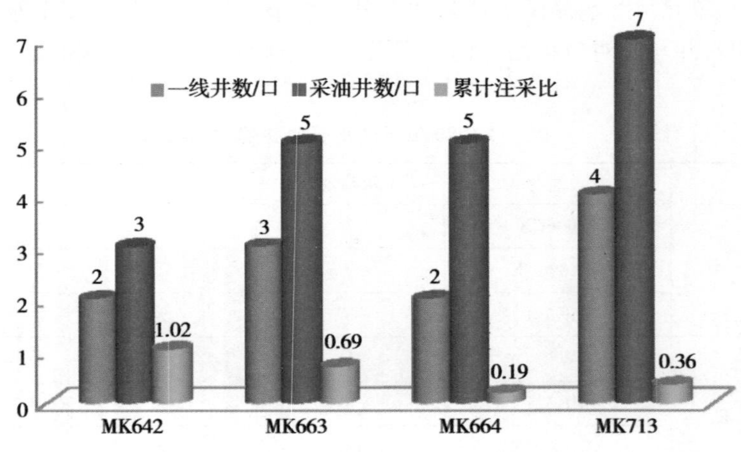

图 5-11　W80 单元井组对比

表 5-5 W80 单元生产对比数据

井组	采油井数/口	一线井数/口	累计注采比	注水量/10^4t	注水前		注水后		主要注水类型
					产油/10^4t	产水/10^4t	产油/10^4t	产水/10^4t	
MK642	3	2	1.0166	20.38	17.39	1.98	10.32	8.03	单元注水
MK663	5	3	0.6877	16.58	59.1	11.78	8.91	9.1	单元注水
MK664	5	2	0.1928	10.29	61.09	4.89	34.17	47.74	注水替油
MK713	7	4	0.3598	16.03	99.66	11.04	6.07	6.65	单元注水

5.2.2　典型缝洞单元驱油效果评价

1. W80 单元驱油效果评价

1) W80 单元注水现状

W80 单元从 2005 年到 2008 年开始部分井注水替油。2009 年 7 月开始大规模连续注水，截至 2013 年 6 月底 W80 单元累计注水 79.48×10^4 m^3，累计增油 3.42×10^4 t，共计注水井 12 口。2013 年度单元注水累计注水量 7.92×10^4 m^3，占累计注水量的 10%；年度累计增油量 4615 t，占累计增油量的 13.51%。

2013 年注水规模较 2010 年到 2012 年有所减少，注水效果与 2010 年及 2011 年相比，无较大差异。

从注水井数分析，2013 年注水井数 7 口。在注水量和注水效果上，2013 年年度注水 7.92×10^4 m^3，与 2012 年相比减少 7.35×10^4 m^3；2013 年累计增油 4615 t，与 2012 年相比减少 3317 t。从注采比分析，2012 年注采比为 1.12，2013 年注采比为 1.15，表明近两年注水效果没有明显的改善(表 5-6)。

表 5-6　塔河油田 W80 单元注水情况年度对比表

时间	注水井数/口	累计注水井数/口	新增注水井数	累计注水量/×10^4 m^3	年注入量/×10^4 m^3	年增油量/×10^4t	年度注采比
2005	2	2	2	5.1332	5.1332	—	0.22
2006	5	6	4	14.0394	8.9062	0.03	0.21
2007	8	14	5	15.9219	1.8825	0.30	0.05
2008	7	9	2	17.3811	1.4592	0.19	0.05
2009	6	14	2	22.0279	4.6468	0.21	0.22
2010	6	19	1	37.3881	15.3602	0.47	0.84
2011	8	26	0	56.2828	18.8947	0.95	1.22
2012	6	32	0	71.5564	15.2736	0.79	1.12
2013	7	38	0	79.4838	7.9274	0.46	1.15

从近几年的注水量和增油量关系曲线可以看出(图 5-12)，注水量整体呈现逐年增加的趋势，并且自 2010 年开始年注水量急剧增大，持续增加到 2012 年。注水量从 2008 年的 1.45×10^4 m^3增加到 2012 年的 15.27×10^4 m^3，到 2012 年注水量有所减少，年注水量为 15.27×10^4 m^3。在注水增加的同时，年增油量整体呈现上升趋势。年度注采比自 2008 年以来，呈现出明显的递增趋势，在 2012 年虽有所下降，但幅度较小，2013 年注采比较 2012 年有所增加，整体注水效果没有明显改善。

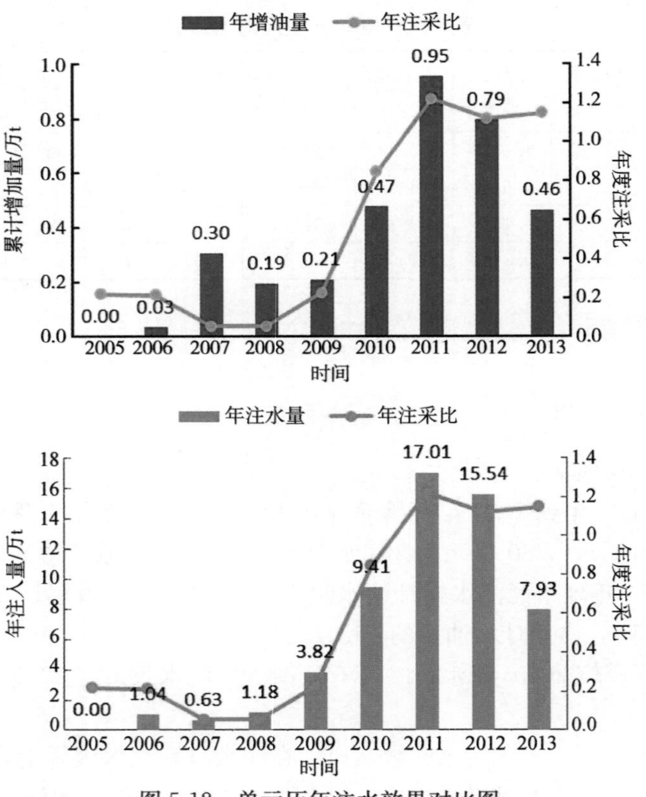

图 5-12　单元历年注水效果对比图

表 5-7　W80 缝洞单元注水井统计表

时间	注水井	备注	时间	注水井	备注
2005	MK611		2010	M606	
	MK648			MK634	
2006	MK648			MK636H	
	MK664	当年新增		MK642	
	MK645CH	当年新增		MK664	
	MK646CH	当年新增		MK645CH2	
	MK729	当年新增		MK713	当年新增
2007	MK648		2011	M606	
	MK729			MK634	
	MK664			MK636H	
	M606	当年新增		MK642	
	MK626	当年新增		MK664	
	MK665	当年新增		MK645CH2	
	MK663	当年新增		MK713	
	MK712CH	当年新增		MK712CH	

续表

时间	注水井	备注	时间	注水井	备注
2008	MK665		2012	MK634	
	MK712CH			MK663	
	MK663			MK642	
	MK664			MK645CH2	
	MK729			MK713	
	MK645CH2	当年新增		MK712CH	
	MK636H	当年新增	2013	MK634	
2009	MK636H			MK642	
	MK665			MK713	
	MK664			MK663	
	MK645CH2			MK664	
	MK634	当年新增		MK712CH	
	MK642	当年新增		MK645CH2	

2)单元注水开发响应评价

W80 区历年注水井总计 11 口，其中注水后造成明显响应的井有 7 口，分别为 MK663、MK664，MK636H、MK642、MK712CH、MK713，MK715。对应的响应井情况如表 5-8 所示。

2013 年注水的井有 MK634、MK642、MK713、MK663、MK664、MK712CH，其中，在 2013 年有对应受效井的注水井为 MK642、MK713、MK663、MK664、MK712CH。

表 5-8　W80 缝洞单元注水响应井统计表

注水井	响应井
MK663	MK626CX
	W80
MK664	MK606CX
	MK626CX
MK636H	MK611
MK642	MK634
	MK648
MK712CH	M7-607
MK713	M7-607
	MK716
MK715	MK716

比较各注水井 2009 年到 2013 年的注水响应情况，总体来讲，前期呈现逐年变好的

趋势。截至2013年6月18日，2013年仅生产6个月其增油量5488 t，整体上看增油量处于一个上升的趋势，从表5-9看出注水增油较好的几口注水井分别是MK642、MK636H、MK663井。MK713增油量自2012年开始明显减少，这是由于MK713井长期注水后受效采油井M7-607井和MK716井发生了注入水水窜。MK626CX受效于MK664井增油量从2012年到2013年开始增加。MK636H井注水增油量从2011年到2012年呈现增加趋势，从而MK636H井应该注重优化注水，防止注水水窜，保持注水驱油效果。

表5-9 W80单元2009～2013年增油效果变化分析表 （单位：t）

注水井	2006	2007	2008	2009	2010	2011	2012	2013	合计
MK664	328.67	134.53	0	607.53	0	22.50		298.90	1392.13
MK663		0.57	213.83	0	0	0	882.21	2733.93	3830.54
MK634			31.12	6.89	0	69.45	0	0	107.46
MK642					743.20	4633.94	3777.70	2283.00	11437.84
MK713				0	513.43	1369.92	729.13	172.28	2784.77
MK715			240.46						240.46
MK636H			165.36	1446.45	3089.81	3725.16	3296.32		11723.10
合计	328.67	135.10	650.78	2060.87	4346.44	9820.96	8685.36	5488.11	31516.30

总体来讲，W80区增油效果整体增加，并且5口井有明显的水窜发生，反映注水单元开发效果还有提升的空间，尽管部分注水井已经进行了注水方式的调整，但由于碳酸盐岩油藏的特殊性，油井受效的保持很差。因此，还需要进一步优化注水措施，提高水驱效率、改善水驱通道、防止水窜发生、增加水驱可采储量，进而提高原油采收率。

3)单元注水效果评价指标

评价油田开发注水效果有多种方法和指标，其中存水率和水驱指数是我国注水油田经常用的，但由于塔河油田缝洞型油藏的特殊性，存水率及水驱指数并不能真实反映注水效果的好坏。因此，通过采用产油量递减率、水驱特征曲线、含水上升率及地层压力保持程度4个指标来评价W80单元碳酸盐岩油藏注水开发效果。

W80单元整体位于区块西部的构造轴部与斜坡的过渡带，构造位置相对较低，但是在次级构造上发育多个局部构造高点。单元受多期岩溶和构造作用及深大断裂影响，次级断裂发育且以北东向展布为主，在单元北部主要发育一套储层，单元南部受深大断裂控制发育两套储层。完钻27口井，探明地质储量1393.2×10^4t。

(1)产油量递减率。

W80单元自2003年8月开始产油量不断减少，含水缓慢上升。2013年6月单元油井共24口，目前生产井15口，月度产油3864 t，含水48.12%，注水井12口，月注水量2491 m^3。截至2013年6月累计产油343.7×10^4 t。对W80缝洞单元月度产油量进行曲线回归(图5-13和表5-10)，在对比了指数和调和递减曲线后，发现调和曲线更加符合单元实际情况，这是因为指数递减延伸范围很小。用调和递减曲线研究单元递减规律发现注水之前，2003年8月到2004年7月为第一个递减阶段递减率2.2%，相关系数

0.94；第二阶段为 2004 年 9 月到 2006 年 7 月，递减率 5.2%，相关系数 0.93；第三阶段 2006 年 12 月到 2007 年 7 月，递减率 10.7%，相关系数 0.92；第四阶段 2007 年 11 月到 2009 年 6 月，递减率 7.6%，相关系数 0.8。2009 年 7 月开始注水，注水初期递减率大幅降低，降为 1.4%，相关系数 0.92，剩余可采储量为 34.1 万吨，注水后就整个单元而已递减率一直较为稳定，注水驱油效果较好。

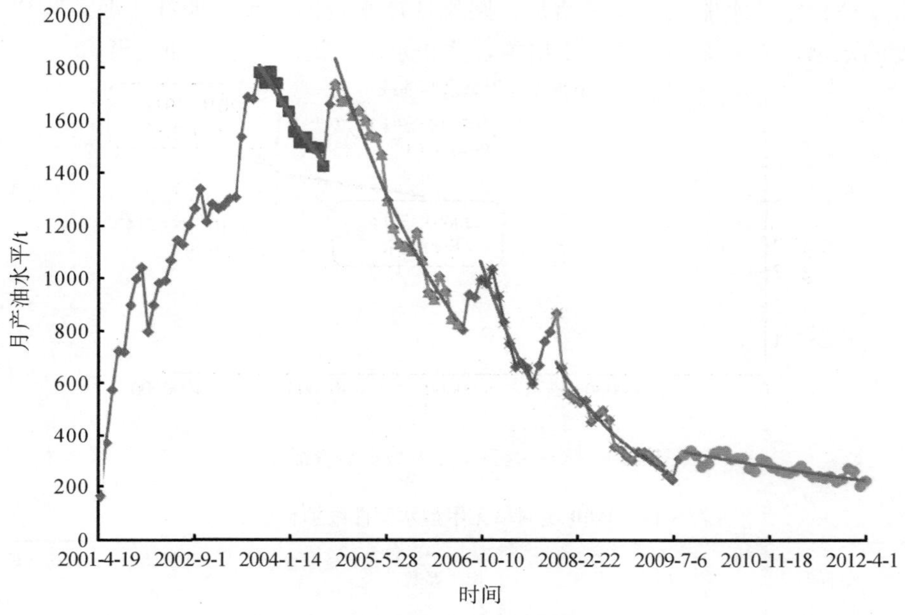

图 5-13　W80 缝洞单元月产油量递减曲线

表 5-10　W80 缝洞单元产油递减率相关系数表

编号	递减类型	方程	相关系数	初始产量/t	递减率/%	递减指数	预测累产油量/万 t	可采储量/万 t	剩余可采储量/万 t
1	调和递减	$Q=\frac{57471}{1+0.022t}$	0.94	57471	2.2	1	421.7	1132.9	711.2
	指数递减	$Q=53928e^{-0.021t}$	0.94	53928	2.1	0	329.3	350.62	21.32
2	调和递减	$Q=\frac{52631}{1+0.052t}$	0.93	52631	5.2	1	344.5	563.78	219.2
	指数递减	$Q=54581e^{-0.037t}$	0.95	54581	3.7	0	301.4	304.45	3
3	调和递减	$Q=\frac{35714}{1+0.107t}$	0.92	35714	10.7	1	327.8	481.5	48.1
	指数递减	$Q=30238e^{-0.064t}$	0.92	30238	6.4	0	300.2	300.55	0.31
4	调和递减	$Q=\frac{7142}{1+0.076t}$	0.80	7142	7.6	1	329.7	408.9	79.1
	指数递减	$Q=20190e^{-0.052t}$	0.90	20190	5.2	0	315.6	316.87	1.24
5	调和递减	$Q=\frac{19230}{1+0.014t}$	0.92	19230	1.4	1	323.1	354.5	31.4
	指数递减	$Q=9647e^{-0.013t}$	0.80	9647	1.3	0	337.8	379.59	41.79

(2)水驱特征曲线。

从该单元甲型水驱特征曲线可以看出，水驱推进以后，水驱直线段非常明显，直线段平直，稳定水驱作用时间持续的比较长，说明水驱作用比较稳定，水体供给能量充足。极限含水率定为98%时，稳定水驱期可采储量689.7万吨。稳定水驱后曲线上扬，可采储量降为636.6万吨。说明水驱效果变差，需采取措施改善水驱效果。同时，由于在该时期注水量较稳定，水驱段有大幅增加，则累计产水量的增加表明在水驱过程中发生了一定程度的水窜，需采取一定的堵水措施，防止水窜，提高注水驱油效果。

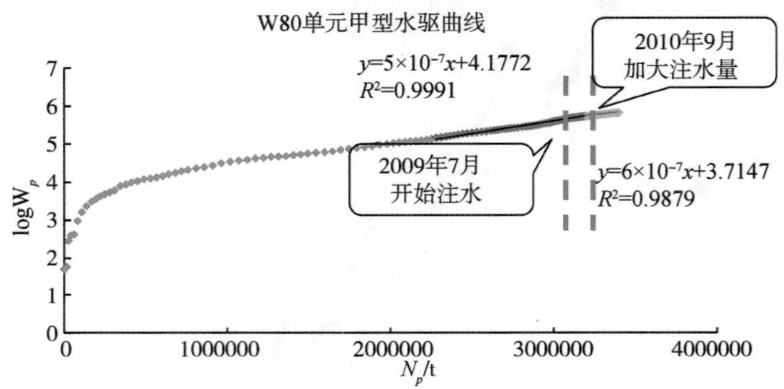

图 5-14　W80缝洞单元甲型水驱特征曲线

表 5-11　W80 缝洞单元甲型水驱曲线拟合参数表

水驱类型	序号	拟合方程	相关系数	极限含水率/%	可采储量/万 t	动态地质储量/万 t
甲型	1	$\lg W_p=5\times10^{-7}N_p+4.18$	0.99	98	689.7	1500
水驱	2	$\lg W_p=6\times10^{-7}N_p+3.73$	0.99	98	636.6	1250

(3)含水上升率。

应用单元实际生产数据，绘制W80单元含水率与采出程度关系图版(即童氏图版)，从图5-15可以看出，该单元自生产以来可以分为4个阶段，第一阶段在天然能量开发初期2000年9月(对应采出程度0.03)到2004年9月1日(对应采出程度6.1%)之前，曲线较为平缓，说明开发状况较好。第二阶段2004年10月(对应采出程度6.3%)到2007年9月(对应采出程度10.9%)含水缓慢上升，曲线偏向$Rm=45\%$的标准轴，说明开发效果尚可。第三阶段2007年10(对应采出程度11.01%)月到2009年7月(对应采出程度12.08%)含水率迅速增加，曲线严重偏向含水轴，越过了$Rm=45\%$的标准轴，含水急剧上升，单元水窜现象严重。第四阶段2009年10月9对应采出程度12.12%)到2013年6月(13.69%)在单元堵水之后曲线又偏向$Rm=45\%$，处在$Rm=45\%\sim50\%$说明单元堵水措施取得一定的效果。

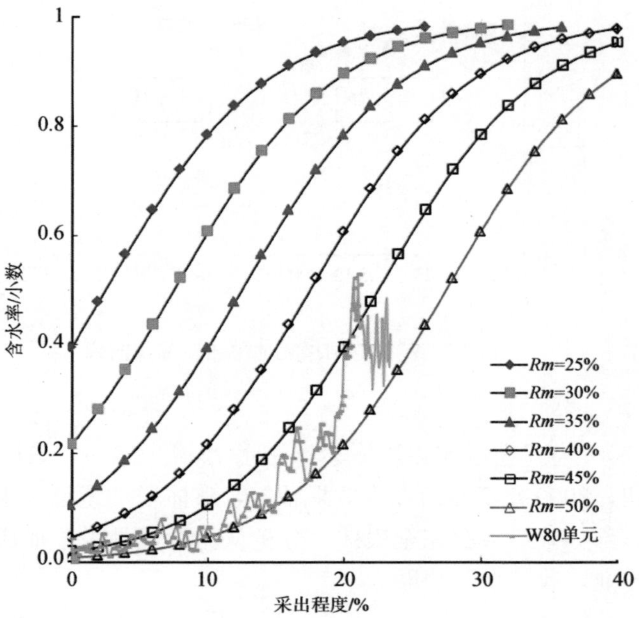

图 5-15　W80 缝洞单元童氏图版

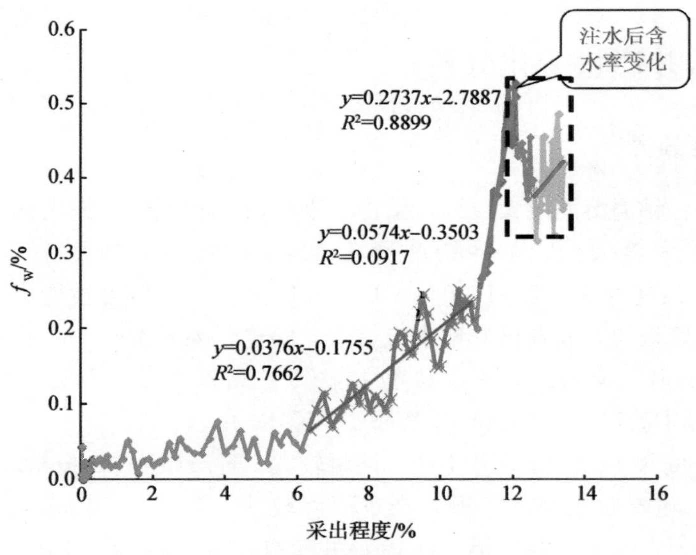

图 5-16　W80 缝洞单元月含水率曲线

(4)压力保持程度。

利用地层压力系数，将测得的 W80 单元油井地层静压折算到同一地层深度下，折算后的地层压力变化见图 5-17。从图中可以看出，2009 年以前，即单元注水之前，地层压力从 2007 年的 59.19 MPa 降至 2008 年的 58.45 MPa，年递减率为 0.74；注水以后，地层压力缓慢回升，从 58.45 MPa 升至 58.78 MPa。注入水一定程度上补充了地层能量。

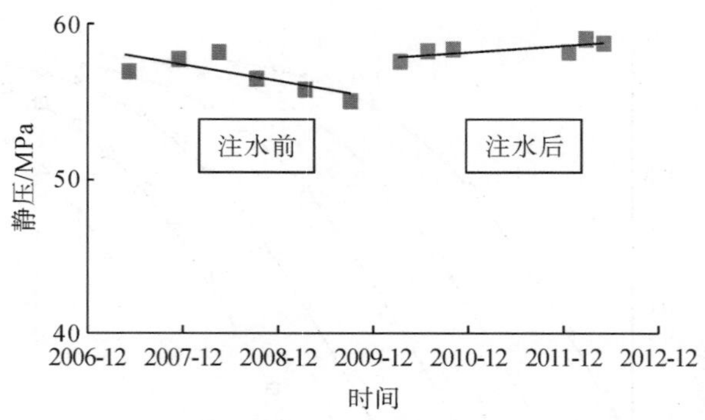

图 5-17　W80 缝洞单元地层压力变化曲线

(5)小结。

W80 单元自 2009 年 7 月注水以来，累计注水 79.4×10^4 t，累计产油 33.83×10^4 t。注水初期增油较快，2009 年 7 月后注水效果较好，整体增油量呈现上升趋势，但是单元部分井发生水窜，部分井组水驱完全失效。分析认为，这是由于形成水驱优势通道，可以考虑进行调剖作业，改善水驱效果。

5.3　地层产水对油井产量的影响分析

5.3.1　见水井产量变化分析

1. 见水井的产能分类

见水高产井：钻遇溶洞或大裂缝，钻进中发生放空和泥浆大漏大涌，或者通过酸压改造措施沟通了大缝大洞，单井初产量在 300～600 t/d，油井采油指数一般大于 200 t/MPa · d，最高可达 800～1000 t/MPa · d 以上。见水后自喷能力下降，产量、油压锐减，见水速度极快，表现出暴性水淹特点，随着侵入水突破一个新的出油缝洞，含水率呈台阶状上升。M402 是一口典型井，其它高产井有 W48、MK408、MK411、MK412 井等，其中获得自然产能的有 W48、MK412 井。

M402 于 1998 年 12 月 14 开井生产，产量较大，日产原油 243 m^3，不含水。1999 年 3 月 28 日见水，随着含水率的上升，产量下降较快，到 1999 年底，日产原油下降到 75 m^3，含水增加到 29%。2001 年 5 月 10 该井基本停喷，5 月 19 日开始机抽生产，机抽前期总产液量为 80 m^3/d 左右，原油含水 30%左右。到 2001 年 10 月产出接近全水，产水 35.0 m^3/d 左右，油 0.7 m^3/d 左右。2001 年 10 月 22 日堵水自喷生产后，产油 66.0 m^3/d 左右，水 18.0 m^3/d 左右，原油含水 22.0%左右，说明堵水取得了一定的成效。后来含水率又一次逐渐升高，到 2002 年 6 月 24 日，已经升至 42.6%。以后该井日产油量基本只有 10 m^3/d 左右，日产水平均在 60 m^3/d 左右，最后水淹关井。从该井的生产特征来看，该井自然投产，无水期短，初期产量大，见水后含水率上升快，产量迅速下降，后期产量低。说明该井的有一定的产能，但能量有限。

见水中高产井：钻遇高渗缝洞，钻井中发生泥浆漏失，或者通过酸压沟通地层高渗缝洞，单井初产量在 100～300 t/d，油井采油指数一般在 30～200 t/MPa · d。如 M401、MK410 井、W65 和 M804 单元 MK725，其中 M401 井为自然产能井。

MK725 井 2005 年 6 月 10 日投产，日产油平均在 100 m^3左右，油压稳定，含水率自生产以来一直较低，属于中高产井。

见水低产井：如 MK432 井。同样表现出见水速度快、含水台阶状变化的特点，见水后迅速停喷，机抽生产产量稳定。

从 MK432 井生产特征来看，该井于 2001 年 1 月 11 日裸眼自喷投产，自然投产开井见水，初期日产油 100 m^3，含水 58%，后含水率明显上升，

日产水达到 160 m^3，日产油急剧下降到 15 m^3 左右。堵水后对 5433.14～5546 m 自喷生产，油压和产量有所增加，油压 8 MPa，日产油稳定在 70 m^3，含水率 4%。到 2002 年底油压下降到 3.5 MPa，日产油 25～30 m^3，日产水不到 10 m^3，堵水取得了很好的效果。后期日产油基本稳定在 25 m^3 左右，少量气，日产水量 10 m^3 以内。总体来说，该井开井投产能量大，产量高，但随着含水率的升高产量急剧下降，几乎水淹。堵水后产水得到很好的控制，产量和油压恢复，但产量不高。

所有见水井中，高产井 9 口占 17%，中高产井 20 口占 38%，低产井 24 口占 45%，将近一半低产井，可以看出见水对产量影响很大，是影响油井低产的主要因素之一。

2. 见水井产量的影响因素

1)岩溶构造位置的影响

诸如 W48、M402 等高产井在开井生产初期都是高产，一般都能达到日产原油 200 m^3 左右，见水后，暴性水淹，反映波及另一个缝洞，产量迅速下降。所以，单井所在岩溶构造位置是影响产能一个基本因素。

W48 和 M402 两口井出水特征对比一下：W48 井 1997 年 10 月 27 日投产，后一直无水自喷，后于 2000 年 8 月 23 日见水，无水期长达 34 个月，见水后含水率上升缓慢，从 0%增加到 50%，后基本稳定在 40%左右，属于缓慢出水，含水上升稳定，地层能量充足；而 M402 正相反，见水后含水上升快，一直到水淹关井堵水。而二者处于同一个连通的缝洞单元，经前人研究确认二者由同一个水体供给。那么排除了水体不同的可能性，这些出水特征就正好说明了二者所处的岩溶构造位置不同，W48 井位于溶洞附近，而 M402 附近发育裂缝。

2)水体大小的影响

从前面油水分布模式可知，很多单井诸如 W48 和 M817(K)出水特征表明都是洞产水，从但 W48 生产特征为高产、稳产，而 M817(K)就属于低产井，结合各井出水机理可以看出，即使都是洞产水，W48 是属于缓慢出水型，能量充足；M817(K)属于间歇出水型，自然出水时有时无，水量不大、含水率较低，表现能量很有限，是典型的定容残留水体。可以判断 W48 水体供给能力远大于 M817，因此，水体大小是影响产能大小的重要因素。

3)产层与水体连通性对产量影响

对于前面讨论的上下两层洞油水分布模式，上层是产层段所在的缝洞体，下层是局部水体，即使水体供给能量充足，如果两层洞之间不连通，下方水体就无法波及产层段，此时单井产能大小与下层水体关系就不大，只受本身产层段的能量的影响。所以，产层与水体连通性对产能也具有一定的影响。

MK404 井为一个封闭的单井缝洞单元，为上下两层缝洞体产水，从生产特征上分析，后期于 5422.95 m 封堵下部水层后，实际的产层段只有上部 5414～5420 m 这段缝洞储集体，堵水见效，压力和日产油量都有所增加，但平均日产原油只有 30 m^3左右，日产水较初期有了明显的降低，平均在 80 m^3左右。生产初期产量明显较堵水后高。

4)其他影响因素

对于碳酸盐岩油藏，储集空间复杂，缝洞交错发育，影响单井产层产能的因素还有很多，诸如储集空间类型、储渗物性等。

5.3.2 见水井产量递减率分析

碳酸盐岩油藏缝洞发育，单井产量高、出水快、见水后产量下降快、含水台阶状，根据碳酸盐岩油藏开发生产特征，产量递减规律符合指数递减或者调和产量递减类型。

指数递减曲线，递减指数 $N=0$，表达式：

$$\ln Q=\ln Q_i-D_i t \tag{5-1}$$

式中，D_i 为初始递减率；Q 为递减产量；t 为生产时间。

调和递减，递减指数 $N=1$，表达式：

$$\ln Q=\ln Q_i-\frac{D_i}{Q_i}N_p \tag{5-2}$$

式中，D_i 为初始递减率；Q 为递减产量；N_p 为累计产量。

从高产井、中高产井和低产井 3 种产能类型各选几口井为代表，分析每种类型井的产量递减规律以及产量递减类型。

1. 高产井

W48 是一口高产井，含水率上升缓慢，生产已进入递减期，从前面产水机理可知 W48 是一典型洞产水，递减曲线类型属于指数递减，递减指数 $N=0$，递减率 2.9%，产量递减速度比其他井如 M402 等缝产水井要慢一些。

MK611 是 MK611 单元一口高产井，位于岩溶出露区，自然投产一段时间见水，初期日产油 240.5 m^3，含水稳定，从油水分布模式分析可知 MK611 属于洞产水，出水特征与 W48 井比较相似，但地层能量不及 W48 井，产量递减要比 W48 快一些，产量递减规律呈指数型，递减率 3.06%，递减指数 $N=0$(图 5-18)。

MK626 也是 MK611 单元一口高产井，位于岩溶出露区，初期日产油 228 m^3，有无水采油期，酸压投产一段时间见水，见水后含水初期稳定后期急剧上升，属于缝产水型，产量递减比 MK611 要快一些，产量递减规律呈指数型，递减率 5.93%，递减指数 $N=0$(图 5-19)。

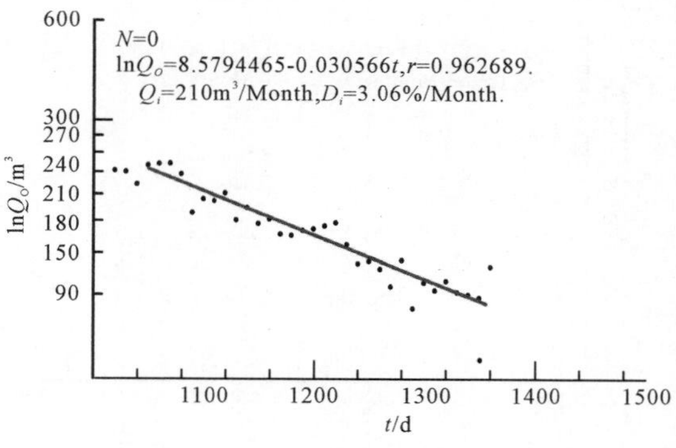

图 5-18　高产井—MK611 指数递减曲线

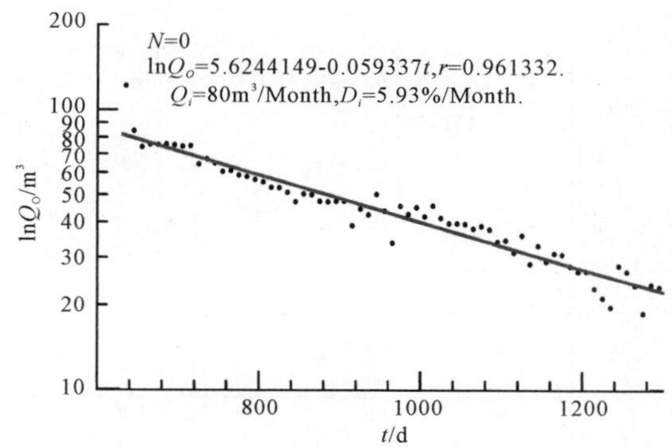

图 5-19　高产井—MK626 指数递减曲线

2. 中高产井

MK435 井初期日产油 205 m^3，酸压投产一段见水，经历了将近一年半无水采油，含水率整体上升趋势稳定，后期产油量递减较快，明显是缝产水，递减率 8.4%，属于调和递减型，递减指数 $N=1$(图 5-20)。

W66 井日产油 111 m^3，属于中高产井，酸压投产一段时间见水生产，见水后含水率上升快，后来比较稳定，产量后期下降较快，属于缝产水型，产量递减率 4.03%，产量递减规律属于指数型递减，递减指数 $N=0$(图 5-21)。

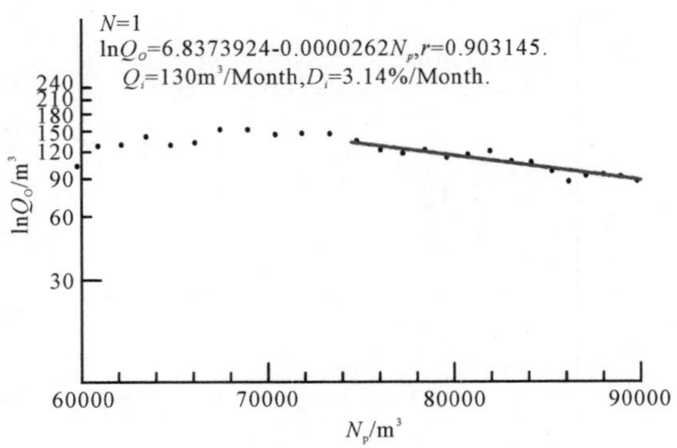

图 5-20 中高产井—MK435 调和递减曲线

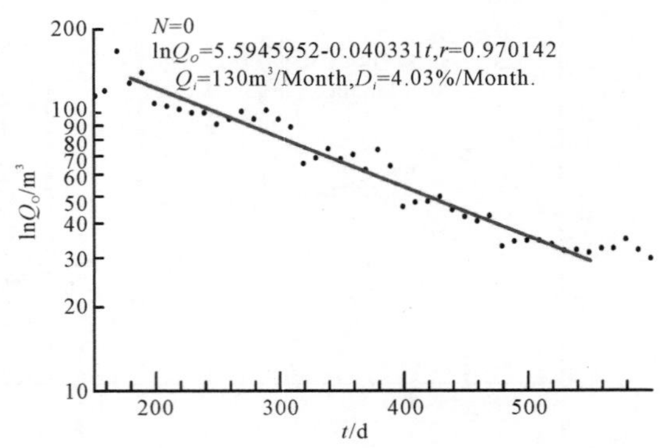

图 5-21 中高产井—W66 指数递减曲线

MK447 井初期日产油 200 m^3，后来因邻井 MK455 井投产下降为 90 m^3左右，自然投产一段时间见水，因为 MK432 堵水成功，MK447 井含水率一直不高一般为 7%左右，洞产水型，递减率 3.4%，属于调和递减型，递减指数 $N=1$。

3. 低产井

W76 是一封闭单元，于 2000 年 9 月 24 日用 8 mm 油嘴投产，油压 9.5 MPa，日产液 230 m^3，含水 50%，油压、套压基本保持稳定，此后日产液综合含水率基本稳定在 50%～55%。由断裂沟通深部水体，W76 井后期产量明显递减，递减率 5.62%，属于调和递减型，递减指数 $N=1$(图 5-22)。其他缝洞单元各井产量递减规律和递减类型请参考统产量递减统计表。

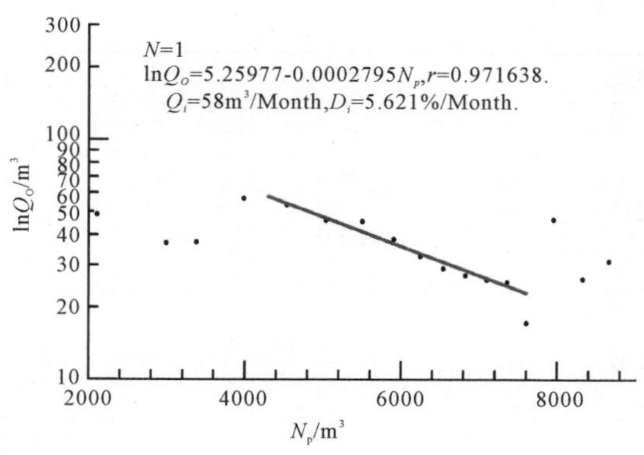

图 5-22　低产井—W76 调和递减曲线

总体来说，单井产量递减与缝产水或是洞产水有关，缝产水的递减快，而洞产水的递减相对较慢。

5.4　缝洞单元调剖堵水生产对策

5.4.1　缝洞单元堵水调剖潜力分析

1. 调剖选井原则

根据塔河油田碳酸盐岩油藏储层特征和生产特征结合塔河油田目前已进行的调剖情况，总结了以下 6 条碳酸盐岩油藏调剖选井的原则。

(1)尽量选则直井(水平井、侧钻水平井调剖量难以控制，工艺难度大)；

(2)选择注采对应关系动态响应明显(含水率曲线显示明显水窜、而非正常抬升)的油井；

(3)尽量选择一注多采的井组：其中一口水窜明显，其他油井有注水微弱响应；

(4)注水井为裂缝、裂缝—溶洞特征的井组；

(5)井筒条件好，满足调剖和后续注水需求(非套管射孔完井)；

(6)有一定注水历史的区块。

前面水窜分析结果，W80 单元共有 9 口油井发生水窜，根据分析 W80、MK634、MK648、M7-607、MK716 井水窜属于注入水水窜。各水窜油井对应的注水井分别是 MK663、MK642、MK712CH、MK713 井。

表 5-12　W80 单元调剖选井情况统计

注水井	储集类型	井型	完井方式	响应井	是否注水水窜
MK663	孔缝型	直井	2010—3 酸压完井、5547～5580 m	W80	是
			2005—11 酸压完井、5547～5651m	MK626CX	否

续表

注水井	储集类型	井型	完井方式	响应井	是否注水水窜
MK642	缝洞型	直井	2003－1 常规完井、5543.16～5747.51 m	MK634	是
			2004－8 上返酸压、5543～5610 m		是
			2008－7 上返酸压、5573～5580 m	MK648	
			2010－4 钻塞注水、5543.16～5747.51 m		
MK713	缝洞型	直井	2003－4 光管柱完井、5539.45～5730 m	M7-607	是
				MK716	是
MK664	溶洞型	直井	2010－3 酸压完井、5522.00～5620 m	MK606CX	否
				MK626CX	否
MK636H	溶洞型	水平井	2002－8 光管柱完井、5591.24～6001.76 m	MK611	否

根据调剖选井原则，MK663 井与 MK642 井均为直井；MK663 井注水初期 W80 井产油量、产液量明显增加，含水率明显下降，注水见效明显，MK642 井注水 MK648 产量递减减缓，注水见效明显；MK663 与 MK642 均有两口油井具有注采响应属于一注多采井组；储层特征分析结果显示 MK663 与 MK642 钻遇储层均属于缝洞型储层；且两井均属于裸眼酸压完井井筒条件较好，满足调剖和后续注水的需求。对于 MK712CH 井和 MK713 井，MK712CH 与 MK713 井注水 M7-607 均响应，长期注水后开始发生水窜，但水窜情况并不严重，注入水水窜是由于 MK712CH 井还是 MK713 井并不确定，再者考虑到 MK712CH 井为水平井且为一注一采，MK713 井满足一注多才且井筒条件较好，综合考虑选择 MK713 井首先进行调剖措施。综上分析，W80 单元调剖选井分别是 MK663、MK642、MK713 井 3 口注水井。

2. W80 单元 MK663 井调剖潜力分析

1)MK663 井基本情况

MK663 井是中石化西北分公司在塔里木盆地塔河油田牧场北 5 号构造打的一口开发井。该井由中原 70132 钻井队负责钻井施工。2005 年 9 月 7 日开钻，2005 年 10 月 31 日完钻，设计井深 5750.00 m，完钻井深 5731.00 m，完钻层位奥陶系($O_{1-2}y$)。2005 年 11 月 15 日进行酸压。泵压 44.46～75.46 MPa，排量 4.0～5.62 m^3/min，累计注入井筒总量 612.3 m^3，挤入地层总液量 586.17 m^3。15：50～16：10 测压降 20 min，油压 17.8↓15.64 MPa、套压 15.1↓13.05 MPa。分析认为，本次酸压没有明显沟通大的储集体，酸压施工情况见酸压施工简况。

2005 年 11 月 15 日 16：40 开井，油压 14.6↓13.5 MPa，套压 11.4 MPa，6 mm 油嘴自喷排液，排出残酸 43.5 m^3后见油并进罐计量，油压 10 MPa、套压 7.5 MPa。11 月 16 日 12：00 油套压降至 0，停止出液，累计自喷出液：47 m^3，油 13.56 m^3，水 33.44 m^3。钻井过程中没有放空漏失，测井解释产层段裂缝发育，并进行酸压施工，为孔缝型储集层。试油解释为油水同层。

MK663 井所处构造位置较低，开井即见水，钻遇孔缝型储层未与大的缝洞储集体沟通，产油、产油能力低。而其临井W80、MK635H、MK611井所处构造位置较高，均有一定时间的无水采油期，产油、产液能力大。截至2013年6月18日MK663累计产油9521 t、累计产液31119 t、累计产水21599 t、累计注水39901m^3，MK635H井累计产油128496 t、累计产液157924 t、累计产水29428 t，W80井累计产油119093 t、累计产液157796 t、累计产水38697 t，MK611井累计产油407080 t、累计产液518699 t、累计产水111619 t。可以看出MK663与临井间存在大量的剩余油未采出。

2)生产情况

(1)如图5-23所示MK663井生产情况分为3个阶段：酸压完井，上返酸压，转注阶段。

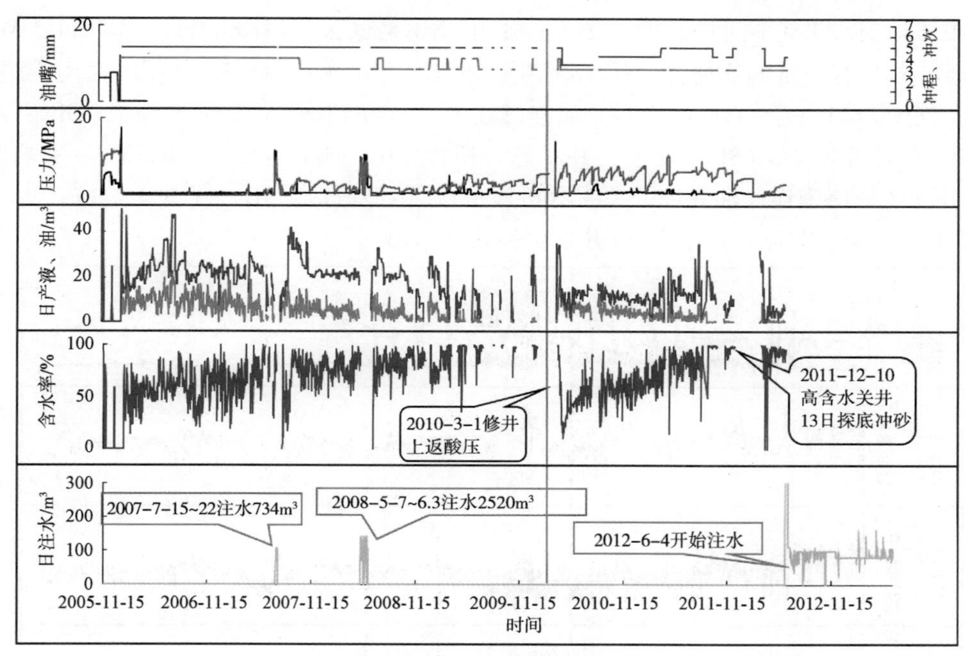

图5-23 MK663井生产情况

酸压完井(2005－11～2010－3)，2005年11月酸压完井，2006年1月转抽(CYB-56/38MH×2418 m)，5×4生产，日产液23 t，高含水，间开效果差。2007年7月注水734 m^{3}压锥，关井13天，8月5日开井，初期有效，日液25 t，含水45%左右，后含水快速上升，2007年9月份后含水一直在65%～90%波动。2008年5月再次注水，注入2520 m^3，开井后含水在90%以上。2009年1月检泵，检泵初期效果较好，后含水逐渐升高，2009年12月23～24日对MK663井进行了气举产液剖面测井，测产剖显示5628 m以下主产水段；该阶段累计产液24979 t，产油7440 t，产水17539 t。

上返酸压(2010－3～2012－6)，2010年3月上返酸压，初期5×3生产，效果好，日产液23.2 t，产油15.2 t，含水31%，后期液面下降，供液不足，同时含水缓慢上升，间开生产，2011年8月20～21日进行试注水，因注水困难停注，仅注水210 m^{3}起压至14 MPa，关井17天开井，效果较差，目前该井日产液10.3 t，含水97%，上返酸压期间累计产液6729 t，产油2092 t，产水4636 t。截至2013年6月该井累计产液31119 t，产油 9521 t，产水 21599 t。

转注阶段(2012－6～2013－6)，2012 年 6 月 5 日开始持续注水，日注水量在 100 m^3 左右，持续注水阶段目前已累计注水 36729 m^3。

3)MK663 井产液剖面测试

2009 年 12 月气举测试产剖前累漏失压井液 60 m^3，产剖测试结果表明 5628.0～5632.0 m 及 5632.0 m 以下井段为主要出水井段，占全井产液量的 85.6%，5577.0～5584.5 m，5607.0～5620.5 m 井段产水带油(微产)，因漏失压井液影响，对油的产量无法定量。

4)MK663 井调剖潜力分析

MK663 示踪剂测试表明，其与临井 MK626CX、MK635H、MK611、W80、MK636H 井均有一定的连通性，从示踪剂测试情况看注水(示踪剂)主要向西南推进(表 5-13)。MK636H 井于 2009 年 7 月开始连续注水，MK663 井 2012 年 6 月 4 日开始注水，2012 年 10 月开始 MK636H 处于关井状态，所以 MK636H 不参与 MK663 注采响应分析。MK663 与周围连通油井注采关系分析显示，MK635H 与 MK611 井无响应；W80 与 MK626CX 井响应明显，其中 W80 井发生注入水水窜。

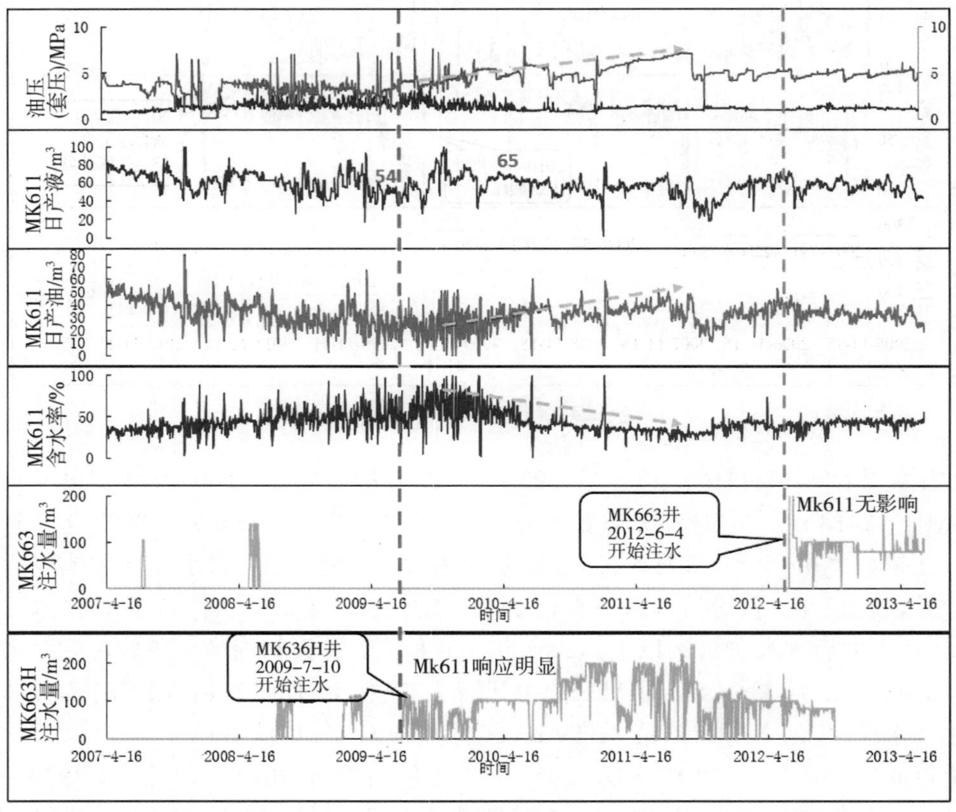

图 5-24　MK663、MK636H(注)-MK611(采)响应情况

表 5-13　MK663 井示踪剂测试解释

示踪剂类型	注水井	浓度/%	井号	示踪剂突破时间/d	井距/m	推进速度/(m/d)
BY-3	MK663	100	MK611	31	989.4	31.9
			MK614	—	—	—
			MK626	18	1544.9	85.3
			MK635H	3	698.4	232.8
			MK636H	3	730.2	243.4
			W80	2	994.7	497.3

MK663、MK636H（注）-MK611（采）井对，MK636H 注水 MK611 响应明显，MK663 注水 MK611 无响应。如图 5-24 所示，MK636H 井与 2009 年 7 月 10 开始连续注水，MK611 井压力迅速响应持续上升，产液水平从注水前 54 m^3/d 上升至 65 m^3/d，产油在短时间波动上升以后开始稳定上升，上升明显，含水率同样在短暂波动过后开始稳定下降，下降幅度较大。且随后 MK636H 井注水量变化以及后期关井停注，MK611 井生产也具有相应的变化，说明 MK636H-MK611 注采响应明显，具有较好的注采关系。MK663 井与 2012 年 6 月 4 日开始注水，注水后 MK611 油套压、产液、产油并未增加，反而由于 MK636H 井减小注水量而有所降低，MK611 井含水率稳定，未发生变化，所以确定 MK663 井注水 MK611 井无响应。

MK663(注)-MK635H(采)井组，从图 5-25 可以看出，MK635H 井开井生产后产量迅速降低，2004 年 7 月进行修井作业后产油能力恢复。见水后压力快速下降，产油、产液能力大幅降低后期达到高含水，频繁高含水关井。MK663 井与 2012 年 6 月 4 日开始注水，MK635H 油套压、产油、产液、含水率均没有明显变化，认为 MK663 注水对 MK635H 井没有影响。

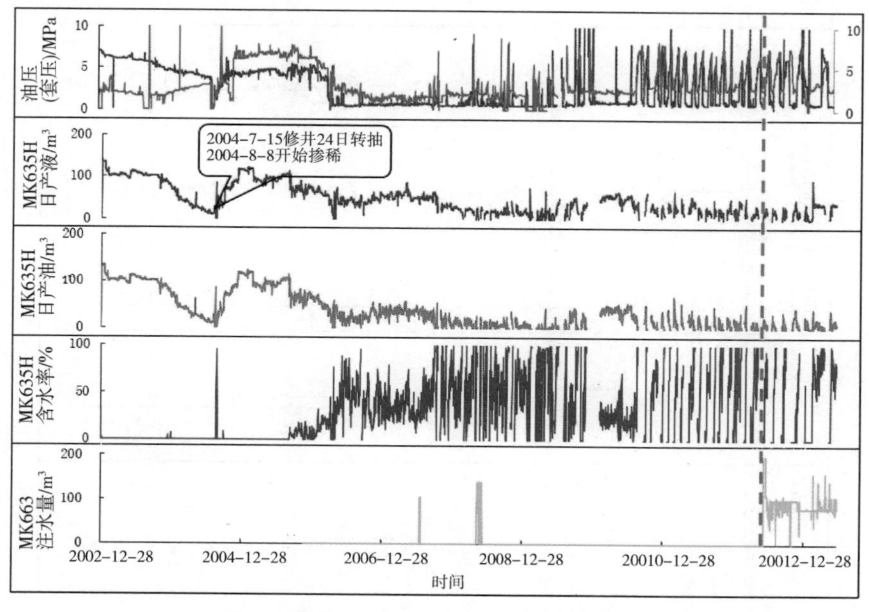

图 5-25　MK663(注)-MK635H(采)响应情况

MK663(注)-W80(采)井对，从图 5-26 可以看出，MK663 井初期注水速度较大，为平均每天 450 m³，开始注水 31 天后，W80 响应明显，初期含水率明显下降、产油、产液明显增加；随着注水量在增加，W80 井开始出现水窜，含水率明显上升，产油量下降，产液量保持上升趋势。

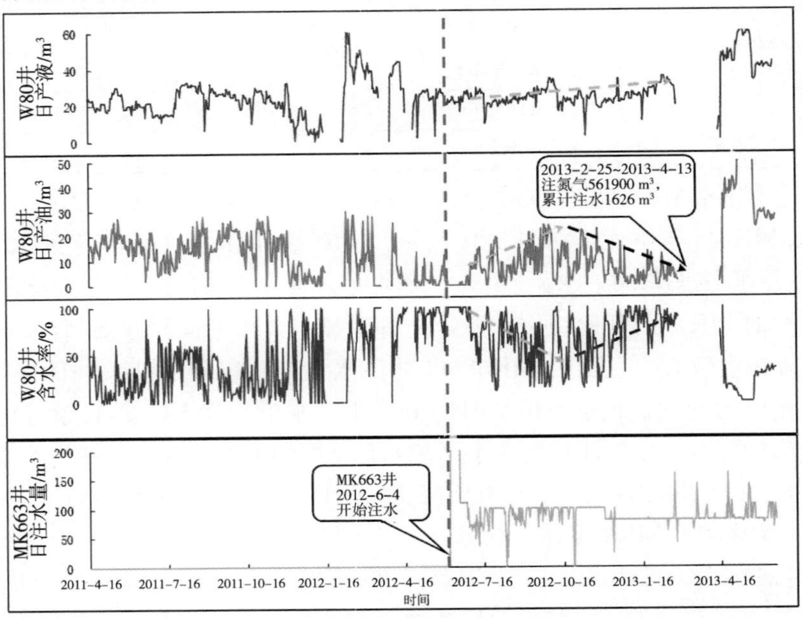

图 5-26　MK663(注)-W80(采)响应情况

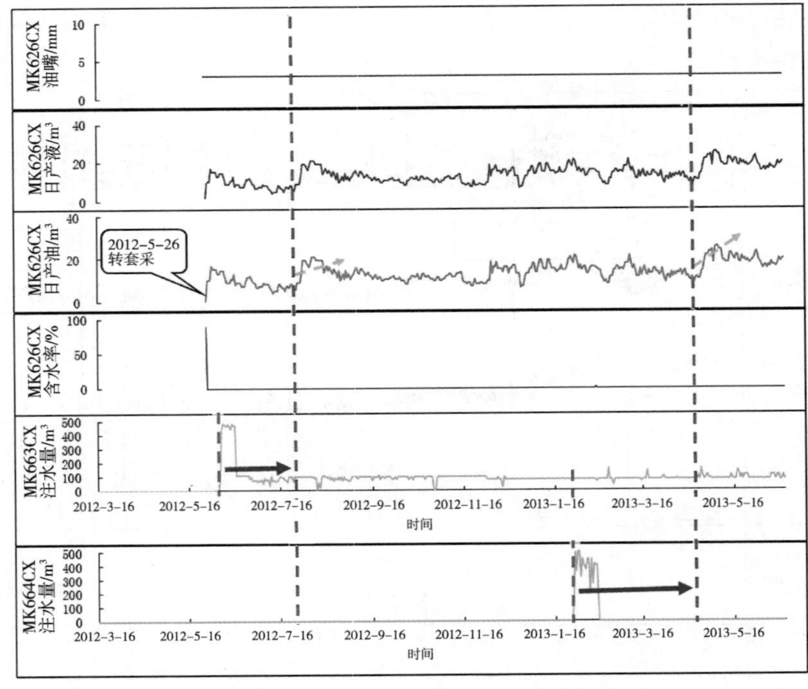

图 5-27　MK663、MK664(注)-MK626CX(采)响应情况

MK663、MK664(注)-W80(采)井对，从图 5-27 可以看出，MK663 井初期注水速度较大，为平均每天 450 m^3，在开始注水后 45 天 MK626CX 井产油、产液量明显上升，动态响应明显，随后稳定注水，日注水量在 100 m^3左右，MK626CX 井产油、产液注水见效稳定。

综合前面分析对 MK663 井调剖潜力做以下总结。

(1) 井组构造位置相对较高，尤其是几口生产井 W80、MK626CX、MK611、MK635H 井都处于构造高部位，MK663 注水属于低注高采。钻井过程中 MK636H、MK611 井发生放空和漏失，W80、MK663 井裂缝发育，属于储层集相对发育地带。

(2)截至 2013 年 6 月 18 日 MK663 累计产油 9521 t、累计产液 31119 t、累计产水 21599 t、累计注水 39901 m^3，MK635H 井累计产油 128496 t、累计产液 157924 t、累计产水 29428 t，W80 井累计产油 119093 t、累计产液 157796 t、累计产水 38697 t，MK611 井累计产油 407080 t、累计产液 518699 t、累计产水 111619 t。可以看出 MK663 与临井间存在大量的剩余油未采出。累产较高，井组所处区油气富集。

(3)MK663 井所在注采井组包含两口注水井 MK663 和 MK636H，至目前井组累产油 68.01×10^4 t，根据水驱特征曲线计算，井组水驱可采储量 127.02×10^4 t，剩余可采储量 59.00×10^4 t，剩余油潜力丰富。从水驱曲线上看，井组注水后水驱效果较好，MK636H 井于 2009 年 7 月注水，从水驱曲线上看 2009 年 9 月井组注水见效，MK663 井于 2012 年 6 月 4 日开始注水，2012 年 10 月 W80 井开始发生水窜，W80 井目前注氮气驱替阁楼型剩余油，效果较好，所以在水驱曲线看来目前水驱效果较好。为了避免后期再次发生注入水水窜破坏注水驱油效果，应该及时进行措施。

(4)前期 W80、MK626CX 井注水正向响应明显，效果逐渐变差，注入水可能优势连通通道窜进。有必要对注入水高渗通道进行封堵措施，加强对低渗段储层的驱替作用，以驱替低渗段大量的油气资源。

5.4.2　调剖方案制定

1. 塔河油田碳酸盐岩油藏调剖井参考

塔河油田目前共进行了 8 井次的调剖措施，其中层间调剖 4 次，层内调剖 4 次。针对前期调剖工艺存在问题，通过调剖剂性能优化(携砂体系提高固相含量、泥浆体系密度/强度系列化)、工艺复合、段塞复合逐步完善不同作用和储层适应性的 5 套调剖工艺。根据 W80 单元确定的 3 口调剖井储集空间特征参考表 5-14 确定其调剖方案，具体堵剂性能及参数参考 2013 年 6 月已进行 8 口调剖井各种堵剂性能参数。

表 5-14　不同储集空间类型调剖工艺

序号	储层类型	配套工艺	堵剂体系	施工优化
1	孔缝型	低固相调剖	稀释废泥浆预填孔缝＋超低密度横向铺展＋热固性树脂封口	深部挤堵，加大过顶替，留出注水通道
	孔缝型（闭合）	改造调剖	前置覆膜砂控制砂体展布＋聚合物及其冻胶携砂架桥堆积＋后置覆膜砂提高耐冲刷性（改造和支撑欠发育储层）	
2	天然裂缝沟通溶洞型	复合段塞调剖	按强度、密度、成本由低到高组合，典型组合—固化废泥浆廉价填孔缝＋超低密度横向展布＋中密度可酸解封口	根据爬坡压力调整顶替量
	酸压沟通缝洞型	降漏复合段塞调剖	针对强漏失高角度裂缝添加前置高粘冻胶托举段塞	配套高压井液面监测精确顶替，根据爬坡压力调整顶替量
3	直接钻遇溶洞型	先堵漏再复合段塞深调	三级强度堵漏：初级强度堵漏：前置快速成冻冻胶，利用冻胶的粘弹性托堵后续段塞；中级强度堵漏：前置硅酸盐，促凝固化颗粒，有效降低漏失速度；高强度堵漏：前置覆膜砂控制砂体展布＋聚合物及其冻胶携砂架桥堆积＋后置覆膜砂提高耐冲刷性	配套高压井液面监测精确顶替，根据爬坡压力调整顶替量

2. W80 单元 MK663 调剖方案制定

1）MK663 调剖工艺方案技术思路

MK663 井钻遇裂缝性储层，2009 年 12 月气举测试产剖前累漏失压井液 60 m^3，产剖测试结果表明 5628.0～5632.0 m 及 5632.0 m 以下井段为主要出水井段，占全井产液量的 85.6%，5577.0～5584.5 m，5607.0～5620.5 m 井段产水带油（微产），注水后 W80 发生注入水水窜，说明 MK663 井储层裂缝发育且横向展布较远。因此，针对 MK663 井应该注重防止漏失与加强调剖剂的横向铺展。采用固化颗粒为核心的调剖思路，由不同密度、不同强度、不同功能的复合段塞逐级调剖：中密度低强度废泥浆固化颗粒前置填充孔缝＋超低密度固化颗粒强化横向铺展＋少量中密度封口。封口剂过顶替出井筒，施工中根据爬坡压力显示灵活调整，调剖后注入压力高则配套钻塞、射孔、温和酸洗等恢复注水措施。

2）调剖体系及性能指标

（1）调剖体系作用。

①低强度废泥浆固化颗粒：价格低廉，大剂量前置段塞，填充孔缝，减低漏失，扩大调剖控制范围；②超低密度颗粒：密度低于或等于地层水，漏失慢，加强横向展布能力；③中密度可酸解固化颗粒：高强度封口，具有可酸解性。

（2）调剖体系理化性能。

①低强度废泥浆固化体系。

固化配方：废泥浆＋10%水＋0.5%USZ＋8%FMH＋7%AG＋2%缓凝剂＋0.1%消泡剂

固化性能指标：密度 1.30～1.45 g/cm³，20 ℃黏度 50～60 mPa·s，动态仅初稠不固化，静止后逐渐固化，固化强度 0.3 MPa 左右。

②超低密度固化颗粒。

配方：AG＋180％WG＋8％G202＋0.2％HEC＋10％SYNT＋4％TR－17L＋1280％ H_2O

性能指标：密度 1.13～1.14 g/cm³，静置 2 h，析水 0.1 mL，没有明显沉降，稠化时间 465 min/37Bc，强度＞0.8 MPa，动态仅初稠不固化，静止后逐渐固化，固化体积无明显收缩。

③中密度可酸解固化颗粒。

配方：AG 水泥＋粉煤灰＋膨胀剂＋氧化钙（CaO）＋氯化钠（NaCl）＋降失水剂＋早强剂＋缓凝剂＋水。

性能指标为：密度在 1.40～1.60 g/cm³可调，120 ℃、80 MPa 实验条件下稠化时间 494 min，抗压强度 14.7 MPa，体积不收缩。耐高温、强度高、可酸解。

3）调剖段塞组合及用量设计

MK663 井于 2005 年 11 月 15 日对鹰山组 5536.78～5650.00 m 井段进行酸压完井。施工最高泵压 75.46 MPa，最大排量 5.62 m³/min，累计注入井筒总量 612.3 m³，挤入地层总液量 586.17 m³，停泵测压降 15 min，油压 17.8↓15.64 MPa、套压 15.1↓13.05 MPa，截至 2013 年 6 月累产液 3.12×10⁴ t，储层类型为酸蚀裂缝型，采用变密度复合段塞调剖工艺，由不同强度不同密度的固化泥浆体系结合不同密度不同强度固化颗粒，按照由低强度到高强度（固化废泥浆前置）、低密度到高密度（低密度配方前置）组合架桥堆积，具体如下：

根据裂缝解释结果，利用下式计算调剖剂用量。

$$Q=2\cdot D_f L_f h_f+V \tag{5-3}$$

$$V=\alpha\Phi\pi(R^2-r^2)h \tag{5-4}$$

式中，Q 为调剖剂用量，m³；D_f为裂缝宽度（经验值），3 mm；L_f为裂缝长度（经验值估算），60 m；h_f为裂缝高度（经验值估算），30 m；V 为调剖剂进入地层的量，m³；α 为地层封堵率（经验值），2/3；R 为调剖剂进入地层厚度，20 m；r 为过顶替深度，m；Φ 为有效孔隙度，％（单井估算值，取值 1.5％）；h 为地层有效厚度，43.22 m（上返酸压段长度）。

2005 年 11 月 15 日打水泥塞至 5650 m，对 5536.78～5650.00 m 进行酸压。施工最高泵压 75.46 MPa，最大排量 5.62 m³/min，累计注入井筒总量 612.3 m³，挤入地层总液量 586.17 m³。利用裂缝计算公式式（5-4），计算用量约为 520 m³。综合考虑调剖剂使用量为 550 m³。

表 5-15 MK663 井各调剖段塞用量设计

段塞序号	段塞	段塞性质	段塞量/m³
预处理段塞 1	清水隔离液	清水	40
第 1 段塞	正替清水	清水	40

续表

段塞序号	段塞	段塞性质	段塞量/m^3
第 2 段塞	低强度固化废泥浆段塞	密度 1.30～1.45 g/cm^3	420
第 3 段塞	配浆水段塞	清水＋缓凝剂	5
第 4 段塞	超低密度固化颗粒段塞	密度 1.13～1.14 g/cm^3	100
第 5 段塞	配浆水段塞	清水＋缓凝剂	10
第 6 段塞	中密度封口段塞	密度 1.40～1.60 g/cm^3，可酸解	30

5.4.3　调剖效果预测

1. 调剖效果预测方法

在进行堵水前对油井效果进行预测，以便选择有效井施工，从而保证措施成功率是非常必要的。目前预测油井堵水调剖效果比较成熟方法有两种，一种是解析法，一种是统计法。统计法主是从统计的角度统计大量不同地层条件，不同堵水调剖时间调剖效果，来计算影响调剖堵水因素与调剖堵水效果之间的关系。解析法是根据井径渗流公式，得出增油量与降水量的一个关系式，利用已有的生产动态资料，求出相关系数。本次考虑到塔河 6、7 区调剖堵水见效井较少，用统计法误差会很大，所以采用解析法。解析法公式如下：

$$q=\frac{q_o\times\left[1+\left(\frac{1}{f_{w2}}-1\right)a^2\right]}{1+\left(\frac{1}{f_{w1}}-1\right)b^2} \tag{5-5}$$

式中，q 为调剖堵水见效后 30 天的平均产量；q_0 为调剖堵水见效前 30 天的平均产量；f_{w1}为调剖堵水见效前 30 天的平均含水率；f_{w2}为调剖堵水见效后 30 天的平均含水率；a 为调剖堵水措施前单井控制范围综合物性参数；b 为调剖堵水措施后单井控制范围综合物性参数(改造参数)。

公式可变形为：

$$b^2=\frac{q_o-q}{q\left(\frac{1}{f_{w1}}-1\right)}+a^2\frac{q_o\left(\frac{1}{f_{w2}}-1\right)}{q\left(\frac{1}{f_{w1}}-1\right)} \tag{5-6}$$

式(5-6)中截距值$\frac{q_o-q}{q\left(\frac{1}{f_{w1}}-1\right)}$可看为是$\frac{q_o-q}{q}$和$\frac{1}{f_{w1}}-1$比值，$\frac{q_0-q}{q}=\frac{q_o}{q}-1$，若堵水措施成功，单井会有增油量，$\frac{q_o}{q}<1$，若取极端情况，$q$ 无限大则$\frac{q_o}{q}-1$无限趋近于-1。$q=q_o$ 表示则没有增油，$\frac{q_o}{q}-1=0$，所以$\frac{q_o-q}{q}$在 0 到-1之间。$\frac{1}{f_{w1}}-1$在考虑只有油水两相的情况下表示含油率与含水率的比值。通常堵水的井含水率会超过 20%，取极端值 $f_{w1}=98\%$时，$\frac{1}{f_{w1}}-1=0.02$，取 $f_{w1}=20\%$时$\frac{1}{f_{w1}}-1=4$，所以最后确定$\frac{q_o-q}{q\left(\frac{1}{f_{w1}}-1\right)}$区间

−50 到 0 之间变化，它表示的物理意义为堵水措施对水窜改变程度的改变，若前期含水较高水窜严重则$\frac{1}{f_{w1}}-1$较小，后期堵水效果好则$\frac{q_o-q}{q}$的绝对值越大，所以$\frac{q_o-q}{q\left(\frac{1}{f_{w1}}-1\right)}$负值越大则表示堵水效果越好。斜率$\frac{q_o\left(\frac{1}{f_{w2}}-1\right)}{q\left(\frac{1}{f_{w1}}-1\right)}$看作是$\frac{q_o}{q}$和$\frac{\left(\frac{1}{f_{w2}}-1\right)}{\left(\frac{1}{f_{w1}}-1\right)}$乘积，$\frac{q_0}{q}$取极端情况，$q=q$和$q$趋近于无限大时$\frac{q_o}{q}$在 0 到 1 间变化$\frac{\left(\frac{1}{f_{w2}}-1\right)}{\left(\frac{1}{f_{w1}}-1\right)}$看为堵水降水幅度变化。取极端情况$f_{w2}=f_{w1}$则堵水没效果$\frac{\left(\frac{1}{f_{w2}}-1\right)}{\left(\frac{1}{f_{w1}}-1\right)}=1$，$f_{w2}$取 0 则$\frac{\left(\frac{1}{f_{w2}}-1\right)}{\left(\frac{1}{f_{w1}}-1\right)}$趋于无限大，且堵水降水幅度和增油幅度应该为一定的正相关关系，所以斜率在 0 到 90 度间变化。

表 5-16　W80 单元堵水井生产参数

井号	水窜类型	堵水措施和堵水日期	堵水前月均产量/(m^3/d)	堵水后月均产量/(m^3/d)	堵水前月均含水率/%	堵水后月均含水率/%	注水强度
W80		2012 年 6 月 18 日注水见效	5.95	14.01	71	33	日注水 110 m^3
MK634		2012 年 10 月注水见效	7.34	14.40	55	24	MK642 日注水 80 m^3，MK645CH 日注水 80 m^3
MK648		2006 年 5 月注水见效	8.21	26.21	36.72	31.69	日注水 130 m^3
MK716	底水水窜	2009 年 2 月堵水见效	12.25	18.25	72.84	15	
MK715	底水水窜	2008 年 2 月堵水	10.76	17.59	83.56	74	

将生产数据带入预测公式式(5-6)计算得到相关系数，如表 5-17。

表 5-17　堵水见效井相关系数

井号	对应预测公式相关关系	斜率	截距
W80	$b^2=2.11a^2-1.4$	2.11	−1.4
MK634	$b^2=1.97a^2-0.059$	1.97	−0.59
MK648	$b^2=0.39a^2-0.38$	0.39	−0.38
MK716	$b^2=9.78a^2-0.84$	9.78	−0.84
MK715	$b^2=1.05a^2-1.8$	1.05	−1.8

根据表中的相关系数作图 5-28。

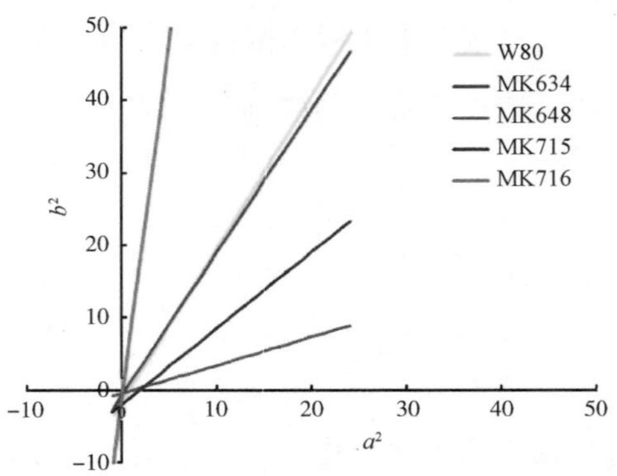

图 5-28　堵水见效井相关系数关系

图中可以看出几口井的截距比较接近，在−1左右波动。而 W80 和 MK634 拟合系数曲线比较接近，原因是因为两口井堵水类型相似注水量接近，注水日期都是 2012 年后较为接近，MK648 虽然也是注入水单是 2006 年，时间较早。而底水水窜的两口井 MK716 和 MK715 会因为措施制度差距表现出很大的差异值。

根据单元实际堵水效果可以将堵水效果分 3 个等级：低，中，高。如表 5-18 所示，①高等级堵水见效井分为两个次级：a 降水幅度很高，堵水后 30 天内的平均含水率为堵水前 30 天内的平均含水率的 25%～50%；b 增油幅度高，堵水后 30 天内的平均日产油量为堵水前 30 天内的平均日产油量 2.5～4 倍。②中等级堵水见效：中等级堵水见效井堵水后增油幅度和降水幅度居中，堵水后 30 天内的平均含水率为堵水前 30 天内的平均含水率的 50%～70%，堵水后 30 天内的日产油量为堵水前 30 天日产油量的 1.5～2.5 倍。③低等级堵水见效井：堵水后的增油量和降水幅度较低。堵水后 30 天内的平均含水率为堵水前 30 天内的平均含水率 70%～90%，堵水后 30 天内的日产油为堵水前 30 天内的日产油量 1～1.5 倍。

表 5-18　堵水见效井等级划分

<table>
<tr><th colspan="2">堵水等级</th><th>增油幅度</th><th>含水下降幅度</th><th>对应典型井</th><th>截距范围</th><th>斜率范围</th><th>堵水类型</th><th>注水强度</th></tr>
<tr><td colspan="2">低</td><td>堵水前的平均日产油量 1.5～2 倍，$q=(1.5-2)q_o$</td><td>堵水前平均含水率的 1/7～1/8，$f_{w2}=(1/7-1/8)f_{w1}$</td><td>MK715</td><td>−1.5～−2</td><td>1 左右</td><td>底水压锥</td><td></td></tr>
<tr><td colspan="2">中</td><td>堵水前平均日产油量的 2～2.5 倍</td><td>堵水前平均含水率 1/2～2/3</td><td>W80
MK634</td><td>−0.5～1.5</td><td>2 左右</td><td>注水见效</td><td>注水 100～150 m³</td></tr>
<tr><td rowspan="2">高</td><td>含水下降幅高</td><td>堵水前平均日产油量的 1.5～2</td><td>堵水前的平均含水率 1/3～1/4</td><td>MK716</td><td>−0.5～−1</td><td>5～10</td><td>底水水窜堵水</td><td></td></tr>
<tr><td>增油幅度高</td><td>堵水前的平均日产油量的 2～4 倍</td><td>堵水前的平均含水率 2/3～3/4</td><td>MK648</td><td>−0.5 左右</td><td>0.5 左右</td><td>注水见效</td><td></td></tr>
</table>

考虑到单元物性相似，且随着开采单元物性会逐渐变差，后期堵水增油效果比前期的堵水增油效果要差一点。取堵水见效时间最接近目前的两口井参数，即 2012 年的注水见效的两口井作为参数参考比较合理，取斜率值为 2，截距为−1，则得出 $b^2=2a^2-1$，带入式(5-5)，带入已知 W80 和 MK634f_{w1}，f_{w2}，q，q_o 得出 $a=1.53$，$b=1.91$。得出

注入水堵水预测公式为 $q=\dfrac{q_o\times\left[1+2.34\left(\dfrac{1}{f_{w2}}-1\right)\right]}{1+3.64\left(\dfrac{1}{f_{w1}}-1\right)}$。此公式主要预测范围在堵水见效等级为中等的井，考虑到后期此类井较多，堵水见效等级高级井会很少，堵水等级低级井可能不会符合现场施工要求，所以堵水等级中级井的预测公式比较符合实际情况，通过前面对 W80 和 MK634 井分析推测预测井含水率下降幅度接近 1/2～2/3 的范围内，即 $f_{w2}\approx(1/2-2/3)f_{w1}$ 取此范围内的值对注水见效的两口井进行对比，误差范围在 10%以内，说明预测公式能满足实际的预测需要。

2. 调剖效果预测

按上述方法对目前需要调剖的 3 口注水井 MK663，MK642，MK713 井及周围注水响应明显的井做相关预测，由于 MK663 周围响应井有一定注气措施，对水窜效果控制作用很明显，所以 MK663 的调剖效果难以预测，不过考虑到 MK663 注气前的水窜情况，认为调剖有效控制 MK663 周围的高渗段防止新的水窜发生，对水窜有一定预防的效果。所以调剖还是必不可少的。对另外两口注水井的调剖效果预测如下，选取注水井周围典型的注水响应井进行效果预测(表 5-19)。

表 5-19　调剖效果预测

调剖井井号	典型注水响应井	目前水窜情况	调剖前日产油量/(m^3/d)	预测调剖后日产油量/(m^3/d)	调剖前平均含水率/%	预测平均含水率/%
MK642	MK648	2013 年 3 月水窜	8.79	10.77～14.2	52.68	28～35.12
MK713	T7-607	2013 年 1 月水窜	22.91	27.96～35	53.72	28.2～35.81

可见预测增油幅度和降水幅度与表 5-17 相对比，比较接近于 W80 和 MK634 的情况，但是比这两口井的增油幅度和降水幅度要略微低一些，这是由于越往后开采，物性会越差，油水界面越往上推移，调剖增油降水效果也会越差。相比其他调剖堵水见效，W80 和 MK634 的见效日期为 2012 年，比较接近 2013 年 6 月的情况，但是会比现在效果好点，预测的结果满足这些情况，说明预测比较符合实际情况。

参考文献

白国平．2003．包裹体技术在油气勘探中的应用研究现状及发展趋势[J]．石油大学学报(自然科学版)，27(4)：136-140.

柏松章．1981．碳酸盐岩底水油藏水驱油机理和底水运动特点[J]．石油学报，04：51-61.

蔡瑞．2006．碳酸盐岩地层反射结构分析与储层预测[J]．石油物探，45(1)：57-61.

陈惠超，蒋泰然．2001．新疆塔里木盆地塔河油田4区奥陶系油藏开发方案[R].

陈立官，李鸿智，刘文碧，等．1986．试论在川南二叠系阳新统中找气的新途径—排水找气[J]．天然气工业，6(3)：35-40.

陈青，王大成，闫长辉，等．2011．碳酸盐岩缝洞型油藏产水机理及控水措施研究[J]．西南石油大学学报(自然科学版)，01：125-130＋18-19.

陈青，闫长辉，冯文光．2003．注采试井双对数理论图版[J]．矿物岩石，03：101-103.

陈青，闫长辉，蒋晓红．2003．塔中4号油藏渗透率分布的非均质性及渗流方向研究[J]．地球科学与环境学报，03：29-32.

陈青，易小燕，闫长辉，等．2010．缝洞型碳酸盐岩油藏水驱曲线特征—以塔河油田奥陶系油藏为例[J]．石油与天然气地质，01：33-37.

陈清华，刘池阳，王书香，等．2002．碳酸盐岩缝洞系统研究现状与展望[J]．石油与天然气地质，23(2)：196-201.

陈元千．1999．油气藏工程实用方法[M]．北京：石油工业出版社.

陈元千，李璗．2001．现代油藏工程[M]．北京：石油工业出版社.

陈志海，戴勇，郎兆新．2005．缝洞性碳酸盐岩油藏储渗模式及其开采特征[J]．石油勘探与开发，03：101-105.

戴弹申．1996．四川盆地碳酸盐岩缝洞系统形成条件及分布预测[J]．天然气工业，增刊：55-62.

邓英尔，刘树根．2003．井间连通性的综合分析方法[J]．断块油气田，10(5)：50-53.

窦之林．2000．储层流动单元研究[M]．北京：石油工业出版社.

窦之林．2014．碳酸盐岩缝洞型油藏描述与储量计算[J]．石油实验地质，01：9-15.

樊生利，童崇光．1995．四川二叠系碳酸盐岩裂缝系统成因模式探讨[J]．石油实验地质，17(4)：343-348.

高曼萍．1994．四川碳酸盐岩气藏试井资料解释论评[J]．天然气工业，14(1)：32-38.

耿文志，崔世南．1995．川南地区大型天然气储量的裂缝系统的分布规律[J]．矿产与地质，9(46)：135-138.

耿宇迪，张烨，韩忠艳，等．2011．塔河油田缝洞型碳酸盐岩油藏水平井酸压技术[J]．新疆石油地质，01：89-91.

何冠华，闫长辉，罗佼，等．2013．塔河六区奥陶系碳酸盐岩油藏缝洞单元流体分布模式[J]．科技资讯，19：110-113.

何星，欧阳冬，马淑芬，等．2014．塔河油田缝洞型碳酸盐岩油藏漏失井堵水技术[J]．特种油气藏，01：131-134＋157.

胡广杰，杨庆军．2005．塔河油田奥陶系缝洞型油藏连通性研究[J]．石油天然气学报，27(2)：227-229.

胡蓉蓉，姚军，孙致学，等．2015．塔河油田缝洞型碳酸盐岩油藏注气驱油提高采收率机理研究[J].

西安石油大学学报(自然科学版)，02：49-53+59+8-9.

胡文革，李相方. 2012. 塔河油田碳酸盐岩缝洞型油藏排水采油实践[J]. 新疆石油地质，04：461-463.

黄第藩，赵孟军，张水昌. 1997. 塔里木盆地满加尔油气系统下古生界油源油中蜡质烃来源的成因分析[J]. 沉积学报，15(6)：6-14.

贾疏源. 1997. 中国岩溶缝洞系统油气储层特征及其勘探前景[J]. 特种油气藏，4(4)：1-5.

蒋炳南. 2000. 塔里木盆地北部油气田勘探与开发论文集[C]. 北京：地质出版社，11.

焦方正. 2006. 塔河油气田开发研究论文集[M]. 石油工业出版社.

康玉柱. 1996. 中国塔里木盆地石油地质特征及资料评价[M]. 北京：地质出版社.

康志宏. 2003. 碳酸盐岩油藏动态储层评价[D]. 成都：成都理工大学博士学位论文.

兰光志，江同文. 1996. 碳酸盐岩古岩溶储层模式及其特征[J]. 天然气工业，16(6)：13-17.

李爱国，易海永，涂建斌，等. 2005. 压力交会法确定ZG气田石炭系气藏气水界面[J]. 天然气工业. 25(增刊A)：35-37.

李莉娟，闫长辉，王涛. 2011. 水平井开发储层地质建模[J]. 物探化探计算技术，06：612-615+573.

李培廉，张希明，陈志海. 2003. 塔河油田缝洞型碳酸盐岩油藏开发[M]. 北京：石油工业出版社.

李生青，廖志勇，杨迎春. 2011. 塔河油田奥陶系碳酸盐岩油藏缝洞单元注水开发分析[J]. 新疆石油天然气，02：40-44+95.

李星军，吴海波. 1998. 松辽盆地新站构造—岩性油气藏油水界面的确定[J]. 大庆石油地质与开发，17(1)：12-13.

李亚林，雷晓，林万昌，等. 2000. 用神经网络方法识别碳酸盐岩裂缝系统中的气与水[J]. 天然气工业，20(1)：32-35.

李宗继，陈志辉. 2015. 塔河9区碳酸盐岩凝析气藏储层描述技术与应用[J]. 西部探矿工程，06：83-85.

李宗杰，王勤聪. 2003. 塔河油田奥陶系古岩溶洞穴识别及预测[J]. 新疆地质，21(2)：181-184.

李宗宇，吴铭东，吴涛. 2004. 塔河油田8区奥陶系油藏开发方案[R]. 内部研究报告.

林忠民. 2002. 塔河油田奥陶系碳酸盐岩储集体特征及成藏条件[J]. 石油学报，23(3)：23-26.

刘陈，闫长辉，岑涛. 2012. 塔河1区三叠系油藏水平井出水特征分析[J]. 科技资讯，31：78-79.

刘吉余，王建东. 2002. 流动单元特征及其成因分类[J]. 石油实验地质，24(4)：381-384.

刘吉余，郝景波. 1998. 流动单元的研究方法及其研究意义[J]. 大庆石油学院报，22(1)：5-7.

刘均，田开轰. 1996. 遂南气田多裂缝系统气藏开发分析[J]. 钻采工艺，19(1)：36-39.

刘学利，郭平，靳佩，等. 2011. 塔河油田碳酸盐岩缝洞型油藏注CO2可行性研究[J]. 钻采工艺，04：41-44+4.

刘中春. 2012. 塔河油田缝洞型碳酸盐岩油藏提高采收率技术途径[J]. 油气地质与采收率，06：66-68+86+115.

楼章华. 2004. 塔里木盆地阿克库勒凸起奥陶系油气水特征及相互关系[R].

鲁新便. 2003. 碳酸盐岩缝洞型油藏缝洞单元的理论概念及油水分布模式[R].

鲁新便. 2004. 缝洞型碳酸盐岩油藏开发描述及评价[D]. 成都：成都理工大学博士学位论文.

鲁新便，胡文革，汪彦，等. 2015. 塔河地区碳酸盐岩断溶体油藏特征与开发实践[J]. 石油与天然气地质，03：347-355.

鲁新便，张宁，刘雅雯. 2003. 塔河油田奥陶系稠油油藏地质特征及开发技术对策探讨[J]. 新疆地质，03：329-334.

陆生亮，段兴民，李琴，等. 2002. 覆盖区碳酸盐岩缝洞定量研究的一种新方法[J]. 石油大学学报(自然科学版)，26(5)：12-14.

陆正元. 1996. 碳酸盐岩缝洞气藏地质学—以四川盆地下二叠统为例[M]. 成都：四川科学技术出版社.

陆正元. 2006. 塔河油田碳酸盐岩缝洞油藏油水关系概念模型和开发技术对策[R].

陆正元，罗平. 2003. 四川盆地下二叠统断层与缝洞发育关系研究[J]. 成都理工大学学报，30(1)：64-67.

罗海尔. 1993. 世界大油气田碳酸盐岩油藏研究实例[M]. 北京：石油工业出版社.

吕晓光，赵永胜，工世勇. 1998. 储层流动单元的概念及研究方法评述[J]. 世界石油工业，5(6)：38-43.

马旭杰，饶丹. 2004. 塔河油田奥陶系碳酸盐岩油藏流体性质及分布规律研究[R].

秦飞，吴文明，杨建清，等. 2013. 塔河油田堵水选井选层因素分析及方法探讨[J]. 西南石油大学学报(自然科学版)，06：121-126.

裘怿楠，陈子琪. 1996. 油藏描述[M]. 北京：石油工业出版社.

荣元帅，何新明，李新华. 2011. 塔河油田碳酸盐岩缝洞型油藏大型复合酸压选井优化论证[J]. 石油钻采工艺，04：84-87.

荣元帅，李新华，刘学利，等. 2013. 塔河油田碳酸盐岩缝洞型油藏多井缝洞单元注水开发模式[J]. 油气地质与采收率，02：58-61+115.

沈家宁，闫长辉，田园媛，等. 2014. 塔河油田奥陶系 S80 缝洞单元注水效果分析[J]. 科技资讯，23：68-69.

孙建平. 1999. 流动单元的划分与识别现状[J]. 石油勘探开发情报，4(2)：37-41.

谭承军. 2005. 塔河碳酸盐岩溶缝洞型油藏流动单元研究意义[J]. 中国西部油气地质，1(1)：89-92.

谭聪，彭小龙，李扬，等. 2014. 塔河油田奥陶系断控岩溶油藏注水方式优化[J]. 新疆石油地质，06：703-707.

唐正松. 1995. 试论缝洞系岩溶及其地质意义[J]. 西南石油学院学报，17(2)：15-21.

田园媛，闫长辉，沈家宁，等. 2014. 塔河 6-7 区奥陶系缝洞单元单井堵水效果预测[J]. 科技资讯，21：62-63.

童孝华，匡建超. 1996. 油气藏工程基础[M]. 北京：石油工业出版社.

王安，闫长辉，李月丽，等. 2010. 西西伯利亚地区碳酸盐岩储层连续压裂模拟研究[J]. 国外油田工程，04：18-20.

王良俊，李桂卿. 2001. 塔河油田奥陶系岩溶地貌形成机制[J]. 新疆石油地质，22(6)：480-482.

王曦莎，闫长辉，易小燕，等. 2010. 塔河 4 区奥陶系碳酸盐岩油藏井间连通性分析[J]. 重庆科技学院学报(自然科学版)，03：52-54.

谢昕翰，闫长辉，赖思宇，等. 2013. 塔河六区缝洞型碳酸盐岩油藏井间连通类型研究[J]. 科学技术与工程，34：10284-10288.

谢昕翰，闫长辉，赖思宇，等. 2013. 塔河六区缝洞型碳酸盐岩油藏井间连通性研究[J]. 石油地质与工程，06：103-105.

闫长辉，陈青. 2008. 注水井组对比测试在注水方案调整中的应用[J]. 钻采工艺，02：71-73+0+4.

闫长辉，陈青. 2008. 塔河油田奥陶系碳酸盐岩油藏不同部位油井生产特征研究[J]. 石油天然气学报，02：132-134+644.

闫长辉，刘遥，陈青. 2009. 利用动态资料确定碳酸盐岩油藏油水分布—以塔河 6 号油田为例[J]. 物探化探计算技术，02：135-138+87-88.

闫长辉，袁恩来，姜昊罡，等. 2010. 塔河油田九区产水主控因素分区特征研究[J]. 物探化探计算技术，05：528-535＋456-457.

闫长辉，王涛，陈青. 2010. 缝洞型碳酸盐岩油藏水驱曲线多样性与生产特征关系—以塔河油田奥陶系碳酸盐岩油藏为例[J]. 物探化探计算技术，03：247-253＋220.

闫长辉，周文，王继成. 2008. 利用塔河油田奥陶系油藏生产动态资料研究井间连通性[J]. 石油地质与工程，04：70-72＋11-12.

杨敏. 2004. 塔河油田4区岩溶缝洞型碳酸盐岩储层井间连通性研究[J]. 新疆地质，22(2)：196-199.

姚逢昌，甘利灯. 2000. 地震反演的应用与限制[J]. 石油勘探与开发，27(2)：53-56.

叶德胜，张希明. 1995. 新疆塔里木盆地北部储层沉积、成岩特征及储层评价[M]. 成都：成都科技大学出版社.

尹定，孙月明. 1981. 任丘碳酸盐岩油藏的合理采油速度和井网密度研究[J]. 石油学报，2(3)：55-63.

尹太举，张昌民，陈程，等. 1999. 建立储层流动单元模型的新方法[J]. 石油与天然气地质，20(2)：171-174.

于腾飞，张振哲. 2015. 甲型水驱特征曲线在塔河油田缝洞型油藏可采储量标定中的应用[J]. 内蒙古石油化工，08：23-26.

詹姆斯. 1992. 古岩溶[M]. 北京：石油工业出版社.

翟晓先. 2006. 塔河油气田勘探与评价研究论文集[M]. 北京：石油工业出版社.

张春明，方孝林，朱俊章. 1998. 用热解和气相色谱技术确定碳酸盐岩储集层油水界面[J]. 石油勘探与开发，25(2)：24-26.

张德志，李友全. 2000. 新疆塔里木盆地塔河油田4区奥陶系油藏干扰试井评价报告[R].

张林艳. 2006. 塔河油田奥陶系缝洞型碳酸盐岩油藏储层连通性及其油(气)水分布关系[J]. 中外能源，11(5)：32-36.

赵建，马勇，吕艳萍，等. 2016. 塔河油田碳酸盐岩缝洞型油藏储量计算偏差因素分析[J]. 新疆石油天然气，01：60-66＋4.

赵良考，补勇. 1994. 碳酸盐岩储层测井评价技术[M]. 北京：石油工业出版社.

郑松青，刘东，刘中春，等. 2015. 塔河油田碳酸盐岩缝洞型油藏井控储量计算[J]. 新疆石油地质，01：78-81.

周文. 1998. 裂缝性油气储集层评价方法[M]. 成都：四川科学技术出版社.

周涌沂，李阳等. 2002. 用毛管压力曲线确定流体界面[J]. 油气地质与采收率，9(5)：37-39.

周玉琦，黎玉战，侯鸿斌. 2001. 塔里木盆地塔河油田的勘探实践与认识[J]. 石油实验地质，23(4)：363-367.

邹光辉，刘胜，汪海，等. 1999. 塔中地区奥陶系碳酸盐岩裂缝特征与评价[J]. 勘探家，4(4)：48-54.

Batyrshin I，Sheremetov L，Markov M，et al. 2005. Hybrid method for porosity classification in carbonate formations[J]. Journal of Petroleum Science and Engineering. 47. 35-50.

Caline B，Uyde H. Moore. 1996. Carbonate Reservires of the world：problems，solutions，and strategies for the futuro[R]. Elf Aquitaine proeluetion in pau，9. P：22-26.

Carles K. 1988. Karst-controlled reservoir heterogeneity in Ellenburger group carbonates of West Taxes [R]. AAPG Bulletin，72(10)：1160-1183.

Chang H C，Kopaska-Merkel D C，Chen H C，et al. 2002. Lithofacies identification using multiple adaptive resonance theory neural networks and group decision expert system [J]. Computers&Geosciences，28：223-229.

Haynes B. 1995. An evaluation of a method to predict unknown wate levelsin reservoir sand quantifying the uncertainty[J].

Li Y, Anderson-Sprecher R. 2006. Facies identification from well logs: A comparison of discriminant analysis and na ?? ve Bayes classifier[J]. Journal of Petroleum Science & Engineering, 53(3 - 4): 149-157.

Lisk M, O'Brien G W, Eadington P J. 2002. Quantitativee valuation of the oil-leg potential in the Oliver gas field, Timor Sea, Australia[J]. AAPG Bulletin, 86(9): 1531-1542.

Udegbunam E O, Numbere D T. Model for locating fluids contact sinpetroleum reservoirs. SPE29193.

Udegbunam E O, Numbere D T. 1994. Model for locating fluids' contracts in petroleum reservoirs//SPE Eastern Regional Meeting. Society of Petroleum Engineers.

White A C, Molnar D, Aminian K, et al. 1995. The Application of ANN for Zone Identification in a Complex Reservoir[J]. Spe Eastern Regional Meeting.